U0160127

算术之美

——合成、分解和比较的基本发展过程,包含算术史

[美]爱德华·布鲁克斯 著

张乔童 陈 雪 译

中国大地出版社

·北 京·

图书在版编目（CIP）数据

算术之美／（美）爱德华·布鲁克斯著；张乔童，
陈雪译. — 北京 : 中国大地出版社，2022.9
（"推动力"系列经典丛书）
ISBN 978-7-5200-0993-5

Ⅰ. ①算… Ⅱ. ①爱… ②张… ③陈… Ⅲ. ①算术-
青少年读物 Ⅳ. ①O121-49

中国版本图书馆 CIP 数据核字（2022）第 138874 号

SUANSHU ZHI MEI

责任编辑：王一宾
责任校对：李 玫
审稿专家：赵盛波
出版发行：中国大地出版社
社址邮编：北京市海淀区学院路 31 号，100083
电　　话：(010)66554518（邮购部）;(010)66554511（编辑室）
网　　址：http://www.chinalandpress.com
传　　真：(010)66554686
印　　刷：三河市华晨印务有限公司
开　　本：710mm×1000mm　1/16
印　　张：29
字　　数：380 千字
版　　次：2022 年 9 月北京第 1 版
印　　次：2022 年 9 月河北第 1 次印刷
定　　价：88.00 元
书　　号：ISBN 978-7-5200-0993-5

写在前面的话

本书原著作者爱德华·布鲁克斯(1831—1912)是美国教育家,著有多部教科书。本书写于 1876 年 1 月,书中收录的内容为 1876 年及以前有关算术的来源、发展及对社会生活的作用等。书中指出的算术发展、原理等也只是停留在作者生活的那个年代(19 世纪 70 年代),尽管作者的叙述现在看来不太全面,但是本书的出版尽量保留了原作者的写作风格及语言特色。

前　言

　　教育的进步是这个时代显著的特征之一，人们从未像现在这样对教育产生如此浓厚的兴趣。人们改善现有的教育方法，用各种积极引导的趣味活动代替常规枯燥乏味的教育方式，教育逐渐形成了一门专业学科，指导人们如何进行专业教学。

　　算术方法的改进在一定程度上反映和引领了教育的进步。1826年前，人们学习算术是用来计数或者机械地解决一些问题。人们只是沿用一些简单的运算，没有人去思考为什么这样计算。只有极少数天资聪慧的人才会意识到运算过程中有一些知识需要思考。在算术史的这段空白期，一颗新星冉冉升起，那就是开创心算先河的沃伦·科尔本（Warren Colburn）。他的这一方法吸引了一些天资聪慧的人，他们采纳了这种新的教学方法，决定用独立自主的思维方式来颠覆枯燥、惯性的思维方式。在沃伦·科尔本的影响下，算术从一个枯燥的运算规则转变为一门充满活力和趣味的新兴学科。书中的分析方法，成为贯穿整个学科的一条黄金线，并使算术的各个分支变得简单迷人。

　　很多人在最初学习算术时都要使用机械式的学习方法，在没有接触新的分析学习方法之前是不能体会到其改革的意义的。虽然新的分析式学习方法影响巨大，但是它并不能涵盖算术的所有精髓，也不足以全面完善一门学科。我们用分析式思维区分和简化问题的同时，也需要运用综合性思维。比较法和归纳法的各种关系通过思维逻辑将它们结合在一起，所以我们应该将这两者看作是一个整体。为了完善算术科学与其教学方法，我们需要做的是理解算术本身蕴含的哲学概念，同时将分解法不连贯的约束条件符合逻辑地联系在一起。

值得注意的是，在对称逻辑和完整性方面，算术学与几何学之间存在着很大的不同。源自古希腊的几何学如同朱庇特（Jove）的《密涅瓦》（*Minerva*）一样完美。由明确的定义和不证自明的真理开始，几何学通过一路演绎变成了伟大的定律，其拥有清晰的思维、严密的推理和精确的真理基础，堪称卓越与完美的典范。它成了希腊古典文化思想中的经典之作。几何学是逻辑学的完善，欧几里得（Euclid）和荷马（Homer）一样值得千古传颂。

伟大的思想家们对算术的思考越来越感兴趣，花费大量的时间在算术属性上进行推测，但是这些并没有推动这门学科的发展。截至1876年我们应用的算术系统主要是在近三四个世纪发展起来的，发明者并不像古希腊先贤们那样有逻辑性，甚至有部分算法是源自贸易的需要，使得算术在科学上的精确结果不像几何学那样具有推理过程。毋庸置疑的是，算术在本质上是有逻辑基础和逻辑过程的。本书写作的意图就是为了尽量证明算术的真实本质，展现算术组成部分的逻辑关系，帮助算术学奠定一个像几何学一样的逻辑基础。

本书除了导论之外共分为五篇，导论主要讲述算术的逻辑概论和算术发展史两部分内容，其中算术发展史又分为阿拉伯数字系统的起源、基础算法起源、算术学早期作者。

　　本书的第一篇论述了算术的性质，包括数字的性质、算术语言、算术推理。其中，重点介绍了算术推理的本质。第二篇讲述了分解法、合成法。第三篇论述了比较法。分解法、合成法、比较法是算术的三合一基础，这种新概论得到了公众的普遍认可。第四篇对分数进行了充分讨论，展示了分数的性质以及它们和整数的逻辑关系。同时，也充分讨论了小数的起源、运算，循环小数的运算和原则等。第五篇讲述了名数的性质。文中认为名数是连续量的数值表示，其中一些假设单位当作一种度量。这样引出了对名数的一个新定义，同时也陈述了不同种类名数的起源，并讲述了很多关于它们的有趣故事。

　　这本书让我回想起我和学生们在教室中讨论这些概念的快乐时光，对于很多学生来说，这些概念的发表会纪念那些逝去的日子。我完成的这部作品，有优点也有缺点，发表它是希望可以帮助到年轻的学者们，并且能在一定程度上使人们对算术这个有趣且有魅力的学科有更全面的认识。

爱德华·布鲁克斯（Edward Brooks）

宾夕法尼亚州米勒斯维尔大学

1876 年 1 月 16 日

目 录

CONTENTS

I

第二篇　合成法和分解法

第三篇　比较法

第四篇　分　数

第五篇　名　数

导　论

第一章　算术逻辑概论

算术科学是人类思想最纯粹的产物之一，是最早萌发于人们脑海中的想法之一，与人们的生活经验密切相关，随着人类的发展而开展起来，与人们的日常思想言论相互交织。算术理念的精确性和各部分简单明了的关联性吸引着喜欢思考的人们，成为思想家们热爱谈论的话题。一代又一代的学者们为算术学的发展作出了贡献，算术学也随之发展为一门科学，以其精炼的法则和毋庸置疑的结论著称。

算术学的发展得益于古代先贤们的启蒙和各个时期伟大思想家们的理论基础和支持。为了它，毕达哥拉斯（Pythagoras）将全部精力用在沉思中，柏拉图（Plato）提供了深思熟虑后的推测；为了解开算术的神秘真理，亚里士多德（Aristotle）展现出了他绝伦的聪慧天资。算术学的算法和原理凝聚了人们从古至今的智慧结晶——印度人巧妙的思想、希腊人经典的思想、意大利和英格兰人的实践精神等。算术学凝聚了人们上千年的智慧，在几代人最深刻的头脑中闪耀出思想的瑰宝。

虽然过去的学者们为算术学的发展作出了巨大贡献，却少有学者将算术学作为一门学科，去探究和追溯将算术各部分结合成一个整体系统的哲学思想。算术学不像几何学那样有着完美的对称性和极好的逻辑性。算术学是一个包含了太多碎片的系统，没有人尝试去协调各个部分，用一条逻辑将它们串联成一个统一的整体。弥补这一不足是一部算术哲学作品的特殊目标，也是本书作者尝试去做的一项任务。

所有学科都是真理与法则的统一系统，算术学有自己的基本概念，由此衍生出了从属概念。从属概念又产生相关联的其他概念，最后使这部分组合成既独立又互相关联的整体。那么，算术学的基本概念和其衍生概念是什么？它们演变的法则是什么？每一个独立运算的哲学属性是什么？将它们结合成为一个统一系统的逻辑路线又是怎样的？这些是我们在研究算术哲学时最先遇到的问题，它们是决定上层建筑的基石。本书将在第一章算术学的逻辑概论里回答这些问题，同时介绍算术学的基础运算和该学科的划分情况。

读者需要特别关注一下算术学逻辑概论，它不仅仅是作者所有研究的基础，也是整个系统的框架。算术逻辑概论认为本学科是基于三种基本运算的方法——合成法、分解法和比较法。其他的通用运算都是以这三种运算为基础发展而来的。这一结论成了研究算术学及其各部分相互关联的新起点，剖析了尘封几个世纪的错误观点。我们的第一个问题就是算术学的逻辑概论是什么。

所有的数值概念都是从单位开始的，它是算术学的起源与基础。作为算术的基本概念，我们有了所有数字及以此为基础的整个学科。现在让我们从本章开始看看算术学的起源与发展。

由于单位可以增加或分解，因而产生了两类数字——整数和分数。整数在合成过程中产生，分数在分解过程中产生。各个数字组合合成后得到整数，一个整数进行分解后得到分数。

通过合并单位得到数值后，我们可以再合并两个或者更多的数值，然后通过合并得到更大的数值，或者我们可以通过分解得到较小的数值，数字可以结合也可以分解，前面的两个过程分别叫作合成和分解。因此，合成法和分解法是算术运算中的两种基本算法。这两种基本运算通过改进和演变产生了其他的运算方法。算术从最初的概念看仅仅包含了两层含义：加大或者减小数字，即合并或分解数字。因此，算术学最初的运算法则即合成法和分解法。

为了解决什么时候合并、怎样合并、什么时候分解、怎样分解的问题，我们引入了一个推理过程，叫作比较法。比较法的运算过程是比较分析两个数及其之间的关系。合成法和分解法是机械过程，比较法是思维过程。比较法指导原始算法，并且修改原始算法，从而产生了以原始算法为基础的新算法和脱离原始算法的新算法。也就是说，通过比较法这一思维过程，原始的合成法和分解法被指导和修改后产生其他新的算法，这些新的算法有些是以合成法和分解法为基础的，有些是独立于合成法和分解法之外的。算术学由此演变。同几何学一样，算术学是由比较法的产生而创建起来的，而比较法是学者们开启算术学趣味与魅力宝库的钥匙。

综上所述，算术学基本的三项算法分别是合成法、分解法和比较法。合成法和分解法是基础的机械运算，一般以数学公式表示。比较法是基础的思维运算，用来控制机械运算并表达机械运算的含义，也使算术学迅速发展，延伸出其他的分支学科。换句话说，算术学有一个三位一体的基础，即合成法、分解法和比较法，也由它们发展而来。我们可以通过研究这些运算，分析其中的数字、性质和由这些基础运算发展而来的各部分之间的关系来探究算术科学的逻辑特征。

合成法，一般叫作加法。加法在合成运算中的一种特殊情况是当所有的加数都相同时，它们可以用乘法。因数合成得到合数的运算可以叫作复合运算。倍数（由特殊因数合成形成的运算）和乘方（由相同因子合成的运算）都包含在乘方运算中。因此，乘方、倍数和复合都是乘法运算的特殊情况，而乘法又是加法的特殊情况。因此，加法运算包含了数字可以应用的所有合成运算。

分解法，即加法的反运算，叫作减法。减法的一种特殊情况是减数一直是同一个数或者相等的数，确定减数被减去了多少次的过程，叫作除法。因数分解是除法的另一种特殊情况，在因数分解中需要明确一个数分解的所有因子。开方是因数分解的一种特殊情况，在开方中需要知道相等的因子。公约数是因数分解的一种情况，公约数是指一个整数同时是几个整数的约数。因此，除法运算包含因数分解、公约数和开方，同时又因为除法是减法的一种特殊情况，所以上述所有的运算在逻辑上都属于减法的一般分解运算。

比较法，是通过比较而产生不同的算术运算方法。通过比较数字，我们认识到了差和商的关系。用一个量测量另一个量得到比。相同比之间的比较得到比例。级数相差、相同比数的比较产生了算术级数和几何级数。在比较名数时，当单位是人为规定的时候，我们猜测名数会随着单位值的不同而改变，同时我们也能将一定数量的单位数转化成同一种类的另一个单位数，因此就有了叫作约简的运算过程。在比较非名数时，人们重点研究数之间的一些特定或特殊关系，从而得到了数的特性或原则。在比较数值时，我们可以先假设一些数值作为比较参考的基础，然后按照这个基础展开数的关系，当这个基础是 100 时，我们就有了百分比这个运算过程。

由此，我们对数字科学有了一个概括性的了解，也更加清楚算术学科各部分之间的关系。算术是由合成法和分解法两个基础运算构建而成的，合成法和分解法由比较法控制，从而发展出新的运算方法。纯粹的算术学是以合成法、分解法和比较法为基础发展而来的，算术学剩余的部分是以应用算术的名义解决实际问题或理论问题。

这是一个全新而重要的观点。在这之前人们一直认为是加法和减法组成了整个算术学，其他所有的运算过程都包含在加减法中，并且由加减法发展而来。这个谬论是导致逻辑学家们得出"算术没有推理过程"这一荒诞结论的众多因素之一。假设在最初期的合成法和分解法中没有推理过程，并且是这两种运算方法组成了整个算术学，则逻辑学家们就自然而然地认为算术学本身没有推理过程。而本书对此进行分析的目的就是纠正错误，让算术学展现其本身真正的光芒。合成法和分解法是最原始的机械运算过程，比较法是思维过程，用它神奇的"魔法棒"触碰了合成法和分解法，使它们生根发芽，发展出其他算法。比较法也成了与合成法和分解法不同的算法基础。这些算法不是通过合成法和分解法构建发展而来，而是以比较法为基础。

上述算术学概述仅是由单纯的数值概念归纳而来，与算术语言无关。算术基础运算过程根据数值的不同计数法进行了修正，即罗马和希腊计数法中的运算方法与阿拉伯计数法中的运算方法。减法里"借一当十"的借位法，乘法和除法的特殊运算都产生于阿拉伯计数法。分数和小数的一部分运算方法是由其采用的计数法引起的，同时循环节的原则和运算过程起源于相同的方式。当表示数值的计数法不同时，二次方根和三次方根的方法也会不同。由此可见，算术学的基础划分方法是针对单纯的数值概念进行划分的，划分后各部分采用的运算过程根据采用计数法的不同进行了修正，同时算术学还因为计数法衍生了一些相应的法则和运算。值得注意的是，作为一门计算学科，算术需要借助巧妙的计数法才能使其魅力得以发挥。

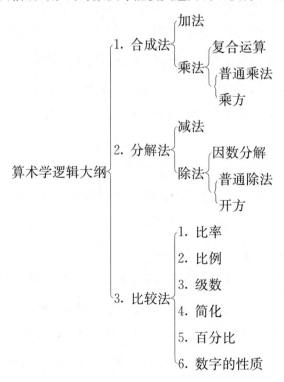

算术学逻辑大纲

1. 合成法
- 加法
- 乘法
  - 复合运算
  - 普通乘法
  - 乘方

2. 分解法
- 减法
- 除法
  - 因数分解
  - 普通除法
  - 开方

3. 比较法
1. 比率
2. 比例
3. 级数
4. 简化
5. 百分比
6. 数字的性质

第二章　算术的起源与发展

在人类物种进化、繁衍生息的过程中，算术随其一起发展着。不管某人的一生受教育程度如何，他都或多或少地掌握着一些与数字相关的知识，并且在与他人的交往或者交易中运用这些知识。随着人类文明的进步和智慧的发展，数字知识不断积累，以此为基础的算法逐渐衍生并完善。因此，算术史和人类文明史是密不可分的。算术初始的发展过程已无从查知，只有一些近期有发展或对人们产生了深远影响的事件，才有明确的历史记载。

我们在介绍与算术史有关的主要因素时，应该考虑以下三点：现代算术史的起源、早期记录算术科学的学者和基础算法的起源。

算术系统的基础是数字的书面表示原则。用手指计数的原始习惯使得大部分的文明国度都采用十进制计数系统。每个十进制位都有特定的名称来区分，然后用前九位数字给每个数字位编号，并且可以表示两位的数。因此，所有数字的口头表达方式基本相同。但是不同的种族之间，数字的书面表达方式却大相径庭。我们现在所应用的简易计数系统来源于一个古文明国度。古代不同的数字书写方法和现在数字书写方式的起源会在下面进行简要介绍。

古埃及人通过书面字符来表示数字，必要时也可以用重复的符号表示。在靠近吉萨（Gizeh）金字塔的一个墓穴里，人们发现了用象形文字表示的数字，1用一条竖直线表示，10用类似马蹄铁形状的符号表示，100用短螺纹的形状符号表示，1000用指路牌的形状符号表示，100 000用青蛙形状的符号表示，1 000 000用一个类似很惊讶表情的形状符号表示。在古埃及的僧侣体中也用符号表示数字，但是与现代计数法系统不同的是僧侣体中并没有把这种象形数字和数值原则结合在一起。9 个单位由不同的代表符号表示十位数、百位数，以及更高位数，下面是一些数字的象形符号：

这些文字按照叠加的原则组合，较大值的符号放在较小值符号的左边。根据大英博物馆收藏的《阿默士文献》（*Papyrus of Ahmes*）记载，古埃及人很早之前就对算术有了一定的研究。

古巴比伦人用楔形文字来表示数字。他们用一个统一的符号，即垂直的箭头，重复叠加表示 10 以前的数字，10 用一个向左的倒钩表示。这些数字一直重复来表示 100 以前的数字，100 用一个新的符号表示。这些符号有时并列着写，有时为了节省空间摞在一起写。较小数字的符号放在 100 右边表示相加，相同的符号放在左边表示相乘或者表示有几个几百。因此，古巴比伦人已经在一定程度上应用了位值原理，不过因为没有代表数字 0 的符号，所以没有发展成类似现代的记号和计算系统。后来，他们不仅发展出了十进制系统，还有六十进制系统，以 60 为一个计数循环。古巴比伦人对于整数和小数的掌握，表明他们在计数工具和技巧方面取得了较高的水平。

古中国有很先进的计数系统，除了古印度之外，古中国计数法似乎与其他古代国家都很相近。关于古中国早期的数字符号，现代人似乎对此知之甚少。后来受外来文化的影响，发展成两种新的符号法，形状类似古代符号。古中国人将他们的数字是按照从左向右、先高位再低位的顺序写的。序数和基数通常放在两行，一个在上一个在下，0 经常以小圆的形式出现。下图举例阐述这种计数系统：

$$\underset{2}{\text{II}} \quad \underset{4}{\text{X}} \quad \underset{6}{\perp} \quad \underset{10}{\top} \quad \underset{10\,000}{\text{万}} \quad \underset{0}{\text{O}}$$

$$\underset{20\,046}{\text{万}\,\text{O}\,\text{O}\,\text{十}\,\perp}$$

古中国的算术运算借助算盘完成，19 世纪中国的一些学者和商人仍在使用算盘。

腓尼基人用词语或者特殊的数字符号表示数值，用竖直的记号表示个位数，水平的记号表示十位数。后来的叙利亚人用字母表中的 22 个字母表示数字 1、2、……9、10、20……90、100……400。500 用 400 加 100 表示，依此类推。千位数用个位数符号在右边加一个脚注符号表示。希伯来人采用了同样的计数法。不过以上介绍的计数法中没有一种记数法可以像现代计数系统一样用来进行计算。

早期希腊人用数字词语的首字母表示书面数字，例如，Π 表示 5，△ 表示 10，在需要时将这些字母重复使用。公元前 500 年，希腊文化中出现了两种新的计数系统：一种是用爱奥尼亚字母表中的 24 个字母按顺序表示数字 1 到 24；另一种是将这些字母和其他三种符号结合在一起，按照一个指定的顺序表示数字，即 $\alpha=1$，$\beta=2$，……，$\iota=10$，$\kappa=20$，$\rho=100$，$\sigma=200$，诸如此类。希腊人可以熟练地使用这些符号进行基本的运算，这将在后面的章节进行介绍。当时希腊人的算术还没有位值原理，也没有表示数字 0 的符号，要借用算盘计算。

罗马人使用字母来表示数字。他们貌似沿用了伊特拉斯坎人（E-truscans）的字母符号，最初也是用象形符号表示，后来因为这些符号与他们的字母表比较相似，就被字母代替了。蒙森（Mommsen）曾说罗马数字 Ⅰ、Ⅴ、Ⅹ 分别代表手指、单只手、双手。这些符号按照加法原则组合，例如Ⅵ、Ⅶ、Ⅷ，同样也可以按照减法原则组合，例如Ⅳ、Ⅸ、XL、XC。减法原则是罗马计数法系统中独特的地方。罗马人没能将他们的计数法用于计算，但是他们通过计数器或者算盘实现了计算。由于他们的计数系统没有体现位值原理和零，我们推测当时罗马人的算术还没有发展出位值原理和零的概念。

我们现在应用的数字系统最早起源于印度。他们创造了现在的位值计数法，引入零的概念来放在没有值的位上。他们表示 9 个数字的符号最早来源于三个稍微简化了的数字单词，据说他们开始使用字母表示数字可以追溯到公元前二世纪。位值计数法的发展是缓慢进行的，尽管位值计数法在当时南印度盛行的两种计数法中出现过，但是印度早期数字的书面语中是没有应用位值计数法的。这两种计数法的区别就是同一个数可以有不同的表示方法。一种方法是采用字母表，9 个字母为一组，重复地用数字 1 到 9，一个特定的元音字母表示 0。另一种方法是采用型词结合位值原理，因此"abdhi"（四大海洋之一）表示 4，"surya"（太阳在天空中的 12 个位置）表示 12，"acvin"（太阳的两个儿子）表示 2，"abdhisuryacvinas"表示 2124。这些无疑是先进位值原理简化应用的敲门砖。现代位值系统是直到发明数字零后才被应用的，根据现有记载，公元 400 年前没有应用数字零的记录，据康托尔（Cantor）说，文献里最早出现零是在公元 738 年。

8 世纪，阿拉伯人开始熟悉印度数字系统和符号，以及零的概念，并将其传播到了欧洲。曾经有很多年人们认为现在的算术系统起源于阿拉伯人。一般使用的数字被叫作阿拉伯数字，书写数字的方法被称为阿拉伯计数法。另外，人们认为表示零的两个词"cipher"和"zero"中，"cipher"来源于阿拉伯词"as-sifr"，表示空的意思。事实上这个词是由"零"的梵文名字"sunya"得来。意大利时期零的发音是"zephiro"，随着发音的变快，慢慢变成了"zero"。现在我们知道阿拉伯人不是现有数学系统的发明者，只是从印度人那里学习了它，并将它们传播到了欧洲。

阿拉伯人在早期与印度通商的过程中，接触到了印度计数系统。据记载，早在8世纪阿拉伯人就已经开始熟悉印度人的数字系统和符号以及零的概念了。据鲍尔（Ball）说，这个十进制系统被广泛应用于阿拉伯半岛可确定的最早日期是公元773年。那一年，一些印度天文数据表传到巴格达，当时这些表格里已经应用了包括"0"在内的印度数字。毫无疑问，该系统在阿拉伯人中的传播和发展是比较缓慢的，因此，直到11世纪初期，他们仍然有书写数字单词的习惯。在研究中，我们发现阿拉伯人采用了两种数字符号：一种主要在阿拉伯东部的国家应用；另一种在非洲西部的阿拉伯国家和西班牙应用，叫作古巴比伦或者尘土数字，之所以这么叫是因为他们最早是通过一个印度人在覆盖了灰尘的桌子上进行计算才认识了阿拉伯数字。这些古巴比伦数学符号就是我们现在使用的数学符号的前身，据说是由梵文中表示数字的首字母修改而来的。

人们普遍认为，阿拉伯数字是通过西班牙传入欧洲的，而不是直接从阿拉伯国家传入欧洲的。公元747年，摩尔人攻克并统治了西班牙，他们建立了学校进行教学活动，所以10世纪至11世纪，西班牙达到了很高的文明程度。当时，阿拉伯人极有兴趣地研究了希腊数学，他们翻译欧几里得（Euclid）、阿基米德（Archimedes）、托勒密（Ptolemaeus）等人的研究成果，同时在格林纳达、哥多华和塞维利亚的大学里传授翻译过来的知识和阿拉伯人自己的算术知识。

阿拉伯人对自己学到的数学知识做了很多有价值的补充。他们通过自己的努力取得了辉煌的成就，西班牙屈服在了他们的统治之下，摩尔人因其完善的制度、富丽的建筑和专业的学者而享誉整个欧洲。

来自英国和法国的年轻人厌恶了自己的学习环境和氛围，来到西班牙跟随有学问的摩尔人学习哲学，同时他们也学习算术学、几何学和天文学，从而熟悉了阿拉伯计数方法和计算方法。这些年轻人带着学到的阿拉伯数学知识和方法回到祖国，并将其传播给了北欧的学者们，代替已应用了好几个世纪的罗马数学系统。

在这些年轻人中有一个来自法国奥佛涅的修道士，名字叫热尔贝（Gerbet）。他学成回国后，受到广泛的赞誉，很快便以西尔维斯特二世（Sylvester II）的称号登上了教皇的宝座。他改进了算盘，将每列上的 9 个珠子标记了不同的记号，这些记号被叫作"极点"。据说这些记号与古巴比伦数字符号相近，因此热尔贝为印度数字符号传入西方欧洲国家作出了贡献。

我们也研究了哪些人对于阿拉伯数字系统传入北欧国家的影响比较大。由于摩尔人不愿将自己的知识传授给其他民族的人，所以当时去摩尔人的大学上学是比较困难的。最早期欧洲人前往摩尔学习阿拉伯文化的学生中有一个英国僧侣，即巴斯的阿德尔哈德（Adelhard of Bath）。他伪装成伊斯兰教学生混入哥多华，在 1120 年获得了一份欧几里得《几何原本》（*Elemets*）的副本，将其翻译成了拉丁文，成为 1533 年前在欧洲流传各种版本《几何原本》的基础。

另一个对于文化传播有帮助的杰出学者是杰拉德（Gerard）（1114—1187），他在 1136 年翻译了阿拉伯文版本托勒密（Ptolemy）的《天文学大成》（*Almagest*），这本书成为阿拉伯国家最早含有阿拉伯计数法的教科书，同时这本书在帮助阿拉伯数字系统传入西班牙的摩尔人中起到了作用。与杰拉德同时代的约翰·希斯潘斯基（John Hispalensis），翻译了很多阿拉伯人和摩尔人的著作，并写了一部关于十进制计数法的著作，该书通过十进制数字最早提到了数字平方根开方。

阿拉伯计数方法在欧洲传播得很缓慢，借助算盘进行计算的罗马计数法已经被应用了几个世纪，很难让人们接受新的计数法。旧式的算盘学校和新的算法学校的算术家们相互争斗和仇视。对于从小就接受算盘计算的算术家和商人们来说丢弃原来的方法接受一种新的抽象符号的计算方法是很困难的。

将新计数方法推广应用的人中比较有影响的一位是列昂纳多·斐波那契（Leonardo Fibonacci），1175 年出生于意大利比萨，早年因为父亲在巴巴里的海关工作而跟随到那里读书。他学习了阿拉伯计数法，研究了阿尔·花剌子模（Al Khowarazmi）在代数方面的伟大著作。1200 年，斐波那契返回意大利潜心写作，于 1202 年完成了著名的数学著作——《计算之书》（*Liber Abaci*），他在书中详细介绍了阿拉伯计数方法，并且指出了该方法对比罗马计数法的各种优点。斐波那契这样写道："印度人的 9 个数字是 9、8、7、6、5、4、3、2、1，借用这 9 个数字和他们称作 0 的这个符号，我们可以表示出任何数。"这本书被广泛传播，将阿拉伯计数法传播到了整个信奉伊斯兰教的欧洲地区。据说在此之前，一些领先的数学家已经读了埃兹拉（Ezra）、杰拉德和希斯潘斯基的作品从而了解了阿拉伯计数方法，由此，斐波那契的声誉推动了大众对该方法的接纳。

阿拉伯计数方法最早被天文学家应用到日历上，这些日历帮助了阿拉伯计数法的传播。在斐波那契之后不久，卡斯提尔的阿方索（Alphonso）在 1252 年发表了一些他在阿拉伯半岛研究的天文数据表，这些数据由阿拉伯人计算并以阿拉伯计数法发表。13 世纪，符号"0"被较频繁地应用在计算伦敦的潮汐和月光周期上。在剑桥大学一个图书馆收藏的一份年历中，有从 1330 年到 1348 年日月食的数据表格，这个年历简单介绍了计数法的应用和十进制计数法的原则，这表明当时阿拉伯计数法还没有被人们普遍理解。

1390 年，一本名字叫作《解算法》（*De Algorismo*）的德文书籍非常简洁地介绍了计数法和算术学基本法则。另一篇短文的结尾也以一小段诗歌形式给出了类似的方向，从书写形式来看，它们属于同一时期。

下面的符号是当时的临摹手稿，从右到左是阿拉伯数字常用的顺序。

0.9 8.∧.6.4.ℰ.3.2.1.

伟大的意大利诗人彼特拉克（Petrarch），有幸留给我们一个和早期数字符号有关的确定日期。这个日期就是 1375 年，写在圣奥古斯丁（Saint Augustine）的手抄本里。英国大学在 16 世纪初期前都是采用罗马数字记录账目，直到 1600 年阿拉伯数字才应用到了英国的教区记事录里。1490 年，英格兰人在圣安德鲁斯主教区的租金账簿里发现了阿拉伯数字。在卡克斯顿（Caxton）1480 年发表的《镜像世界》（*Mirrour of the World*）里有这样一幅木刻版画：一个数学家坐在一张桌子前，桌上有一些写有印度数字的木牌。

根据芬克（Fink）的说法，1500 年以前德国广泛应用罗马数字和算盘。从 15 世纪开始，印度数字较频繁地出现在纪念堂和教堂里，但是还没有在大众的生活中流行。德国最早标记有阿拉伯符号的遗迹出现在 1007 年，普福尔茨海姆（Pforzheim）和乌尔姆（Uim）分别在 1371 年和 1388 年出现了类似的遗迹。1471 年，出现在科隆市彼特拉克的一本作品的页码采用了阿拉伯数字。1842 年，在德国班贝格出版了第一本包含类似编码的德国算术学书籍。

在 1400 到 1450 年的某一年中，阿拉伯算术方法开始在欧洲广泛传播。到 13 世纪中叶，科学家们和天文学者已经比较熟悉阿拉伯算术法了。13 世纪至 14 世纪，意大利人引领了整个欧洲的发展，阿拉伯算术方法的优越性使得意大利人将其应用在商业中。即便在商人中，采用阿拉伯数字这种算法也不是没有反对派，因此，1299 年佛罗伦萨颁布了一条法令禁止银行家们使用阿拉伯数字。1348 年，帕多瓦大学当局指示出售书籍应该列个名单，并且不用阿拉伯数字标记价格。1550 年之前，大多数商人似乎仍然采用罗马数字记账，修道院和大学是在 1650 年之前都在使用罗马数字，尽管人们都认为算术的计算过程是通过阿拉伯数字实现的。直到 16 世纪，印度位值算术和计数法才首次在西方文明世界得到完整的传播。

现在大众认可的一种说法是阿拉伯数字符号和计数法是通过西班牙传到欧洲的。沃普克（M. Woepcke）是阿拉伯一位杰出的学者和数学家，他认为印度数字符号是通过两种不同的渠道传入欧洲的。第一种是在 3 世纪时通过埃及传播过去的；第二种是在 8 世纪时通过巴格达，跟随伊斯兰教的步伐传播过去的。第一种渠道是将早期的印度数字符号从亚历山大港传播到罗马，然后再传到西班牙。第二种渠道是将后期的印度数字符号从巴格达传播到了卡利夫（Kaliffs）征服的大部分国家，除了那些已经被早期印度数字符号或者古巴比伦数字符号扎根的地方。沃普克认为古巴比伦数字是 6 世纪被一些新毕达哥拉斯主义者们应用并传播到了意大利高卢、西班牙。9 世纪和 10 世纪，有关阿拉伯计算的算术方法从东方国家传播到西班牙，西班牙人开始接受了这种不用借助算盘就能计算的算术方法，并经过很长时间磨合使用它们，因此古巴比伦数字被搁置。沃普克指出阿拉伯数字对欧洲计算学产生的唯一改变就是算盘应用的减少和新计算方法对计算延伸应用的需求。

在本章和接下来的章节写作中，我参考了芬克的《数学史》（*History of Mathenatics*），其中有很多有用的知识，这本书由比曼（Beman）和史密斯（Smith）从德文翻译而来；也参考了鲍尔的《数学史》（*History of Mathenatics*）。如果读者想要获取更多的相关知识，这两本书都是比较有价值的。此外，我还得到了纽约哥伦比亚大学师范学院数学系教授大卫·史密斯博士（Dr. David Smith）以及数学史方面的专家莫里茨·康托尔（Moritz Cantor）提供了很多宝贵的意见，不过后者的作品还没有被翻译成英文。

第三章　算术学早期作者

　　已知最早有关数学的文献是大英博物馆里的阿默士纸草书，原稿是由古埃及一位叫作阿默士（Ahmes）的手抄员在公元前 2000 年到公元前 1700 年间的某个时间抄写的。文献的题目叫作《获取未知知识的方法》（*Directions for obtaining the Konwledge of all Dark Thing*）。这篇文献是对较早文献修正后的副本，所以它代表的很有可能是埃及在此之前好几个世纪的数学水平。近期发现了另外两份比阿默士文献更早的有关数学的莎草纸文献，这两篇文献虽然没有完全与阿默士文献一致，却也有一些与阿默士文献相似的记载，尤其是在论述分数的方法方面。因此，我们知道了大约公元前 2500 年的埃及算术。

　　阿默士纸草书中一些算术学和代数学问题，通常直接给出了答案，没有计算过程。文献中包含论述整数和分数的方法，其中的分数运算方法只针对分子是 1 的特殊分数，除 $\frac{2}{3}$ 这一个特殊情况外。不能用分子是 1 的分数表示的，会用两个或多个分子是 1 的分数之和表示。因此，$\frac{2}{9}$ 阿默士写作 $\frac{1}{6}+\frac{1}{18}$。一个分数是通过分母来命名的，分母上特定的符号表示它们的属性。$\frac{1}{2}$、$\frac{1}{3}$、$\frac{2}{3}$ 和 $\frac{1}{4}$ 采用了特殊的符号。阿默士也处理数学方程，文献里出现了 "heap, its seventh, its whole, it makes nineteen"，意思是说：一个数和它的七分之一的和等于 19，求这个数是多少，文献中给出的答案是 $16+\frac{1}{2}+\frac{1}{8}$。单词 "hau" 或者

"heap"表示未知量 x。又如下面这句话"heap, its $\frac{2}{3}$, its $\frac{1}{2}$, its $\frac{1}{7}$, its whole, gives 37",写成方程式就是：$\frac{2}{3}x + \frac{1}{2}x + \frac{1}{7}x + x = 37$。文献中有一些算术学和几何学发展进程的例子，被印度人、阿拉伯人和现代欧洲人熟知。

　　希腊人的算术学知识最早来源于腓尼基人和埃及人，他们在一定程度上推动了算术这一学科的发展，但是没能发明一种简单便利的计数法来进行数字计算。像其他古老国家一样，最开始他们借助算盘进行简单的基础计算，直到阿基米德和阿波罗尼奥斯（Apollonius）时期，他们可以借助计数法进行简单的计算。希腊人的算术学偏重于理论推测而不是实际应用，他们不关注计算方法的研究，只是热衷于研究数字的特性和数字之间稀奇古怪的类比。令人惊讶的是，他们在几何学方面的建树成为后人研究的典范，但是在数字科学和艺术方面的贡献却很少。

　　毕达哥拉斯（前580－前500）是早期希腊数学学者之一，他拥有对数字神秘特性的研究热情，深信在数字的神秘面纱下隐藏了很多不为人知的秘密和深奥的教义。他认为数字是神的起源，是万物存在的基础，是事物的模型和原型，是宇宙的本质。他将数字分为奇数、偶数、质数、合数、平方数、三角数、五角数等类，认为每一类数字都带有神的属性，例如，偶数是阴性的，奇数是阳性的。

　　欧几里得出生于公元前330年左右，是早期的希腊算术学者之一。他的作品主要收藏在7世纪到10世纪《几何原本》（*Euclid's Elements*）的书籍里，他在这些作品中提出了一些数字理论，包括质数、合数、最大公约数、最小公倍数、连比例、几何级数等。他提出了质数的概念，认为质数的个数是无限的，揭露了奇数和偶数的本质，探讨了如何建立一个完全数。这些算术学书籍并不包含在欧几里得的常见作品版本中，但可以在著名的巴罗（Barrow）博士的一个版本中找到。欧几里得本身对算术学作出了很多的贡献，泰勒斯（Thales）和毕达哥拉斯又在他的理论基础上进行了深入研究。欧几里得在亚历山大教学的学校里深受欢迎，埃及国王托勒密一世（Ptolemy I Soter）曾就读于那里。托勒密曾问欧几里得学习数学有没有更便捷的方法，欧几里得的回答是：几何无王者之道（求知无坦途）。这句话后来成为数学家们传颂千古的箴言。

阿基米德出生于公元前 287 年，是希腊杰出的数学家。阿基米德最为得意的就是发现了圆柱容球定理，人们为了纪念他，在他的墓碑上刻有圆柱内切球的图形。他写了两篇关于算术学的文章：一篇已经遗失，大意是介绍了一个代表大量数字的简便方法；另一篇介绍了一种表示大量数字的模式，里面也收录了他的沙粒计算，他认为将阿里斯德鸠所估计的天体空间全部填满的沙粒数不超过一个千米亚德的第八级单位。

埃拉托斯特尼（Eratosthenes）出生在公元前 250 年，他提出了一种鉴定质数的方法，被叫作"埃拉托斯特尼筛法"。他也对儒略历提出过改进建议，因为每四年里有一年包含 366 天。他计算了黄道面斜度，还计算了地球周长，后来发现该计算结果超出了 9 英里❶。他还创建了一种复制立方体的仪器。

尼科马库斯（Nicomachus）出生于 1 世纪末，其算术学著作的拉丁文译本近一千年来被认为是该领域的权威。他主要研究数字属性，尤其是比率。他最先开始阐述偶数、奇数和完全数，然后用乏味笨拙的方法解释了分数，接下来讨论了多角数和实数，最后讨论了比率、比例和级数。他给出了一个命题，认为所有的立方数都是几个连续奇

---

❶　1 英里＝1609.344 米。

数的和，例如 8＝3＋5，27＝7＋9＋11，64＝13＋15＋17＋19。他的著作由波伊提乌（Boethius）翻译，成为中世纪教科书。

希腊的克罗狄斯·托勒密（Claudius Ptolemaeus 约 90—168 年），他写了很多数学著作。他的关于天文学的著作被阿拉伯人称为《天文学大成》，直到哥白尼时期之前都一直作为天文学领域的参考标准，书中他探讨了三角学、平面和球面，研究了黄赤交角，计算出 π 的接近值 $3\frac{17}{120}$，采用了度、分、秒来表示角度的测量单位。这本著作在六十进制算术学方面发挥了巨大的作用。

丢番图（Diophantus）是亚历山大港数学家，大概生活在 4 世纪初，写有一本名叫《算术》（Arithmetica）的著作。丢番图的研究作品包含 13 本书，只有 6 本流传了下来。这些研究是关于代数学的，是阿默士著作被发现之前代数学方面最早、最显著的作品。丢番图探讨了数字的属性，他研究的问题之一是分解数到另一种形式，例如 13 是两个平方数 4 和 9 的和，丢番图将其转化成另外两个平方数 $\frac{324}{25}$ 和 $\frac{1}{25}$。丢番图还介绍了简单二次方程的解法，用一个符号表示未知量，例如：一个减数乘以另一个减数得到一个加数。他的算术不是数理化的展开，而是纯粹的思想性分析，因此与欧几里得等其他希腊作者的书籍形成了鲜明对比。丢番图开启了新的研究方法，成就了著名的丢番图分解法。

波伊提乌（Boethius）480 年出生于罗马，在尼科马库斯的基础上写了关于算术学的著作。这本著作后来成为 15 世纪作家们的参考范本。波伊提乌的研究属于理论研究，他讨论了数字的属性，尤其是数字的比率属性，没有涉及计算规则，因此我们推测不出他的计算方法是借助手指计算还是利用算盘计算。这本著作的手稿版本流传于 11 世纪，书中有一段关于算盘的描述，提到了 9 个数字符号的发明归功于毕达哥拉斯或毕达哥拉斯学派。也有人认为这段对算盘的描述归功于波伊提乌是不正确的，应该归功于波伊提乌的继承者。

　　早期印度研究算术学的学者中有一位叫作阿耶波多（Aryabhatta）的人，于 476 年出生在巴连弗邑。在阿耶波多的著作《阿里亚哈塔历书》（*Aryabhtattuyam*）中以诗歌的形式写了一些算术规则和命题。此书共分为四部分，一部分是天文学和球体三角学知识，剩余部分写了与算术学、代数学和平面三角学有关的 33 个规则，阿耶波多对代数学的研究有一定的成就，但是对于现代算术方法没有太大贡献。

　　另一个值得注意的是印度作家婆罗摩笈多（Brahmagupta）（约 598－660），他以诗歌体的方式编写了《婆罗摩修正体系》（*Brahmasphuto Siddhanta*），主要是关于天文学的研究，书中涉及的算术学仅作为补充知识，顺带提到大多数的问题是采用比例法求解的，这些问题大多是有关利率的。书中关于代数学的知识也比较少，只介绍了算术级数的基本情况、解二次方程和二次不定方程。

　　印度第一部系统阐述现代算术计数法的著作来自婆什伽罗（Bhaskara），他生于 1114 年。这部著作讲述的是天文学，其中一章叫作"丽罗娃提"（*Lilavati*），内容是关于算术学的，以诗歌的形式描写并带有注解释文，该章内容以介绍性序言和诸神的对话开篇，紧接着介绍了由 9 个数字符号和"0"表示的计数法。这些数字符号和现代应用的数字符号比较接近，计数法与现代是一样的。该著作也介绍了算术通用规则和平方根、立方根。这部作品最伟大的地方是讨论了比例法，这个方法主要用来解决有关利率和外汇的问题。

　　婆什伽罗另一部著作叫作《算法本源》（*Bjita Ganita*），是关于代数学的论著。用缩写和首字母代表符号，减号用一个点表示，加法仅仅用并列排放表示，但是没有符号表示乘法、等式或不等式，但对这些都进行了详细的描述。在商式或者分式中，除数写在被除数下面，中间没有横线分开。方程的两边按照一边在上、一边在下的写法，在朗诵时通过读出与运算相关的所有步骤来避免混淆。用不同符号来表示未知量，但是多数情况下这些未知量用表示颜色的单词首字母代替，同时"colors"一词也表示未知量，同义词梵文也表示一个字母，这些字母来源于字母表或者表示问题主题的首个音节。在个别情况下，符号被用来表示已知量和未知量。该论著中也有关于三角学的研究。

人们知道的第一部关于阿拉伯算术学的著作由阿尔·花剌子模完成于 830 年。著作的开头写道："言语之中包含算术，让我们给予上帝、我们的领袖、守护神以应得的赞美。"书里的"演算法"（Algoritmi）由作者的名字转化而来，现代单词"Algorism"即来源于此单词，表示任何形式的计算。本书讨论了印度计算方法的基本法则，其运算形式不如现代的简单。阿尔·花剌子模也写了一本有关代数学的著作，"代数"这个术语是首次出现。阿尔·花剌子模的著作在算术学历史中占有重要地位，几乎所有中世纪早期关于代数学的著作都是基于阿尔·花剌子模的研究。

意大利人通过阿尔·花剌子模的著作第一次了解到代数学的概念和现代算术方法。这个算术法就是闻名遐迩的阿拉伯数字系统，为了区别于波伊提乌的算术学，此著作也被叫作《花剌子模算法》（Khowarazmi Algorism），这个名字一直沿用到 18 世纪。花剌子模的著作和研究对于将阿拉伯算术系统传入欧洲的学者和数学家有重要的影响。

在前面关于算术学起源和发展的章节里介绍了一些欧洲算术学学者，他们是 10 世纪的热尔贝、12 世纪的斐波那契以及埃兹拉和杰拉德。从 12 世纪到 15 世纪，似乎很少有学者专注于关于数学的写作，最著名的应该是 13 世纪德国的佐敦斯（Jordanus）。15 世纪最杰出的数学家应该是雷乔蒙塔努斯（Regiomontanus），他在 1464 年写了一部关于三角学的著作，这本书最早给出了用字母表示已知量和未知量的例子。

1842年，班贝格出现了一篇关于算术学的文章，它的作者是来自德国纽伦堡的乌里希·瓦格纳（Ulrich Wagner）。该文章被写在了羊皮纸上，现在只能找到它唯一副本的一些碎片。1483年，班贝格的同一位出版者又出版了第二篇算术学著作，共77页，印刷在了纸上。这是一篇匿名的文章，但是人们推测乌里希·瓦格纳是该文章的作者。昂格尔说："这篇著作与以往的拉丁文文献没有任何相似之处，其主要作用是成为在商业活动中方便应用的算术工具。"早期算术学著作中提及的求解方法大多都是比例法，也被称为商人运算法则或者黄金法则。

1489年，约翰·威德曼（John Widmann）在莱比锡城发表的算术学著作，是最早发现记录加号"＋"和减号"－"的书籍，这两个符号还曾在此书出版之前的维也纳的一份手稿中出现过，当时这两个符号不是用来表示运算符号，仅仅是作为表示过量或者不足的符号。有些人猜测这两个符号最初是仓库用来指示货箱比正常重量重或轻的标记。在约翰·威德曼的书里，我们发现求解付款公式的方法与现在的一样。比例问题和混合法问题按照和分组一样多的比例数来解决。这本书除了各种稀奇的主题名称外缺乏实用的运算法则，后来这些稀奇的命名被施蒂费尔（Stifel）嘲笑。

意大利修道士卢卡·帕乔利（Lucas Pacioli）于1494年在威尼斯发表了著名的《数学大全》，即《算术、几何、比及比例概要》（*Summa de Arithemtica，Geometria，proporlioni el proporlionalita*）。这本书包含两部分：第一部分描写算术学和代数学，第二部分描写几何学。它是最早有关算术学和代数学的著作之一，也是最早系统阐述算术学的著作。该书讨论了四则运算和求解三次方根的方法。此书也被人们应用到实际生活中来处理商业交易问题，包括汇票，处理了很多与此相关的例子。书中部分篇章是最早关于"复式记账法"的内容。在这本书中"百万""空（零）"这些术语首次以印刷体出现。这本书对新算法全面传入欧洲起到了重要的作用。

1491 年，菲利普·卡兰德里（Philip Calandri）在佛罗伦萨发表了一本著作，书的封面是毕达哥拉斯教学的图片，书名是《普罗塔哥拉算术学介绍》（*Pictagoras Arithme trice Introductor*），书中关于除法的介绍很奇怪，当一个数除以 8 时，他换作除数 7，好像 7 比 8 本身更能从被除数中得出商。书中还介绍了分数的一些法则和其在几何学等其他方面的应用。

1514 年，雅各布·科贝尔（Jacob Kobel）在奥格斯堡发表的一本算术学著作中对阿拉伯数字系统进行了介绍，但是该系统没有在书中应用。书中的计算采用了计数器和罗马数字，插图是女主人和她的女仆在用算盘计数器进行计算。

1522 年，卡斯伯特·汤斯托尔（Cuthbert Tonstall）发表了一本拉丁文的算术学著作，对于算术学在英格兰的发展具有很大影响。书中以方格的形式给出了乘法表，还有加法表、减法表和除法表的表格。对于二分之一、三分之一、四分之三，书中表示为 $\frac{1}{2}$、$\frac{1}{3}$、$\frac{3}{4}$，并且对于分数的乘法也做了清晰的论述。德·摩根（De Morgan）评价此书说：无论是从简洁的文献风格还是丰盈充实的内容来看，这无疑是有史以来最经典的拉丁文算术学著作。

1539 年，杰罗姆·卡当（Jerome Cardan）在米兰出版了《实用算术》（*Practica Arithmetica*）一书。该书相较于法国和德国学者们的作品更多展示了计算功能（可能是受同时期一位意大利人的要求）。书中一个章节介绍了数字的神秘属性，其中一个作用是占卜未来。这些大多是《旧约全书》（*Old Testaments*）和《新约全书》（*New Tes-*

taments）中提到的数字。在卡当另外一部著作的记载中，他认为是比萨的斐波那契将阿拉伯数字传入了欧洲。

罗伯特·雷科德（Robert Recorde）约在 1540 年出版了著名的《艺术基础》（*New Grounde of Arts*），这本书最初是专门为爱德华六世（Edward Ⅵ）编写的。后来约翰·迪伊（John Dee）对此书进行了修订和补充，并于 1573 年出版，当时保留了原作者名字，但是在玛丽（Mary）统治时期，被人们忽视了。书中包含了很多现代教科书里的知识，包括比例法、混合法、试位法、舍九法等。书中采用了"＋"和"－"，对这两个符号的解释是：'＋'因为多了一条线，使人感觉有些多余；'－'没有竖线，感觉太少了。后续有很多人对该书进行过修订补充，其中包括梅利斯（Meillis），他增加了一些实例和其他知识，还有哈特韦尔（Hartwell）；最后一版是爱德华·哈顿（Edward Hatton）在 1699 年修正的，包含了附加内容"小数简易教程"，据说包含了很多现代教科书里的法则和问题。雷科德在 1556 年发表的代数学书中引入了"＝"符号，这本书的旧名称叫作《砺智石》（*Deeimals Made Easic*），在书中他这样解释引用等号的原因："为了避免冗长的单词重复，我用一对平行的等长线，也就是'＝'来表示，因为没有比两条等长线更相等的符号了。"

1544 年，迈克尔·施蒂费尔（Michael Stifel）在纽伦堡出版了著名的《整数算术》（*Arithinetica Integre*）。施蒂费尔在书中对亚当·里斯（Adam Riese）表示感谢，并表示书中参考了克里斯托弗·鲁道夫（Christoper Rudolff）的相关知识。施蒂费尔是第一位用"＋"和"－"表示加法和减法的人，他还引入了开方的符号，最初是单词"radix"或者"root"的首字母"r"，尽管康托尔说鲁道夫（Rudolff）之前曾应用过这个符号。

意大利杰出的数学家尼古拉斯·塔塔里亚（Nicholas Tartaglia）

的《算术学》(*Arithmetic*),其卷一和卷二在 1556 年问世,卷三出现
在 1560 年。书中内容冗长繁琐,但是对当时应用的各种算术方法进行
了清晰描述,并且对算术学历史加了很多注释。书中算术部分还包含
每一种可能发生在商业算术中的问题,同时这本书也试图构造适用于
特定问题的代数公式。书中还有一些有趣的算术题,如"如果把 4 变
成 6,10 会是多少""三个爱猜疑的丈夫带着各自的妻子过河,小船一
次只能承载两个人,他们怎么过河"。书中有很多有趣的研究,这对于
数字的研究在代数学方面有很大影响。塔塔里亚被认为是三次方程解
法的发现者,卡丹(Cardan)曾在他那里学习这个解法并承诺保密,
但是之后他违背了约定,并以自己的名字发表了该解法。

1585 年,西蒙·斯蒂文(Simon Stevinus)在莱顿写了一本算术
学著作。1634 年,阿尔伯特·吉拉德(Albert Girard)对该书重新进
行了编辑。这部作品具有独创性,同时也非常缺乏对他那个时代权威
的尊重。例如,伟人们在几何学中找到了一个点来对应算术中的单位
"1"。斯蒂文告诉他们说这个代表性的点是"0"而不是"1",他说:
"不能看透这一点的人,愿万物之神怜悯他们可怜的眼睛,因为错误不
在点上,而在于他们的眼界看不到,而眼界是我们所不能给他们的。"
书中还包括利率知识,后者在十进制分数引入方面有很大的影响。

1588 年,约翰·梅利斯(John Mellis)发表了《简单的指导方
法》(A Briefe instruction and Maner),这是最早关于复式记账的英文
资料,在记账簿的最后是一个关于算术学的短篇文章,梅利斯说:"我
不过是 1543 年 8 月 14 日在伦敦整理和复兴了一部古老的作品"。然后
由一个叫作休·奥尔德卡斯尔(Hugh Oldcastle)的校长制作、出版。
他后来在马克王巷的一个教区教算术。

1596 年,《知识之途》(*The Pathray to Knowledge*)在伦敦发
表,这是一篇从荷兰语翻译来的作品。译者还写了一段短文:9 月、4
月、6 月和 11 月分别有 30 天,2 月只有 28 天,其余月份都有 31 天。

戴维斯（Davies）在《赫顿课程之匙》（*Key to Hutton's Course*）中引用了 1570 年前后一份手稿上的诗：

> 乘法使人苦恼，
>
> 除法也同样糟糕，
>
> 黄金法则是绊脚石，
>
> 实践令人发狂。

卡塔尔迪（Cataldi）先后在佛罗伦萨、博洛尼亚做过数学教授，1613 年，他在博洛尼亚出版了一本关于算术平方根的著作。文中平方根的求解规则同现代的形式一样，表现出了强大的计算能力。文中最新颖的地方就是引入了连分数，这个概念似乎也是有史以来第一次被提出。卡塔尔迪将偶数平方根变为连分数，将这些连分数应用在近似法中，但是没有像现代规则一样从前两个数导出近似数。

1613 年，李察·维特（Richard Witt）出版了与年金和租金等相关的《数学问题》（*Arithmetical Questions*），通过一些摘要解决简单的问题。这些概述包括复利表，这本书也成为第一本包含复利法表的英文书籍。十进制分数得到了充分利用。把乘法表创建成 1000 万英镑的数值，7 位数必须隔断开，换算为先令和便士时，需要引入十进制分隔符。十进制分隔符是一个竖线。同时复利表中很明确地表明包含分子，分母为 100。

约翰·纳皮尔（John Napier）（1550—1617）写了一部关于算术学的作品，这部作品于 1617 年在他去世后在爱丁堡发表。作品里介绍了纳皮尔算筹和其应用。作品中引人注目的是明确地表示十进制分数的发明归功于斯蒂文（Stevin）。作品中也指出是纳皮尔发明了小数点，并且因发明了对数而闻名。德·摩根（De Morgan）不赞同纳皮尔发明了小数点的观点，因为作品中用 199327″3‴ 表示 1993.273。

罗伯特·弗拉德（Robert Fludd）于 1617 年和 1619 年在奥本海姆发表了关于算术学的著作，书中包含两份文本：第一份由埃戈

(Ego) 签署，献给了上帝；第二份由罗伯特·弗拉德签署，献给英格兰的詹姆斯一世（James I）。卷一包含一篇关于算术学和代数学的文章，算术部分详细描述了数字、波伊提乌的比例分类法以及所有涉及16 世纪数字神秘性的知识；代数部分仅仅介绍了参考施蒂费尔和雷科德的方程式等总结出的四项规则。加法和减法的符号是用带斜划线的P 和 M 表示。卷二介绍了数字隐藏的强大神学力量。

1629 年，阿尔伯特·吉拉德（Albert Girard）在阿姆斯特丹发表了一篇关于代数学的文章，其中包含了一些关于算术学的论述。该算术学文章没有关于超过一位数的除法举例。文章中某一处还引用了小数点，尽管这不是第一次使用，吉拉德还用括号代替了线括号，不过括号曾经也被雷科德使用过。

威廉·奥特雷德（William. Oughtred）的著作《数学之匙》（*Clavis Mathematica*）是算术学和代数学方面比较杰出的作品，最早出版于1631 年。书中皮科克（Peacock）博士保留了旧除法，该方法一直延续到 17 世纪。书中没有应用小数点，而是将 12.3456 写成 $12 \mid 3456$，书中引用了圣安德鲁（St. Andrew）的交叉符号"X"来表示乘号。书中貌似第一次采用符号"::"来表示比例。1657 年，他写了一篇关于三角学的文章，文章中出现了 sine、cosine 等三角函数的缩写符号。

1633 年，尼古拉斯·亨特（Nicholas Hunt）出版了《手工女佣对算术的改进》（The Haid-Maid to Arithmetick retined）。该书主要是关于度量衡和商业活动的知识，书中并没有涉及十进制分数的知识，但是有一个叫作"十进制算术"（decimall Arithmeticke）的知识点，是将 1 英镑分成 10 个单位，每个单位包含 2 先令，将 2 先令再分成 6 个单位，每单位包含 2 便士。他用诗歌表述这个规则，下面是一个例子：

从左向右相加，逢 10 进行保留。

用笔将所有的数字写下。

用大的减去小的，记录下余数，

或者逢 10 借给你，并且记住。

偿还借来的东西，我想并不难，

并且要诚实的用收入来偿还。

1634 年，彼得·赫里贡（Peter Herigone）在巴黎出版了著作《数学方法》（*Cursus Mathematici Tomus Secundus*）。书中有一个章节介绍了斯蒂文的十进制分数，章节名字叫作"十位数"（*Des nombres de la dixme*），文中指出十进制的特征是标记最后一个数的位置。当 137 里弗 16 索尔存放将近 23 年 7 个月后，1378′和 23583″的乘积是 32497374‴或 3249 里弗 14 索尔 8 但尼尔（里弗、索尔、但尼尔都是旧时货币）。

1634 年，威廉·韦伯斯特（William Webster）发表了计算单利和复利的表格。复利表中已经把十进制算术认为是大众通用的知识。表中没有应用小数点，只是偶尔有用到分割线。表格包含了第一个将十进制英镑转化为先令、便士、法新的首要准则。其他一些关于利息的详细知识可以参考德·摩根、昂格尔（Unger）、芬克（Fink）、鲍尔（Ball）和康托尔的作品。

图中共有 9 行符号❶，对应下面的 9 条解释。

第一行：公元 2 世纪的梵语字母；

第二行：波伊提乌和中世纪的书写点；

第三行：西阿拉伯人的古巴比伦数字符号；

第四行：东阿拉伯人的数字符号；

第五行：马克西姆斯·普拉努得斯（Maximus Planudes）的数字符号；

第六行：梵文字母数字符号；

第七行：来自卡克斯顿（Caxton）1480 年印刷的《镜子的世界》(*Mirrour of the World*)；

第八行：来自 1483 年班贝格的算术学；

第九行：来自滕斯托尔（Tunstall）1522 年出版的《论计算的艺术》(*De Art Supputandi*)。

图中的前 6 行摘抄自卡约里的《数学史》(*History of Mathematics*)。❷ 图中 3、4、5、7 行的双形式穿插在了班贝格的算术学中。对于滕斯托尔的数字符号，我们要感谢大英博物馆的加尼特（Dr. R. Garnett）博士提供的帮助，这些符号是他从原文中摘抄的。

---

❶ 该数字符号摘抄自卡约里（Cajori）的《初等数学历史》(*History of Elementary Mathematics*)。

❷ 班贝格算术学中的数字符号参考自弗里德里希·昂格尔（Friedrich Unger）《从中世纪到现代历史发展中的实际算术方法》，莱比锡，1888 年，第 39 页（后面此书将被简写为"昂格尔"）。

第四章　算术运算的起源

算术发展史最有趣的一点应该是对该学科各分支和运算过程全面深入的描述，但这又是一项几乎不可能完成的任务。在印刷术发明之前，最初的算术运算过程是不能确定的，但是本章还是会介绍一下前面章节没有提过的一些算术史上的重要事件。

算术语言，即 9 个数字和 0 的计数法。算术学科是在它的基础上开始发展的，在印度人的数学中已经展示了这一点。印度计数法被阿拉伯人采纳，在 10 世纪中叶，这种计数法在阿拉伯的天文学、算术和代数等方面的学者中迅速普及开来。11 世纪，阿拉伯人统治了西班牙南部的省份，计数法因此被传入西班牙和欧洲其他民族。

意大利人早期采用一种分配数字的方法，就是将数字按 6 个一组分配，这种方法能处理上百万的数字。这种命数法由帕乔利（Pacioli）在 1494 年提出。意大利及欧洲大陆使用三位一组的数字识别方法似乎起源于西班牙人。胡安·德·奥特加（Jnan de Oretega）在 1536 年的一部作品中有下述命数法：10 叫作 “dezena”，100 叫作 “centana”，1000 叫作 “millar”，10 000 叫作 “dezena de millar”，100 000 叫作 “centana de millar”，1 000 000 叫作 “cuento”。当时百万这个词 “million” 还没有被使用，至今也不能完全确定这个词是在何时开始使用的。康托尔说，“millione” 这个术语最早出现在印刷体中，是在帕乔利的《算术书》（*Summa de Arithmetica*）中出现的。1522 年，汤斯托尔主教（Bishop Tonstall）宣布 “million” 这个术语已经通用，但是认为这个术语是野蛮粗鲁的，只应该在平民百姓中应用。

斯蒂文将数字按三位一组分割开，将每一组叫作"节"（membres），阿德（Add）对每个节进行了区分，分别叫作"第一位节"（le premier membre）"第二位节"（le seconds membre），依此类推。他将百万（million）叫作"mille mille"，亿（thousand million）叫作"mille mille mille"，十亿（million million）叫作"mille mille mille mille"。在斯蒂文的作品和同时期的克拉维斯（Clavius）的研究成果中可以发现"million"（百万）这个术语在当时的数学家中还没有被普遍使用。阿尔伯特·吉拉德将数字按照 6 位一组分隔开，分别叫作"premiere masse""seconde masse""troisieme masse"……只有第一个 6 位按照 3 位一组分开，但是他没有使用百万"million"这个词。迪康热（Ducange）在 1514 年提及过"million"这个词，该词在克里斯托弗·鲁道夫（Christopher Rudolff）1540 年的作品里也出现过一次，从此相继出现在后续学者们的作品中。似乎这个词在德国书籍中出现的时间比在法国书籍和英国书籍中出现得相对晚一些。十亿"billion"十亿、"trillion"万亿等现今应用的术语最早出现在里昂一个天资聪慧的医生尼古拉斯·丘凯（Nicolas CHuquet）的算术手稿中，然后 1520 年出现在拉罗什（La Roche）的印刷体作品中。

基本运算。毫无疑问，算术基本运算是由印度人在很早的时候发明的，我们已知最早的算术知识来自婆什迦罗的《丽罗娃提》，他生活在 12 世纪中叶，书的名字是以他女儿丽罗娃提命名的，丽罗娃提命中注定婚姻不顺，没有子女。后来，她的父亲占卜出她的丈夫在婚后不久很快就会死去。为了避免这个悲剧的发生，于是，他在一个容器上放了一个小时杯，等杯子沉下去之后就结婚，不巧的是，这个姑娘出于好奇，探头往杯子里看，这时一颗珍珠从她的礼服上掉落进杯中，堵住了杯子底部的小孔，阻止了水的流出。当她父亲发现没有水流出时，他惊慌地前往查看，发现是珍珠阻止了水的流出，这时已经过了幸运的时间，她父亲非常失望，对他不幸的女儿说："我会写一本书，以你的名字命名，因为一个好名字是人的第二个人生，是永恒存在的基础。"

《丽罗娃提》书中引用了很多婆罗摩笈多（Brahmagupta）的著作，婆罗摩笈多大概生活在 7 世纪早期，关于他的算术学和求积分法的部分作品现在还在流传。婆罗摩笈多的部分作品也参考了早期学者阿拉巴诺（Arabhatta）的著作，他早在 6 世纪就写了关于代数学和算术学方面的著作，是印度人中较早的算术学学者之一。因此，为了追溯算术运算的历史，我们需要从婆什迦罗的《丽罗娃提》开始。

《丽罗娃提》中介绍了 8 种算术基础运算，即加法、减法、乘法、除法、平方、平方根、立方、立方根。在这些运算的基础上，阿拉伯人又增加了两项运算，即倍数乘法和对分，因为这两种运算都包含了确定因素，所以被认为是有别于乘法和除法的新运算。这些运算出现在 16 世纪的很多算术书籍里。

加法——《丽罗娃提》中对于加法的描述是这样的："根据它们的位置，把这些数按照正序或者倒序相加的和。"意思就是"从个位数开始由右向左，或者从第一位数开始由左向右。"也就是说，低位与低位相加，高位与高位相加，互不干预，不会在相加的过程中造成不便。因此，计算 2、5、32、193、18、10、100 的和过程如下：

个位数 2、5、2、3、8、0、0 之和	20
十位数 3、9、1、1、0 之和	14
百位数 1、0、0、1 之和	2
各位和的总和	360

减法——减法运算过程既可从右边开始，也可从左边开始，常见用法是从左边开始。值得注意的是，这种从最高位开始相减的常用方法很不方便。

在普拉努得斯（Planudes）的著作中，减数或者加数像现代算术学方式一样，一个放在另一个的下方，和或差写在这些数的上方。当减数位置上的数值大于相应被减数位置上的数值时，会在这些数下方标记一个单位数，类似于下面的例子。

在进行右方的计算时，3从右侧的数里借值增加，5、8、4同理，增加的数被上面的数减去，增加10，来找到余数。

18769	余数
54612	被减数
35843	减数
1111	

另一种情况，给出右边边缘处的数，减数中的数3、0、0、2被2、9、9、1代替，然后4减5、1减4、9减2、9减3、2减2，从而得到余数。很明显，当先做了前面的准备工作后，从哪一位开始进行减法已经不重要了。

06779	余数
2991	
30024	被减数
23245	减数

汤斯托尔主教将现代减法的做法归功于一个名叫加思（Garth）的英国算术学家。汤斯托尔非常详细地解释了这个方法，并且为了帮助初学者理解，汤斯托尔增加了一个减法表，表中给出了从11到19的自然数序列中减去9个数的连续余数，这只包括了实践中可能发生的情况。在讨论以前作者的方法时，汤斯托尔主教给出了下面的例子，在此例中可以看出实际充当被减数的数已经列在了相应减数的上方。

$$
\begin{array}{cccc}
2 & 9 & 10 & 10 \\
3 & 0 & 1 & 0 \\
\hline
1 & 1 & 1 & 1 \\
1 & 8 & 9 & 9
\end{array}
$$

1584年雷默斯（Ramus）发表的《算术学》（*Arithemetic*）介绍的算法是从左到右，这种方法也被后期的一些学者采纳。因此，从432中减去345，相减的数和余数写法如下页列式所示。当从4中减去3时，余数应该是1，但是被0取代了，因为旁边位置上的减数大于被减数；在第二位上，余数应该是 9，被 8 取代，因为下一位上的减数 5 大于上面的被减数 2；因此最后一位余数 7 没有被替换。

$$87$$
$$432$$
$$345$$

奥龙斯·费恩（Orontius Fineus）是雷默斯的前辈，是巴黎某学院算术学教授，在他 1555 年发表的《算术应用》（*De Arithmetica Practica*）中减法与现代使用的方法相似。很难说雷默斯在本来很熟悉奥龙斯·费恩方法的基础上，为什么要采纳另一种很不方便的方法，除非是对奇特方法的钟爱可以促使他发现一个属于自己的教学方法。

乘法——《丽罗娃提》的作者在书中提到了 6 种不同数字的乘法，后期的注释者又提出了另外两种方法。从下面例子可以看出他们对乘法的应用："美丽可爱的丽罗娃提，她的眼睛如小鹿一样明亮，请告诉我 135 乘 12 得到的数是多少？如果你擅长乘法技能，请你告诉我，乘积除以同一个乘数后的商是多少。"

这里被乘数是 135，乘数是 12。

第一种方法，通过将被乘数每一位与乘数相乘，如下所示。

$$
\begin{array}{ccc}
1 & 3 & 5 \\
12 & 12 & 12 \\
\hline
12 & 60 & \\
3 & 6 & \\
\hline
16 & 20 &
\end{array}
$$

第二种方法，将乘数分为两部分，例如 8 和 4，将这两个数分别与被乘数相乘，如下所示。

$$
\begin{array}{ccc}
135 & 8 & 1080 \\
135 & 4 & 540 \\
\hline
& & 1620
\end{array}
$$

第三种方法，将乘数 12 分解成两个因子 3 和 4，将被乘数与这两个因子依次连续相乘，最后的结果就是乘积，如下所示。

$$
\begin{array}{cccccc}
135 & 4 & 20 & 540 & 3 & 120 \\
& 12 & & & 1 & 5 \\
\cline{2-2}\cline{5-6}
& 4 & & & 1 & 620 \\
\cline{2-2}
& 540 & & & &
\end{array}
$$

第四种方法，将乘数按位分开，也就是将 12 分成 1 和 2，被乘数分别与这两个数相乘，根据 1 和 2 的位置，将相乘的结果放在相应的位置，然后相加，如下所示。

$$
\begin{array}{cc}
135 & 135 \\
1 & 2 \\
\hline
& 270 \\
135 & \\
\hline
1620 &
\end{array}
$$

第五种方法，将乘数 12 分为 10 和 2，分别与被乘数相乘，然后将两者的结果相加，如下所示。

$$
\begin{array}{ccc}
135 & 10 & 1350 \\
135 & 2 & 270 \\
\hline
& & 1620
\end{array}
$$

第六种方法，将乘数增加 8，变为 20，与被乘数相乘，所得结果减去被乘数的 8 倍，如下所示。

$$
\begin{array}{ccc}
135 & 20 & 2700 \\
135 & 8 & 1080 \\
\hline
& & 1620
\end{array}
$$

另外两种方法见于迦尼萨（Ganesa）的解说，第一种方法如下图所示。据说当时在东方国家很受欢迎，被阿拉伯人所采纳，并且根据这种方法将数字形成网状外观，把这种方法叫作"shabacah"或者"网格法"（net-work），该方法也被波斯人采纳并稍做了修改。在早期意大利学者关于代数学的著作中也有类似的方法，在纳皮尔算筹的乘法运算中也能看到对该方法的应用。

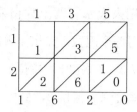

补充乘法中的第二种方法，如下所示，迦尼萨对此方法进行了完整的全面分解，但是考虑到这种方法的复杂性，他认为如果不通过口头指导的话，这种方法很难被学生掌握。

$$
\begin{array}{r}
135 \\
12 \\
\hline
10 \\
11 \\
5 \\
1 \\
\hline
1620
\end{array}
$$

从采纳如此多的方法解决乘法的问题推测，乘法运算应该在当时被认为是比较复杂、困难的运算，同时值得注意的是，现在应用的乘法运算并不包含在这些方法中。在阿拉伯方法中，我们没有发现乘法表的应用，不管怎样，他们并没有为了简化较大数相乘时的计算步骤而将乘法表设置为他们基础教学系统中的一部分，也没有用乘法表解释乘法运算中的一些小技巧。

阿拉伯人学习和采纳了大部分印度乘法的方法，并且增加了一些他们自己的方法，其中有一些是专门针对较小数乘法的方法。阿拉伯人也被认为发明了开四次方根，或者通过计算两个数之和一半的平方减去两个数之差一半的平方求两个数的乘积。阿拉伯人还有可能是舍九法的发明者，这种方法是不为印度人所知的，他们称为"tarazu"，即"平衡法"（the balance）。

普拉努得斯的研究成果大部分都收集在阿拉伯学者的书籍中，他似乎因为舍九法被人们熟知。关于乘法，普拉努得斯主要遵循了交叉相乘法，符号"×"是用来表示将两个数相乘。因此，对于 24 乘以 35，我们按照这个方式写两个因数，先用 4 乘以 5，将 0 写在上方，2 保留到前一位；4 再乘以 3，2 乘以 5，按位值相加，和是 22，加上前面保留的 2，得到 24，写下 4，保留 2，最后，用十位上的 2 乘以 3，加上 2，得到 8；所以乘积是 840。

$$840$$
$$35$$
$$\times$$
$$24$$

普拉努得斯也给出了另外一种方法，他认为这种方法通过用笔墨在纸上写的方式很难实施，但是用一个铺满沙子的板子就很方便，因为这样数字比较容易抹去，可以替换成别的数字。因此，对于同样的例子，我们用 2 乘以 3，得到 6 写在 3 的上面；用 2 乘以 5，结果是 10，将十位的 1 加到 6 上，得到 7，将 7 取代 6，或者将 7 写在 6 上面；用 4 乘以 3，乘积是 12，把 2 写在 5 的上面，1 加到 7 上，所以 7 被 8 取代，或者 8 写在 7 的上面；最后，4 乘以 5，结果是 20，用 2 加 2，得到 4 放在上面，0 放在 4 的后面，最后的数或者没有撇号的数就是最后的乘积。

$$840$$
$$7'$$
$$6'2'$$
$$3\ 5$$
$$2\ 4$$

除法——《丽罗娃提》中对除法规则的描述极其简单，这表明印度除法很难描述。按照书中指示，当可行的时候，先通过一个相同的数来约减被除数和除数，也就是让它们都去除公约数，因此当计算 1620 除以 12 时，可以计算 540 除以 4，或者 405 除以 3。

意大利方法——意大利人在算术学方面倾注了大量的精力，也相应地获得了成功。在很早的时候，意大利人就从东方那里学到了很多乘法和除法的知识，并加上了很多自己的方法，一些方法到现在已经很完善了。在卢卡·帕乔利（Lucas di Borgo）的《数学大全》（*Summa de Arithmetica*）中发现了8种不同的乘法，它们还有名字，下面我们依次介绍一下它们。

1. 棋盘法（bericuocoli e schacherii）：这个名字的第一个来源是书写计算过程，和方格棋盘有些相似；第二个来源是因为与一种普通节日中食用甜点上的方格相似。计算过程如下列式所示。

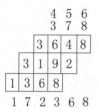

这个方法最初由塔塔里亚提出，后来一些意大利学者去掉了计算过程中的格子，变成了现代普遍使用的方法。在16世纪初，此方法被大多数的算术学者采纳，几乎排除了所有其他方法。

2. 城堡法（Castelluccio）：由小城堡得名。如下列式所示。

$$
\begin{array}{r}
9876 \\
6789 \\
\hline
61101000 \\
5431200 \\
475230 \\
40734 \\
\hline
67048164 \\
\end{array}
$$

此方法用上面的数作为乘数，从最高位开始计算。佛罗伦斯人较多使用该方法，他们有时称这个方法为"全部向后法"（all' indietro）。因为计算过程从最高位开始，帕乔利认为这是阿拉伯化的一种方法。

3. 圆柱法（Columna，o per tavoletta）：由柱形或者牌得名。在这

些按列排列的乘法表中，第一列包含数的平方，第二列包含 2 乘所有大于 2 的乘积，第三列包含 3 乘所有大于 3 的乘积，以此类推，一直计算到所有小于 100 以内数互相之间的乘积。这种方法被用来计算任意数相乘，不管多大的数都可以乘法表范围内的数，所以，计算 4685 乘以 13，被乘数的各项依次乘以 13，把结果按照通用方式表示出来。

4. 交叉相乘法（Crocetta sive casella），通过交叉相乘得名。据说这种方法比其他任何方法更需要敏捷的思维能力，尤其是当许多数字组合在一起时。

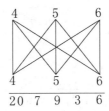

5. 四边形法（Quadrilatero），由正方形得名。这种方法被冠以优雅的特征，因为不需要计算人员在计算乘法时考虑数字的位置，此方法如下列式所示，比较容易理解。

$$
\begin{array}{ccc}
5 & 4 & 3 \\
5 & 4 & 3 \\
\end{array}
$$

1	6	2	9
2	1	7	2	9
2	7	1	5	4

$$2 \quad 9 \quad 4 \quad 8$$

6. 格子法（Gelosia sive graticola）。帕乔利说："这叫作格子乘法，因为这种运算方法被布置成像网格的形式，lattice 这个词通常是用来指女士或者是修女房间窗户上的百叶窗或者光栅，这样在里面不容易被外面看到，这种窗户在威尼斯城里有很多。"通过下面给出 987 乘以 987 的例子，该方法很容易被理解。这种方法和以前印度人、阿拉伯人和波斯人中普遍使用的方法是一样的。

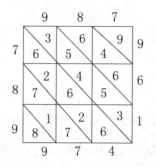

7. 叠乘法（Ripiego），通过展开或者将乘数分解成组成因子进行的乘法。即，计算 157 乘 42，将 42 分解成因子 6 和 7，然后用 157 依次与它们相乘。

8. 替代法（Scapezzo），将乘数分解成一系列加数后进行的乘法。按此方法，计算 2093 乘 17 时，我们将 17 分解成 10 和 7，分别与被乘数相乘，然后将乘积相加。有些情况下，会对被乘数和乘数都进行分解，这时，15 乘 12 会按照下列的方法进行计算。

$$
\begin{array}{l}
4,\ 5,\ 6 \\
2,\ 4,\ 6 \\
\hline
\begin{array}{r|r|r|r}
8 & 16 & 24 & 30 \\
10 & 20 & 30 & 60 \\
12 & 24 & 36 & 90 \\
\end{array} \\
\hline
30\ \ 60\ \ 90\ \ 180
\end{array}
$$

彼得罗（Pietro Cataneo Sienese）在 1567 年出版的另一本意大利算术著作中保留了各种各样的乘法方法，甚至连名字都相同。交叉乘法的发明要归功于比萨的斐波那契和马克西姆·普朗德斯（Maximus Planudes），他们通过阿拉伯人学习了印度人的运算方法。圣安德鲁的"叉号"（表示乘法的符号）有可能来源于人们习惯用交叉线将相乘的两个数合并在一起，这一习惯像下列式给出的例子一样。

41

$$
\begin{array}{r}
5\ 9 \\
\times \\
4\ 7 \\
\hline
2773
\end{array}
$$

卢卡·帕乔利（Luca Pacioli）和塔塔里亚在著作中提到的其他乘法，都是当时使用过的方法。在当时，大家好像对于寻找新求解乘法的方法有着非凡的热情。每一位专业的算术研究者，如果能够发明一个在组成和排位上比别的学者应用的数字更简洁精炼的数字的话，会将其当作自己艺术生涯的伟大胜利。然而，他们所有的创作都被帕乔利贴上了不便利的标签，至少与他自己的比起来是不便利的。

如前所述，印度人没有关于乘法表的知识，阿拉伯人似乎也没有将毕达哥拉斯的"九九表"作为他们算术教育的基础知识，所以传播该知识的功劳要归功于早期意大利的算术学者们，他们很可能在波伊提乌的作品中得到了该知识点，从此开始使用。即使意大利数学家已经熟悉了乘法表，其他国家的很多作者认为通过给出乘法形成的规则，将人们从大量的背诵记忆中（所有大于 5 的数字乘积）解放出来是很重要的。基于此目的研究出来的主要规则叫作"regulaignavi"，中文叫作"懒人规则（sluggard's rule）"，改编自阿拉伯人，并在奥龙斯·费恩、雷科德、劳伦·伯格（Lauren berg），以及 16 世纪中期到 17 世纪期间的很多其他学者的著作中出现。规则如下：用 10 减去每一位数，写下差，将差相乘，然后第一个数比第二个数多多少（或者第二个数比第一个数少多少）就在乘积的十位上加多少。

$$
\begin{array}{ccc}
73 & 82 & 91 \\
\times & \times & \times \\
64 & 78 & 82 \\
\hline
42 & 56 & 72
\end{array}
$$

在计算乘法时，人们还提出了其他方法来免除总是需要记着十位上的进位。其中比较有意思的一个方法是由劳伦·伯格提出的，他致力于提高算术学教科书的品质。他在书中列出了许多知名学者的例子，涵盖了地理、年代、重量和古代测量。从其给出的例子就可以直接理解，不需要进行解释。

$$
\begin{array}{r}
5142 \\
43 \\
\hline
106 \\
1532 \\
108 \\
2046 \\
\hline
221106
\end{array}
$$

除法的分类——无论是普拉努得斯还是早期阿拉伯的学者们，好像都没有提出过任何能引起算术学史上的学者们特别关注的方法。卢卡·帕乔利给出了四种不同的除法方法，这些方法也分别有自己独特的名字。

1. 头部相除法（Partire a regolo），有时也叫作"从头开始"或"头部除法"。该方法用于除数是一位数或两位数的情况，例如 12，13 等，包括意大利乘法表中的数。从下面给出的例子，可以很容易地理解这个方法。

$$
\begin{array}{c}
6 \\
3478 \\
579\frac{4}{6}
\end{array}
$$

2. 因式分解法（Per ripiego），这种方法将除数分解成它的简单因子（又叫 ripieghi）。通过下列示例可以很容易地理解，该方法也是现代算术学的通用方法。

$$
\begin{array}{l}
63 \\
7\ \ 250047 \\
9\ \ \ \ 35721 \\
\ \ \ \ \ 3969
\end{array}
$$

3. 给予法（A danda），下面的例子计算的是 230265 除以 357，得出的商是 645。运算过程与常用除法的运算方法一样，只是数字写起来不方便。它被叫作给予法，是因为每次减法之后我们都从右手边的数里加一位或者更多位数。

$$
\begin{array}{cc}
357 & 645 \\
230 & 265 \\
2142 & \\
\hline
1606 & \\
1428 & \\
\hline
1785 & \\
1785 & \\
\end{array}
$$

4. 帆船法（Galea vel galera vel batello），这么叫是因为计算过程像一个大帆船，"那种行驶在大海上，轻快地划过水面，最安全最快速的船"。用 97 535 399 除以 9876 来解释一下这种方法。我们首先写下被除数，然后将除数写在它的下面，从被除数的第二个数开始对齐，因为除数大于被除数的前四位数。用商的第一位数乘以除数，9 乘 9 得到 81，用 97 减 81 得 16，将 16 写在 97 的上面，然后将被除数的 97 和除数的 9 划掉，9 乘 8 得 72，165 减 72 得 93，将 9 写在 16 上面，3 写在被除数的 5 上面，然后划掉 165 和 8，9 乘 7 得 63，从 933 中减去得到 870，将余数中的 933 和除数的 7 划掉，9 乘 6 得 54，从 705 中减去 54，得 651，划掉 705 和除数中的 6，我们得到余数 8。接下来乘商的第二位数，整个计算过程如下列式所示，不再做过多解释。

$$
\begin{array}{l}
86 \\
9\!\!\not{7}5 \\
\not{1}6\not{3}0\not{1} \\
9\not{7}\not{5}\not{3}\not{5}399(9 \\
\;9\not{8}\not{7}\not{6} \\
\end{array}
$$

$$
\begin{array}{l}
86 \\
9\!\!\not{7}5 \\
\not{1}6\not{3}0\not{1} \\
9\not{7}\not{5}\not{3}\not{5}399(98 \\
\;9\not{8}7\not{6}6 \\
\;987 \\
\end{array}
$$

塔塔里亚说：在威尼斯这已经成了一个惯例，教师们为了向学生们展示自己对这种除法的精通，他们会写出一个完整的"算术船"计算过程，包括所有的细节。本书对于该方法的最后一个补充点就是利用舍九法证明计算过程的正确性。皮科克博士（Dr. Peacock）给出了一个类似的例子，非常奇妙。

$$13$$
$$763$$
$$829$$
$$13744$$
$$861022$$
$$973363$$
$$16301373$$
$$97533399(9876$$
$$9876666$$
$$98777$$
$$988$$
$$9$$

在计算圆面积的书中，雷乔蒙塔努斯（Regiomontanus）展示了同样计算过程的一个例子，此作品最早写于 1464 年，但是在 1532 年才出版。书中的例题是用 18 190 735 除以 415。除数写在被除数的下方，随着计算步骤向后重复，同时消除数字。商 43 833 放在最底部，余数保留在"算术船"上。

$$
\begin{array}{r|l}
11 & \\
3134 & \\
154750 & 4 \\
276548 & 3 \\
18190735 & 8 \\
4155555 & 3 \\
41111 & 3 \\
444 & \\
\hline
43833 &
\end{array}
$$

观察帕乔利对这种除法的热情赞美也是一件很有趣的事情。当描述前面的方法时，他似乎没有耐心，只热切地盼望着描述"帆船法"（a la galea），似乎这种方法蕴含着独特的魅力和慰藉，它犹如一条完美的帆船，我们能清楚地看到它的桅杆、帆、甲板和船桨，看到它在数学的浩瀚海洋里航行。我们惊奇地发现这个方法似乎被算术学的每一位学者偏爱，一直到 17 世纪末。这个方法后来被西班牙人、法国人、德国人和英国人采纳，并且他们认为这是唯一一种值得关注的方法。这种方法在汤斯托尔（Tonstall）、雷科德、施蒂费尔、雷默斯、斯蒂文和沃利斯的著作中都能发现。到了 18 世纪，该方法被英国数学家们叫作擦除法（the scratch method of division），因消除数字用的擦除线（scratches）得名，后来该方法被现在的通用方法取代，叫作"意大利除法"，因为是从意大利传出的这种方法。

雷科德关注了意大利人的除法，说："我第一次听说这种方法是在我的老朋友亨利·布里奇斯（Henry Bridges）那里，他给我实际演练了一番，不过没有数字被删减掉。"我们附上他解说时用的例子，尽管如此，他依然偏爱擦除法。

$$
33 \overline{)7890} \left(239 \frac{3}{33} \right.
$$

$$
\begin{array}{r}
66 \\
\overline{129} \\
99 \\
\overline{300} \\
297 \\
\hline
3
\end{array}
$$

幂和根——《丽罗娃提》的作者给出了二次幂和三次幂的规则，以及相应的开方规则。书中二次幂的求解规则非常有创意，过程如下：将一个数最后一位的二次幂写在该数上方，该数其余各位上的数分别乘以 2，再乘以最后一位上的数，将结果分别放在上方，然后擦除掉最后一位数后重复上面的操作。列式求 297 二次幂的例子来解释上述规则。

$$
\begin{array}{r}
4 \\
36 \\
81 \\
28 \\
126 \\
49 \\
\hline
297 \\
88209
\end{array}
$$

在计算三次幂的逆运算时，每个奇数位都用一条竖线标记，中间位置用水平线标记，但偶数位会和相邻的奇数位结合在一起。下列式通过求 88 209 的平方根来解释一下这个方法，同时展示这个方法的性质。我们从最后一个奇数位 8（从左往右作标记）减去平方数 4，得到 48 209，如列式所示。取 4 的平方根 2 的两倍，得到 4，48 可以整除它，然后取接下来两位的数 82，接近 82 的平方根数是 9（10 太大），然后减去 9 乘 4 或 36，得到 12 209。再次从奇数位开始，得到残数 122，减去 9 的平方数或者 81；余数是 4 109，取 9 的 2 倍，得到 18，将 18 和 40 结合，得到 58，用 410 除 58 得到 7 和余数 4，4 和原来的 9 结合得到 49，49 是商 7 的平方，没有余数。将商 7 的 2 倍 14 按照位置放在前面二倍值 58 的下方，得到 594，其二分之一就是要求的根，297。

$$
\begin{array}{l}
{\text{—}\,\text{|}\,\text{—|}} \\
88\,209 \\
{\text{—}\,\text{|}\,\text{—|}} \\
48\,209 \\
{\text{—|}} \\
12\,209 \\
{\text{—|}} \\
4\,109 \\
\cdots\cdots
\end{array}
$$

上面关于印度人提取平方根方法的描述摘录于《丽罗娃提》的一个解说文献里，其中可能也讲述了立方根的方法，和现在应用的方法没有太大差别，他们与现代方法最大的区别是在它们所应用的奇特乘法和除法方面。

阿拉伯人提取平方根的方法和他们的除法方法类似，可能是因为这两种方法都是以希腊人的六十进制运算为基础的。用右侧给出的例子来展示运算过程，在数字之间画上了竖直线，并将数字按两位一组分割，10 最接近的平方根是 3，将 3 分别写在该数字的最上方和最底部，然后减去 3 的平方 9，3 的二倍数 6 写在另一列里，17 里面包含 2

个 6，或者下一组里第一个数的余数是 2，所以 2 被放置在顶部和底部，2 乘 6 得到 12，17 减去 12，得到 5，接下来用 55 减去 2 的平方 4，得出余数 51，用 518 除 64 或者 32 的二倍数，得到商是 8，8 乘 64 是 512，518 减去 512 得到 6，64 正好是 8 的平方。据说该模式是印度人采纳了阿拉伯人的方法。

```
          3·      2·      8·
  ┌───┬───────┬───────┬───────┐
  1 │ 0       7   5   8   4
    │ 9
    │ 1 1
    │           7 2 5
    │           5 5
    │                   5 4 1 1
    │                   8 2
    │                   6 6 4
    │                           4
    │                           4 4 8
    │           6 6
  3       2
```

较早期的欧洲数学家们采用了一个类似求取平方根的方法，尽管不是特别系统和常规的方法。为了证明他们遵循的规则，他们不断地参考欧几里得原理第二卷的四个命题。下面我会给出几个例子来讲解他们的方法。

第一种方法来自佩尔蒂埃（Pelletier）的算术学，该著作的第一版发表于 1550 年。书中给出了求解 92416 平方根的方法，如列式所示，一目了然，无须解释。从中还可以看到，用来标示某位置上的数进行了分解的符号"点"，被放在了数的下方而不是上方，这和现代的习惯一样。

导 论

```
        Ø
       Ø2416
       · · ·
        604
       4(304
     ———————
       2416
```

第二个例子选自帕乔利的著作，计算形式也是普遍应用的，该示例是求 99 980 001 的平方根，对于熟悉"帆船法"的人来说，不需要过多的解释，就能明白此求解平方根的示例。

```
         0 0
        Ø1̸8
       1̸27Ø
      20880
     09969800
    1̸8778980
   99980001̸(9999
    9898989
    1̸1̸999
      1̸
```

我们介绍之前提过雷乔蒙塔努斯书中的一个公式。

```
      123
      2465
     1757174          7
    38796595          2
   5261216896         5
    14406             3
     430              4
     145
      14
       1
   —————————
   72534
```

命题是求解 5 261 216 896 的平方根。最接近 52 的平方数是 49，余数 3 放在 2 的上方，而根数 7 放在竖线之外，7 的二倍数 14 被放在 36 的下方，因为 36 里包含了 2 个 14，所以相应的 2 放在 7 的下方，用 3 减去 1 的二倍数，余数为 1，6 或者 16 减去 4 的二倍数，余数为 8，前面的 1 被消掉了，用 1 或者 11 减去 2 的二倍数 4，余数为 7，将接下来的 8 转化成 7。以此类推，直到所有数被相继消掉，最后右侧面或者底部的 72534 就是根数。分解结果似乎不正确，但是我们不够熟悉

49

该方法，因此没办法来做改变，也没有原始资料可以用来核实。

　　阿拉伯人和波斯人求解立方根的方法，以及他们与印度人交流的方法，跟他们求解除法的方法类似。我们通过求解 91125 的立方根来解释该方法。如下列式所示，先画一些竖线，将数分散放置在竖线内，"点"符号被从右边开始放置在第一个、第四个、第七个数……的上方。91 最接近的立方数是 64，将 64 写在 91 下方，并用 91 减去 64，得到 27，为了得到下一组的根，将前面根数 4 的平方数 16 乘 3，结果 48 写在下方，因为 271 中包含 5 个 48，除数加上 4 和 5 乘积的三倍 60，组合上 5 的平方 25，得到 5425，5425 的每一位数乘 5，连续减去乘积。

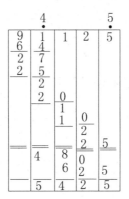

　　欧洲当时应用求解立方根的古老方法，除了不太规范和不太正式之外，同刚才讲解的计算过程很相似。列式的例子来自著名的卡斯波特·汤斯托尔的《论计算的艺术》（Ars Supputandi），他是达拉谟主教，这本著作是英格兰关于算术学的最早文献。示例是求解 250523 582464 的立方根，将数放在两条平行线上，平行线中间是根 6304。分解因子和余数分别被写在了底部和顶部，在运算过程中最早运算的数会被消除，消除符号用突出符号表示。

$$
\begin{array}{c}
4'\;7'6' \\
\overset{\bullet}{3}'\;\overset{\bullet}{4}'0' \\
\overline{2'5'0'5'2'3'5'8'2'4'6'4'} \\
6\quad3\quad0\quad4 \\
\overline{3'4'1'8'7'8'9'8'9'0'4'} \\
1'0'2'1'5'9' \\
1'2'2'5'1'\quad\quad0' \\
4'9'6'8'2'4'6' \\
7'
\end{array}
$$

迈克尔·施蒂费尔经常总结前人的方法，经过思考，将求解平方根的方法和高次幂结合起来。通过钻研高次幂本身的求解过程，他研究出了一些求解二次方根、三次方根、四次方根……的方法，他称为方程。假设我们用 a，b 来表示一组二项式的根，他用来求解二次方根的方案是写出 $a-20-b$，然后将 b_2 写在 b 的下方，这个方案的意思是在求取平方根时，第一项 a 必须乘以 20 来求出一个除数，这个除数被用来决定第二项 b 是多少（即列式中第一位 6 减去平方数 4 得到 2，2 和后面的 76 组成 276，276 除 2 和 20 的乘积 40，得到商的整数部分是 6，那么 b 等于 6）。然后 a 乘 20 加 b 的和再乘 b 得到的乘积必须能被第一个余数减。迈克尔·施蒂费尔的方法可以用列式给出求解6 765 201 二次方根的方法来解释。

$$
\begin{array}{l}
\overset{\bullet}{2} \\
\overset{\bullet}{6}\overset{\bullet}{7}\overset{\bullet}{6}\overset{\bullet}{5}\overset{\bullet}{2}\overset{\bullet}{0}\overset{\bullet}{1}\,(2601 \\
2\;\bullet-\;20\;-\;6.\\
\qquad\qquad 36-276 \\
26\;-\;20\quad 0-0 \\
2-60-20\;1 \\
\qquad\qquad 1-5201
\end{array}
$$

这些算术运算过程的发展历史来源于莱斯利教授（Prof. Leslie）和皮科克博士，其中很多是从原文中逐字逐句摘抄的。分数、小数、比例法、连分数等方法的起源会在相应章节进行介绍，同时也会适当提及读者感兴趣的内容。为了介绍的完整性，有些内容偶尔也会重新提及。

第一篇　算术的性质

第一章　数字的性质

第一节　数字——算术的主旨

　　最初，数字只是上帝头脑中的一个想法，他伸出创意之手，数字便出现在了宇宙之间，它被投射到了世界各处。花朵细数着它的花瓣，水晶计算着它的面庞，昆虫数着它的眼睛，傍晚数着天上的星星，天空中的圆月像一块金黄的钟表，标记着月份与季节。

　　人们的创造是为了理解数字的概念。他们发现数字蕴含在物质世界中，以毕达哥拉斯为代表的人们，带着满腔热情，高声欢呼道："数字是万物的本源，创造的源泉。"人们陷入沉思，追寻数字的各种组合，探索数字之间的关系，想揭开它神秘的面纱，因而创造了算术学这一美丽的科学。算术学是一门具有精确关联和有趣规则的科学，下面我们一起来讨论一下它的起源和本质。

　　起源——数字的概念开始于人们对物质对象的思考，在组合或者集合的过程中发现了目标，有了"经过多少次这样的组合后产生了数字的概念"。一个人向大自然远眺，和万物实体交谈，发现自然界中的统一性和多元性，从一点到多点，唤醒了对数值的概念。存在于上帝头脑里的统一性和多元性，体现在了物质世界中，然后传递到人们的思想中，转化成了一种无形的精神概念。

确切的数字概念是由一个思维过程发展而来的，叫作"计数"（counting）。我们通过计算一个集合内所有物体的数量来确定这个集合的总数，计数的行为（1，2，3……）是数字知识的根基。在计数的过程中，我们从一个物体传递到另一个物体，传递蕴含着时间，同时也只有在时间概念里，传递才会成为可能。因此，在时间里蕴含着数字的起源，并且很有可能它是数字概念的唯一起源。下面，对此关系做一个简短介绍。

时间是自然界中两个无穷大的事物之一。空间和时间是万物存在的条件。时间使我们能够提出"何时"这个问题，空间对应的问题则是"何地"。空间被认为是延展的物质条件，它可以在三个维度进行扩展，分别是长度、宽度、厚度。扩展形成的科学叫作几何学。因此，空间被认为是几何学的基础或条件。

时间是事件的条件，就像空间是物质的条件一样。每一个事件在时间里存在，就像每一个物质在空间里存在一样。在某种程度上，时间与思维世界的关系就跟空间与物质世界的关系一样。物质在空间中延展，而思维在时间里穿梭。数字和时间之间的这种紧密关系，促使我提出了一些与时间属性有关的想法，以及由此发展的数字概念。

时间不仅仅是一种抽象的概念。它不是在事物中可以感知到的矢量，其被抽象思维的力牵引而远离实物，被人们认为是一种抽象概念。通常来说，我们并不把某些特定时刻都当作时间的一个例子，但是我们假设所有的特定时刻是无限时间里的一部分。当我们思考任何一系列的事件时，这个不断流动和无穷无尽的时间就是我们自己的感受。所有实际或可能存在的时间都作为这个原始和类的一部分而存在。因此，由于所有特定的时间都被认为是一般时间衍生的，显然，一般时间的概念不能从特定时间的概念中推导出来。

时间是人们头脑中一种伟大的直觉，在某些适当的场合或某些情感体验发生时，脑海里便形成了时间的概念。情感体验不是起因，而是一种时机，在这个时机头脑中构思或者产生了时间的概念。它是一种更高感知的产物，叫作原因。时间不仅仅是一个想法，一个念头，还是一个伟大的事实。它有一个真正的客观存在，独立于想象之外的思想。如果没有人愿意去想象它，时间仍然会作为事件的条件而存在。如果所有的事件都消失了，时间还会无穷无尽地持续下去。

时间是无限的。没有人可以构思出时间的初始点与终点。所有有限的时间仅仅是被分解出来的，但是并没有终止时间本身的范围。在时间里，所有的事件都在发生和结束，但是时间从来没有起点，也从来没有终点。就其本质而言，它就像永恒的存在一样，没有开始，也没有结束。

就像空间确实能延展一样，时间也能传承，人类在传承中产生了数字的概念，继而演变成算术学。在某种程度上，算术学和时间的关系就像几何学与空间的关系一样。基于此，一些哲学家将几何学称为空间科学，而将算术学称为时间科学。这个观点并未得到所有学者的认同和采纳，因为他们认为除了数字概念之外，时间还会产生其他概念。惠威尔（Whewell）在写《纯粹科学》（*Pure Seciences*）这本书时，说到了三个概念——空间、时间和数字，从而将时间和数字区分开来。一直以来人们也在尝试建立有关的时间科学。最引人关注的是，威廉·哈密顿爵士（William Rowan Hamilton）的作品促使了四元数运算的发明。

人们通常认为时间是一维的，这个观念与空间不同，空间是三维的——有长度、宽度和厚度。时间与一条直线类似，但是和平面以及立体没有相似之处。时间作为一系列先后瞬间的形式存在，但是时间除了先后关系之外没有其他关系。时间和直线之间有非常相似的地方，因此好多术语对它们来说是通用的，并且很难区分某个术语到底是先应于时间还是空间。时间和直线都有长短之分。我们谈论的直线是起点和终点，是一个时间点，是某段周期中有限的一段。

除了一个维度延展外，时间和数字没有其他可以类比之处。时间就像一条可以两边无限延伸的直线，每一时间段都是这条直线的一个组成部分。没有任何一种构思时间的方式向我们暗示一条新的直线与原直线形成一个角，或者出现与其他组合产生另外任何形式的图形。时间和空间之间的争论，在这里完全消失了。二维和三维空间，平面和体积，我们不可以用时间产生的概念来进行比较。

就像数字符号是空间的特有产物一样，时间的特有概念是循环，在一般意义上，可以使用"旋律"这个词。这样的循环形式可以在诗歌的韵律和音乐的旋律中发现，各种各样的韵律以及在不同旋律中产生不同长度的循环，都只是对我们所谓的时间进行了修改和配置。它们包含不同时间部分之间的关系，就像图像包含不同的空间部分一样。一方面韵律和图像之间的类比并没有很接近，因为在旋律中，只有与时间相关的量，然而在图像中，不仅仅是一个量的关系，而是不同量之间的关系，即位置之间的关系。另一方面，相似元素的重复不一定发生在图像中，但为了让我们现在所谈论时间的测量能给我们留下深刻印象，这变得很重要。因此，时间和空间概念分别有了各自特殊、独特的关系；位置和图像只属于空间，循环和旋律只适合于时间。

最简单的循环形式是交替，就像加和不加重音节的交替，例如："来吧，来吧，这块石头，即将飞翔"（每两个词加重音节）。或者没有从属关系的例子，就像数数时，交替的数分别叫作"奇数、偶数、奇数、偶数"等。

在所有的循环中，最简单的是不变量，只是一系列的自然数，而且每一个都和其余的一样，一个接着一个，类似1，1，1……这样一直循环下去。然而在这种情况下，我们被引导将每一个自然数和之前的作比较，因此序列 1、1、1……变成了 1、2、3、4、5……这是一个大家都熟悉的自然数序列，并且会持续下去，没有尽头，因此从时间中包含的这个重复循环里我们得出了数字的概念。

这个关于数字起源的观点现在被一大批学者所接受，但是也有持其他理论观点的学者。最具有异议的观点是"数字是一种感知"，其荒诞性可以在数字没有颜色、形式或者任何认知属性中看出。数字不是一种感知，而是一种直觉。

第二节　数字的定义

数字的概念非常元素化，以至于很难科学地定义数字。不同的学者曾给出各种各样的定义，但迄今为止，没有人能给出一个从各方面都让人满意的定义。不过其中有两个最杰出的定义是牛顿和欧几里得给出的，下面简单介绍一下这两个定义。

牛顿这样来定义数字："具有同一物种属性两个量之间的抽象比。"这个定义准确且富有哲理，它展现出了数字是因为物质对比引出的纯粹、抽象的概念。对于离散量来说，它把其中一个单独的事物作为比较的衡量单位，对于连续量来说，则截取有限的一部分作为比较的衡量单位。

毫无疑问，这个定义最初是为了用在可延伸的量上，数字没有自然单位，人们将其中的有限部分作为衡量单位，以这个单位为标准来估计这个量。这种比较产生了三种类型的数字：整数、分数和无理数。被测量部分包含了有限数量的基准单位，这个数量是整数。当只是一个有限部分，这个数字是分数，当在基准单位和被测量之间没有公约量，这个数是无理数或根数。

尽管牛顿的定义在很多方面受人钦佩，但是不适合普遍使用。它太抽象，很难被学生们理解，因此不能被应用到小学教科书上。另外，这种定义不能清楚地表达我们获得数字概念的思想过程。这个定义相比较于离散量来说更适合应用到连续量上，数字概念始于离散量而非连续量，考虑到后面这一点，数字的定义改变了表达形式，保留了原来的精神，因此形成了"数字是一个集合与单一事物"的定义，它比原来的定义稍微简单易懂一点，同时从各个方面来看也是一个比较令人满意的定义。

欧几里得定义数字为："同一物种的单位数或者具有共同属性事物的集合"，这个定义中排除了数字1，因为数字1不是一个集合，因此定义后来被改为："一个数是一个单位或者一些单位的集合"。稍加修改后的定义被数学家们普遍采纳，这是至今发现被应用到大量教科书中的一个定义。

这个定义并不是完全正确的，一个数和一些单位的集合并不是完全一样的，同时单位的集合也并不一定是一个数。换句话说，物质集合和物质数量是有区别的，这一点在相应的动词上看可能会更清楚明了，即收集和计数是两个不一样的概念。我们可能收集不计数，也可能计数不收集。我们可以收集一定数量的东西，也可以收一个集合里的东西或者给其编码。如果一篮子苹果散落在了地板上，我被告知收集捡起它们，我们可能只收集不计数。或者，我被告知数一下苹果的数量，我可能只计数不收集。后一种情况，我会有苹果的数量，而不是苹果的集合，从上面可以看出数字并不完全和集合一样。数字相比较于集合更有限，集合是一个无限概念，而数字使集合变得有限。因此，数字和集合并不完全等同。虽然欧几里得的定义经过修改，应用到了大部分的教科书中，但是对这个定义的反对意见并不是完全没有科学依据的。不得不承认的是，除了集合外，没有任何词能如此确切地表示数字作为集合的这一概念。在通常情况下，这两个词有时也是可以互换的。我们可以说，在分析中我们从一个集合传递到单个事件，从一个数到1。因此，迄今为止，该定义被认为是普通教科书中最确切的定义。

综上所述，我们可以看到关于数字很难提出一个特别好的定义。这种困难性在于数字只是一个用来表示简单概念的简单术语，我们不能精确地找到一个可以表示相同概念的词。简单的术语往往更难表达，因为通常它们就是它们自己的定义。"数字就是指一个数"，或许没有比这个定义更能清楚表示数字的了。我觉得下面这段话，虽然可能有漏洞，但是其更接近真相："一个数字是一个单位集合的量，或者说一个数字就是指一个事物被计算或包含在集合中的次数。"

第一个定义排除数字 1，或者像一些作者建议给集合一个特殊的含义。第二个包含了数字 1，但是在其他方面不像第一个那样令人满意。这些定义较准确的表示了数字概念，但是"多少"作为一个名词的这种表达在英语语言中不是很优雅，因此出现在教科书里最简单、令人满意的定义是："一个数字是一个单位或者一个单位数的集合。"

给数字一个完美的定义是非常困难的。斯蒂文定义数字为："通过它可以表示任何物质的数量"，但是数学家们并没有采纳这种说法。欧拉的定义："数字就是一个数量与另一个单位数量的比"，得到了极高的肯定。也有人赞同"数字是数量的有限表达"，极其谨慎的学者认为"数字是人们构思一个用来回答'多少'这个问题的答案"，然而这个世界仍然在期待着能有人提出一个简单、准确且被人们普遍采纳的定义。

第三节　数字的分类

按照属性或审视点的不同来说，数字有各种各样的分类，最基础的分类就是：整数、分数和名数。这三种分类是按实际应用和哲学上的不同来分类的，组成了算术学的三个主要部分。逻辑上来说，这三种分类并不是互不包含的、排他的，因为有的分数有可能是名数，有的名数可能是整数，但是这种分类被认为是比较哲学性的分类，因为它们不仅仅是在属性上不同，计算方法也不同，同时还产生了不同的规则和运算过程。我们将从以下几点来阐述这三类数字的哲学属性和相互关系。

整数——单位是数字的基础和开端。一个数是若干个单位数的综合，是单位数集合中表示"多少"的量。因为这些单位数在本质上是作为一个整体存在的，不可分割。因此，我们知道了第一批数字——整数，它是完整的或者是不可分割单位数的集合。这些单位数作为一个整体，被叫作整数单位，由它们组成的数字叫作整数。因此，整数是整数单位的集合，也有更受欢迎的定义为：整数指完整数。

分数——单位作为算术的基础，可以相乘或者相除。单位数的合成可以得到整数，那么单位的分解便会产生分数。将单位分成相等的若干部分，我们可以看到这些部分与被分割的单位之间有特定的关系，取这些部分中的一个或者多个，就得到了分数。由此看出，分数的概念包含三个因素：第一，对单位的分解；第二，分解后，部分与整体的比较；第三，分解部分的集合。换句话说，分数是三个运算的产物：分解、比较、集合。或者像算术本身的逻辑属性一样，分数是三位一体的产物，包含了分解、比较和综合。

名数——名数是不能在本质上被发现的单位数集合。名数是一个

用来测量虚数单位数的集合。名数中的哲学属性陈述如下：自然认为
"how many"和"how much"产生了两种不同形式的量，即"大小"
或"多少"。"多少"这个量基本由数字表示，因为它以个体或者单位
的形式存在。"大小"不能以估数的形式存在，为了估算"大小"这个
量，我们必须将这个量的某一部分定义成一个度量单位，这样我们就
可以给它一个数值的表达形式。

名数可以定义为"量级"的数值表达式。既然这个数是一个量的
估数，我们也可以定义名数是可以用来度量其单位数的数值。又因为，
此单位数来源于人为而非天生，我们也可以将名数定义为：其单位数
是人造的数字。这些定义中的任何一个都足以用来将名数与前两种数
字区分开来。名数从它涉及的数量属性上就与前面两种不同，同时在
来源和组成上也不相同。在整数中，单位数来自自然。在名数中，单
位数是假设的，与单位数相比的数量，将结果用数值表示出来。同一
个量可以用不同的单位进行度量，这些单位数之间互相有一定的关系，
从而产生了度量单位。考虑到现在已经形成的各种度量单位，这些互
相关联的单位数组成了合数，这种数值在另外两类数值中没有出现过。
然而，它是偶然产生的，不是自然存在的，当我们将十进制应用到表
示大小的数量中时部分合数会消失，例如，在重量和长度等十进制系
统中就会有部分合数消失。

综上，共有三种不同的数字种类，又因为它们需要不同的处理方
法，需要区分考虑它们。本节剩余的内容将讨论整数的一些特性。

整数的分类——简单的整数在分数和名数之前被人们发现和学习，
它是使用"数字"这个术语的第一类数，也因此几乎将"数字"这个
词据为己用。人们习惯性地说数字、分数和名数，显然人们忘了它们
都是数字。这个习惯普遍到人们觉得使用"整数"这个词时不是太方
便，同时属于整数的一些属性也适用于另外两类数字。考虑到这个原

因，我会用"数"这个词代替"整数"。

整数有两个分类：名数和不名数。名数是一种有确定单位的数，不名数是指没有单位的数。名数也可以定义为与物体数量有关的数字。这也可以从术语的语源学中看出，concrete（具体的）来源于"con"和"cresco"的结合，"con and cresco"表示"一起成长"的意思。不名数也可以理解成与物无关。因此，人们宣称的"所有数字都是名数"是不正确的。在受人欢迎的那些算术学资料里的数从来都不是名数。当我想到 4 个苹果，"苹果"是具体的，"4"是纯粹的数字。"所有数字都是抽象的不名数"反而更正确，因为数字本身始终是一个抽象的概念。名数和不名数之间的区别不在于数字本身，一个是与物质相关的，另一个是与物质无关的。

这种区别在数字概念起源时就很清楚，数字是随着人们对物质的关注被发现的，人们在脑海里出现了"多少"的概念，然后从与之相关的实物中概括出了数字概念，并将其理想化，最后构思出了纯粹的数字。尽管数字概念是因物质世界被偶然唤起的，但是数字和物质是不同的，即便世界上所有的物质都毁灭了，数字科学依然会像现在一样完整存在。

当然还有其他理解名数和不名数区别的方法。所有的数都是由单位数组成。单位数代表了与其相关一类数字的特征和值，当我们对单位数有了足够了解后，才能充分了解一个数字，因此只有当我们对磅❶和吨有了清楚明确地了解后，6 磅和 6 吨才能变成清楚、明确的数字。也就是说，数字的属性取决于构成它们单位数属性。基本上，单位数分为两类，名数的和不名数。有名数的单位数是存在于自然界中的物质，例如一个苹果，一本书，或者一些用来度量大小量的明确数

---

❶ 磅：英美制度量单位，1 磅合 0.4536 千克。

量，例如一码❶，一磅等。不名单位与任何特定的事物无关，仅仅表示为数字"1"。有名单位数不是一个数字，只是一个有编码事物中的一个。不名单位数的集合组成了不名数，有名单位数的集合组成了名数。不名数是一些抽象单位的数字，名数是一些具体单位的数字。数字和被数字编码的事物组成了名数。这是区分名数和不名数的通用方法，但是不像之前介绍的那么简单。

从区分这两类数字的几种方法可以看出，名数具有两重属性，包含两个单位，因此，在"4 个苹果"这个名数里，名数单位是一个苹果，而数字 4 本身是一个不名数单位。必须充分埋解这两种单位才能够清楚地掌握名数的概念。

---

❶ 码：英美制长度单位，1 码合 0.9144 米。

第四节 古代的数字概念

古人花了大量时间研究数字的属性，对于他们来说，这个学科主要是一些推测性的，富于奇幻的类比。毕达哥拉斯是伟大的数学家，他对探索数字的神秘属性充满了热情。他认为数字是万神之源，万物存在的基础，物质的模型和原型，是宇宙的本质。

柏拉图把数字的发明归功于忒乌斯（Theuth），这一点在他的《斐德若篇》（*Phaedrus*）中的一些段落中可以看出："我听说当时在埃及的瑙克拉提斯，住着一个古老的神灵和一只叫作朱鹭的鸟，神灵的名字叫作忒乌斯，他最先发明了数字、计算、几何学和天文学，还有棋类游戏、骰子和字母。"在《蒂迈欧篇》（*Timaeus*）里，他用优美的语言提出了数字与时间关系的概念："因此，上帝发挥想象要创造一个处于变化中的永恒世界，就这样，当他被派到宇宙各处时，在宇宙这个和谐统一的整体之外，他根据数字的原则建立了一个永恒的形象，即我们称为'时间'的东西。"

亚里士多德在谈论毕达哥拉斯时说："他假设了数字元素是所有实物的元素，天堂是由和谐及数字构成的。"亚里士多德还说："柏拉图认为数字是独立于感官之外的存在，然而毕达哥拉斯认为是数字构成了物质，他们的共同之处都不认为数字实体是数字与物质之间的中间体。"

毕达哥拉斯的观点奇特有趣，引起了人们的详细陈述。如上所述，他认为数字是上帝的起源，他将数字分为不同的种类，每个种类都有不同的属性。他认为偶数具有女性特征，与地球有关，奇数带有男性美德，是天体界的一部分。

1（one），作为科学数字的鼻祖数字，被认为是最神圣的。

2（two），被认为是 1 的合伙人，是数字元素的母亲，是实体物质的接受者。

3（three），被认为是最完美的数字，也是第一个男性数字，包含了开始、过程和结尾。它是爱情交响乐的源泉，能量和智慧的基础，音乐、几何和天文的指挥家。因为 1 代表了上帝和创造力，所以成对是物质的意向，3 由物质互相结合而来，成为理想形式的象征。

4（four），是对毕达哥拉斯影响最大以及他最崇拜的数字。这个数字代表一个正方形，自身包含了所有的音乐比例，同时通过 1＋2＋3＋4 的和可以展示 10 以内的所有数字。它可以标记四季、元素、人类存在的连续时代，也可以表示基本美德和与之对立的恶习。它可以表示古代科学的四重奏，算术、几何、天文和音乐，4 的术语被叫作"四进制"或者"四元数"。

5（five），第一个由男性数字和女性数字组成的数字，规范了数字的形式。它以数字奇数倍的形式重复出现，可以标志五官和地球的五大洲。

6（six），由它的几个因子相加（1＋2＋3）得到，它被认为是完美的。它可以表示立方体的 6 个面，是其他重要数字的组成部分之一。它被认为是和谐的、吉利的数字，适合用于婚礼等喜事。它的三次方216，被认为是构成一个时期循环的年份数。

7（seven），由 3 和 4 结合组成，在每个时代都很受人欢迎。作为一个没有太多代表的数字，虽然是一个男性化的数字，但是它被献给了智慧女神密涅瓦（Minerva），它表示了连续的月相、行星的数量，同时这个数字似乎经常出现在自然界中。它被认为是宇宙的守卫者和执行官。

8（eight）是第一个立方数，被献给了上帝之母西布莉（Cybele），在远古时期她的代表形象就是一块立方体的石头，从 8 的组成来看，8

被认为是正义的代表，被用来表示最高或最稳定的领域。

9（Nine），是 3 的平方数，它是代表缪斯（Muses）的数字，是个位数的最后一位，是音调的终止符，是被献给火星的数字。有时它也被叫作地平线，因为它就像流淌的海洋，在 10 以内的其他数字间蜿蜒流转。正因为如此，它也被叫作忒耳普西科瑞（Terpsichore），它使圆舞曲变得生动活泼。

10（ten），从它在数字中位置的重要性来看，或许是它成为最受欢迎数字的原因。它完成了前面的数字循环，开启了新的数字序列，它被认为是周期性的，因此被献给了两面神雅努斯（Janus），他是年份之神，有阿特拉斯（Atlas）的绰号，是世界孜孜不倦的支持者。

3 的立方 27，表示月球公转的时间，被用来预示月圆的力量。天体数字 1、3、5、7 与地面数字 2、4、6、8 的和组成了数字 36，它是第一个完全数 6 的平方，是宇宙的象征符号，因其奇妙的性质而与众不同。

在探究数字之间神秘的关系和类比性时，人们发现每个数字本身都有一定的属性，并且所有数字之间都有一定可命名的类比关系。数字成了知识和道德品质的象征，完美的数字与"不及"或者"过之"的数字相比，被认为是优点，并成了两者之间的一个中间点。因此，真正的勇气是鲁莽与懦弱的中间点，真正的慷慨是挥霍与贪婪的中间点。从另一方面来看，这种类比也是值得关注的，因为完美的数就像美德一样，在数字里很少见，它按照一定的规律产生，然而"过之"或者"不及"的数字就像恶习，在数字中有无限个，没有特定的生成规律和法则。

这些类比通常互相支撑成立。这种类比可以看作是提供了一个让人愉悦的接收方式，可能在帮助人们理解方面没有起到积极的作用，但是这种类比经常作为最荒谬的理论证据或者基础。毕达哥拉斯认为

算术之美

"数字是形式和思想的统治者，上帝和恶魔的起因"，又说"对于最古老万能的创造之神，数字即是原则，是高效率的原因，也是智慧的源泉，更是万物最坚定的组成部分和创造者"。菲洛劳斯（Philolaus）宣称"数字是平凡世界的统治者和自然与永恒之间的连接纽带"，还有人说："数字是宇宙创造者的评判工具，是创造世界的第一个例子"。

后期的希腊人热衷于用表示数字和字母组成的单词来表示特定的数字，类似的单词有"αβραбαξ"和"αβραбαξα"，这两个单词里的字母代表的数字加起来，分别表示的是 365 和 366，也表示平年和闰年的天数。同样值得注意的是单词"νειλος"，它具有和前面几个单词首字母一样的属性。单词的每个字母表示的数字之和与单词本身表示的数字一样的单词叫作"ὀυбμτα ἰбϑψηφα"，希腊的诗选里曾举过一个例子，有个诗人不喜欢一个名叫"ὀυбμτα ἰσϑψηφα"的家伙，诗人听说那家伙的这个名字表示的数值与一种瘟疫（λοιμὸς）表示的数值相等，于是他就去比较这两个单词数值的大小，然而却发现后者较小。

类似这样的观察，无论多么微不足道，人们都没有失去好奇心。但人们不能纵容那些毕达哥拉斯式哲学家的荒谬理论，在他们赋予数字的各种非凡能力中，他们认为有一点：两个单词对比，就像两位战士，单词代表的数值和偏大的一方会战胜偏小的一方。基于这一理论，他们推测比较了荷马英雄的勇猛和命运，三个英雄的名字是Πατροκλξ，Εκτω 和 Αχιλλευς，他们名字代表的数字之和分别是871、1225 和 1276。

这种迷信理论一直延续到了 16 世纪，从希腊数字转化到了罗马数字，字母 I、U 或 V、X、L、C、D 和 M 分别对应的数字是 1、5、10、50、100、500 和 1000，所以好像通过名字就注定了萨克森州的莫里斯（Maurice）一定会战胜查理五世（Charles V）。同时，用比较有纪念意义的句子或诗歌来纪念一些值得铭记的日期，也成了一种潮流。因此，改革之年的日期（1517 年）用下面这句诗歌 "Te Deum, Tibi cherubin et seraphin incessabili voce proclamant" 里的数字字母来表示，这些数字字母是 1 个 M，4 个 C，2 个 L，2 个 U 或 V 和 7 个 I。

中国人也因为其数字联想而出名，他们认为偶数是地上的数字，同时具有女性特征，为阴；而奇数是提取于天上的数字，被赋予了男性特征，为阳。偶数用小的黑色圆圈表示，奇数用小的白色圆圈表示，分别用直线处理和连接。数字 30 是五个偶数 2、4、6、8、10 的和，被叫作地球之数。数字 25 是奇数 1、3、5、7、9 的和，也是数字 5 的平方数，被叫作上天之数。

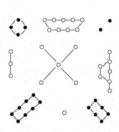

9 个数字被分为了两组，分别叫作"算筹"和"河洛图"。前一个描述表示在《洛书》（*Book of the River Lo*）中，大禹在洛河里出现的神龟背上看到的图像。这个图像可以看成：9 是头，1 是尾，3 和 7 是左右肩，4 和 2 是前足，8 和 6 是后足，数字 5 作为 25 的平方根代表心脏，同样也是天庭的象征。我们也注意到了这种数字的分组法是 9 个数字的幻方，每行每列、每条对角线的数字之和为 15。

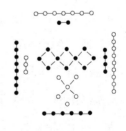

河洛图是皇帝伏羲通过观察洛河中出现龙马身上的图案得出的。它是前 9 个数字以交叉形式分布的图案。中间的数字是 10，后来的解说者认为是 10 终止了所有的数字运算。其他一些有趣的相关内容将会在其他国家的文学作品里找到，收集齐所有的资料应该会汇总成比较有趣的一卷书。（本文呈现河洛图的相关知识来源于数学家莱斯利。）

探索数字背后神秘属性的热情由古代延续到现代，人们为了解释这些属性也写了大量的作品。1618 年，彼得鲁斯·邦格斯（Petrus

Bungus）写了一部关于数字神秘性的作品。邦格斯在书中阐述了数字的所有属性，不管是数学方面的、形而上学方面的还是神学方面的。邦格斯认为数字 11 越过了十个数的界限，表示违背了十诫的恶人，而数字 12 是正义和公正的象征。然而，相较于其他数字，邦格斯介绍最多也最满意的一个数字是 666，启示录中表示野兽的数字符号，他似乎也很渴望能将马丁·路德（Martin Luther）的名字修改成一种可以表示为可怕的数字形式。另一个值得注意的是，路德将这个数字解释成适用于罗马主教执政时期的数字，他的朋友兼门徒施蒂费尔，这位最敏锐、最有独创性的德国早期数学家，似乎也被这种谬论误导了。

数字 3 和 7 是那个时代数学家们特定推测的数字，同时自然、科学、文学和艺术每个学科都想发现 3 和 7 组的合。帕乔利，是早期算术学作品的作者，第一次从一个稀奇且独特的主题中，以一种很有趣的方式对这两个数字进行了描述，他说："有三大罪恶：贪婪、奢侈和骄傲；也有三种缓解罪恶的方式：斋戒、施舍和祈祷；有三类被罪恶冒犯的人：上帝、罪犯自己和他的邻居；在天堂中的三个目击者：神父、圣子和圣灵；有三种赎罪的方式：捐献、忏悔和赔偿；但丁描绘了通往炼狱的三个台阶：第一个是大理石，第二个是黑色坚固的石头，第三个是红色的斑石；在地狱有三个复仇女神、三个命运女神：阿特洛波斯（Atropos）、拉克西丝（Lachesis）·和克洛索（Clotho）；神学三德：信仰、希望和慈善；灵魂有三个敌人：世界、肉体和魔鬼；米诺派修士的三个誓言：贫穷、服从和贞洁；三种犯罪的方式：心理犯罪、嘴上犯罪和行动犯罪；进入天堂的三个主要因素：荣誉、财富和正义；上帝不喜欢的三种人：贪婪的富人、骄傲的穷人和放纵的老人；不受尊敬的三样东西：搬运工的力气、穷人的建议、漂亮女人的美貌。总之，万物在数量上、重量上或者测量方式上都是以三为基础建立的。"

　　在这些奇特的猜想方面，数字 7 不比 3 多但至少也是等同的。1502 年，在莱比锡有一本关于纪念 7 的著作，主要用来给大学生使用，这本书包含 7 个部分，每部分又包含 7 个章节。1624 年，伦敦绅士威廉·英彭（William Ingpen）出版了一本《根据神学方法、算术方法、几何方法和调和级数方法归纳出数字的秘密》，书中内容萃取了先辈以及古文中的精华部分，转化成了朗朗上口、利于理解的文章，不管是学习过还是未学习过相关知识的人都能理解。该书成为一把引导人们获得任何教义知识的钥匙。帕乔利决定数字在算术各部分中怎样分类时，似乎也受同样原则的影响，因为他说："古代哲学家将算法分为 9 个部分，但是我们将它减少到 7 个，将它当作致敬圣灵的 7 个礼物，即：计数法、加法、减法、乘法、除法、级数和开方。"

第二章 算术语言

第一节 命数法

从单位开始，通过一个合成的过程，我们得到了一些算术主体，称为数字。我们通过不同的名字来区分这些算术主体，从而得到了算术语言。算术语言有口头语言和书面语言两种。算术的口头语言叫作命数法，书面语言叫作计数法。命数法是命名数字的方法，计数法是书写数字的方法。按照口头语言早于书面语言的惯例，命数法也早于计数法，如果算术家颠倒这个顺序，是不符合逻辑的。

命数法是给数字命名的方法。它表示数字字符的读法。算术的口头语言是基于一个极其简单和美好的原则，并不是给每一个数字取一个单独的名字，那样可能会产生一辈子都读不完的单词，所以只给前几个数字命名，然后形成组或者集合，再给这些组或集合命名，最后用前几个简单的名字来给组计数或编码。这种方法实际就是分类，作用就如同简化自然科学中的应用一样。巧妙地通过简单自然的方法将数字分割成类或者组，这种方法似乎已经被所有国家采纳。在所有文明国度和大多数未开化的部落，这些分组通常包含 10 个数字，毫无疑问，这是早期人们通过数双手手指的计算受到启发而得来的。

命名的方法——最基础的命名原则是将数字按照 10 个一组分组。

我们认为 10 个单数组成一个集合或一组，10 个这些集合或者组又组成了更大的组，以此类推。十组中任意一个值组成的数值是这个值十倍的一个新组，每一组被当作一个独立的数值使用。在这种方法下，通过给前九个数字和每个组命名，然后用前九个数字给每个组编码的方式，我们能以一种简便的方式来表示最大的数值。这种命名方式的价值可以从这个方面考虑，如果没有它，我们将储存更多数字，甚至用一生来记忆数字的名字。这种命名方式还使我们对于大数值有了清晰独特的概念，了解了它们的组成部分和组成符号。命数法也是巧妙地书写数字的基础，没有它，算术学对于我们来说几乎是无用的。

我们通过下面的方式命名数字，单个物体叫作 1，1 和另一个 1 叫作 2，2 和 1 叫作 3，同样的方式可以得到 4、5、6、7、8 和 9，再加 1 凑成一组，得到 10。现在将 10 看作一个单个物体，再按上述原则，我们得到 1 和 10，2 和 10，3 和 10 等，一直到 10 和 10（叫作 20），以同样的方式继续，我们得到 20 和 1，20 和 2，……，直到 30，然后一直到得到 10 个 10。这 10 个 10 按照思维脉络绑定在一起，组成新的组，叫作百，将百按照前面同样的思路操作，将 10 个百组成更大的数得到千……

这就是数字最初命名的方法，但遗憾的是，也许对于学者和科学家来说，在这些名字中有很多为了易于使用已经进行了缩写和大量的修改，至少对于一些较小的数字，上面所说的原则已经被修改得不能被大众普遍感知了。然而，若仔细审视通用算术语言，就会发现初始语言的基本原则被保存了下来，虽然经过变化后不那么容易被发现。取代"1 和 10"，我们现在有了"11"这个词，据推测是由之前一个意为"10 剩 1（one left after ten）"的短语得来的，但是现在确定是撒克逊人的"结束（endlefen）"或者哥特式"余（1ainlif）"的缩写。取代"2 和 10"的是我们现在使用"12"的表达方式，以前认为是由短语"10 剩 2"得来的，现在认为起源于撒克逊人的"特韦利夫（twelif）"或者哥特式的"特法利夫（tvalif）"。

　　经过长期使用后，原来的表达方式已经简化了，但这种原则在 12 之后的数字中还是能比较容易地看出来。"语言"这条溪流经过了时光的流淌，冲淡了数字的一些原始形式，留下的数字形式就变成了我们现在看到的这样〔盎格鲁—撒克逊（Anglo—Saxon）最初用 thri 和 tyn 表示〕，如果我们去掉连接词"and"，得到了"three－ten"，将 ten 转化成 teen 我们得到 three－teen，然后将 three 转成 thir，然后省略掉连字符，我们就会得到现在的 13（thirteen）。同样的方式，"4 和 10（four and ten）"变成了"14（fourteen）"，"5 和 10（five and ten）"变成了"15（fifteen）"，6 和 10（six and ten）变成了 16（sixteen），……，以此类推。同样的简化原则和音调变化，我们可以得到 20（twenty），30（thirty）等，假设最原始的形式是"two tens"或者"twain tens"，然后将 twain 变成 twen，将 tens 变为 ty，然后我们得到了常见的形式 twenty。对于 30（three tens），将 three 变成 thir，tens 变成 ty，得到 thirty，同样的方式我们可以得到 forty，fifty，sixty 等，忽略掉"two tens and one""two tens and two"等里面的 and，得到"twenty－one，twenty－two，thirty－three，forty－seven"等。

　　为了阐述这些数字名字的形成规则，我们使用了现代英语而不是实际转化时应用的英语，我们需要记住现在数字的名称是先从盎格鲁－撒克逊语言中发生变化后又被应用到英文的。单词 13（thirteen）实际上来自盎格鲁—撒克逊语言中的 threo－tyne，这个词是由 thri，three 和 tyne，ten 组合而成的。14（Fourteen）是由 feower，four 和 tyne，ten 等组成的。30（Twenty）来自盎格鲁—撒克逊的 twentig，由 twegen，two，tig，ten 组成。thirty 由 thri，three，tig，ten 等组成。毫无疑问，这些原始单词的组成方式和上面列举英语单词的组成方式一样。

　　我们以相似的方式命名一百以及后面的组（包含10个百，我们叫作千）。千位以后，分组方式发生了变化。在此之前，10个旧的群体组成了更高的新组，但是第三组，即千之后，需要1000个之前的组形成新组，然后又有一个新的名称。1000个千组成了千位之后的新组，我们叫作百万（million），来源于拉丁文mille（千），a thousand（一千）。同样的方式，1000个百万形成新组十亿（billion），1000个十亿组成万亿（trillion），等。

　　这种组成新组的形式变化不是偶然产生的，而是人们研究后发明的。它是科学性的，不是偶然性的。10个一组的计数方法发生在前科学时代，那个时代只延伸到了百和千，因为当时人们没有对较大数据的需求。随着算术发展成一门学科，人们发现将新组增大后再命名会比较方便，因此原先的分组方式也随之改变。

　　命名数字的法则没有出现在较小的数字上，是因为经过经常性的使用后它们已经与原始形式不一样了。同样的事件也发生在表示普通动作不规则动词的语法中，例如，跑、走、吃、喝等词，在被法则固定或者成为印刷艺术前，已经在人们长期使用中形成了不规则时态。

　　应用——最初，将数字分组进行命名的方法并不被认为是个完美的方法，没有得到大众的认同。人们的第一反应是给每个数字一个单独的名字，就像我们用不同的名字区分河流、城市、国家等。这样就需要一系列的数字词汇，这么多数字词汇，即便是只用于生活用途的词汇可能也需要耗费数年来记忆。但是运用分组命名的方式，就可以简化数字词汇，将其应用在更多重要的场合。以上可以看出，分组命数的这种方法虽然源自用手指计数的特定情况，但是却与人类倾向于将知识捆绑成包的惯性思维一样。实际上，它是基于总结和分类的原则产生的。

名称的起源——如今，前十位数字最初的名称意义已经不为人知了。有假说认为前几位简单数字的名称来源于一些具体实物，同时也有一些事实似乎能证明这个假说的正确性。因此，"五"的波斯语是"pendje"，"pentcha"意思是一只张开的手，其相应的梵文术语据说有相似的意思。稍微修改后的术语"linia"在印度群岛地域用来表示五，在奥塔希人及相邻岛屿的语言中，这个词表示手的意思。在一个非洲部落中表示5的单词"Juorum"也同样有手的含义。在格陵兰人中，表示20的词汇是"innuk"或"man"，那是因为在数完手指和脚趾后，他们用 innuk 或 man 来表示。在南美洲的一些部落中也有用 man 表示20的情况。

在波哥大和新格拉纳达的印度人中，词汇"quicha"表示"足"的意思，被用来表示第2个10的计数，20（twenty）被命名为"gue-ta"，表示房间的意思。几乎所有的南美洲部落都用"hand"这个词表示五，同时很多情况下"man"这个词用来表示20。在巴拉圭的一个部落里，他们用一个表示鸸鹋脚趾的词汇表示4（four），因为鸸鹋是巴拉圭的一种鸟，这种鸟每只脚有4个脚趾，三个在前，一个在后。这个部落中表示5的单词是一个有5种颜色的美丽皮肤，但是更常用来表示5的词汇是 hanam begem，这个词汇的意思是一只手上的手指；10（ten）用两只手的手指表示。对于20，他们叫作"手指和脚趾"。加勒比人视手指为手的孩子，脚趾为脚的孩子，表示10的词汇是"chou oucabo raim"，表示手的所有孩子。

洪保德（Humboldt）在对迪凯纳的研究中得出，在新格拉纳达区域的印度人中流传使用一些数字的语源学意义。因此，ata 代表 1（one），表示水；bosa，代表 2（two），一种外壳；mica 代表 3，可换的意思；muyhica 代表 4，带着暴风雨的云；hisa 代表 5，休眠的意思；ta 代表 6，收获的意思；cahupqua 代表 7，聋人的意思；suhuzza

代表 8，尾巴的意思；ubchica 代表 10，华丽月亮的意思。人们没有发现 9 的代表词 aca 是什么意思。在这么多的意义中，找不到一条可以作为数字的用法规律。

在墨西哥数字符号中，符号和所表示的事物之间有一种容易理解的关联，尽管这种关联可能完全是随意分配的。因此，1 的符号是青蛙；2 的符号是一个鼻孔张开的鼻子，月亮圆盘的一部分作为一张面孔；3 是两个睁开的眼睛和月亮圆盘的另一半；4 是两只闭着的眼睛；5 是两个组合在一起的图案，太阳和月亮结合在一起的婚礼；6 是一个带着绳子的木桩，暗示古萨（Guesa）牺牲时被绑在柱子上；7 是两只耳朵；8 没有代表符号；9 是两只组合在一起的青蛙；10 是一只耳朵；20 是一只伸展的青蛙。

1870 年，戈尔德施蒂克教授（Dr . GOIdstucker）在语言协会前读的一篇文章中提出了以下理论，并给出了充足的语言学证据来支撑包括梵文数字在内的起源，其中关于我们数字的起源有一部分是可信的，也会很有趣：他说 1 是"他"，第三人称代名词；2 是多样性；3 是过去的事物；4 是指 1 和 3；5 是指 2 和 3；6 是指 2 和 4；7 是跟随；8 指 2 个 4 或者 2 倍的 4。因此，只有 1 和 2 有独有的原始含义。先人们在研究完 1 和 2 后，需要休息头脑，于是他们编制了 3，然后加上 1 变成 4；先人们又偷懒了，在 5 中重复用了一下 3，6 中重复用了 4；他们在 7 中重复了 3 和 4 的概念，又想到用 2 个 4 表示 8 的概念；最后，9 第四次重复了 3，5，7 的概念，10 第三次重复使用了 4 和 6 的概念。戈尔德施蒂克教授强烈地坚持这个看上去苍白无用的早期印欧语系的思想理念。他没有将上面的计数方式当作一个新的理论提出来，尽管他相信这些数字中大部分的名称形式和以前一样。在梵文"shash"的不规则形式中，six 是其中最难的，它是第一个被设置成数词，然后古代波斯语"kshvas"引导他找到了 six 的真正释义，之后又相继解读了其他数词。

在本节结尾，我们注意到超过 1039 的数字还没有被广泛使用。亨克尔教授（Prof. Henkle）对此进行了深入研究，发现了他认为更高阶数字命名的法则，术语"quintillions""sextillions"和"nonillions"不是从基数"quinque""sex"和"novem"得来的，而是从序数词"quinlus""sextus"和"nonus"得来的。由此他推断大于 1039 名字的类推应该是从拉丁顺序数词中形成，由此形成的数词名称，请参见本书附件。

第二节　计数法

算术语言是对算术理念的表达，这些理念既可以用声音的方式传达给耳朵，又可以用可见的形式传达给眼睛。因此，算术语言既有口头的，也有书面的。从这个角度来看，算术的书面语言与口头语言之间存在一定紧密的关系，这是我们要探究的关键。现在被所有文明国度采纳的通用数字是印度数字，也就是通常所说的阿拉伯数字。

阿拉伯数字系统的基本原则是运用数值理念的巧妙，识别分组命名数字的方法似乎是通过简单的"位置"来代表不同的组。固定一些特定的符号来表示前几个数字，然后用这几个相同的符号来表示每个组的数字，有数值的组用这个符号的位置来表示。这就引出了数字符号固有数值和位置数值的区别。每个数字符号单独使用时都有一个明确的值，当和其他数字符号一起使用时都有一个相对值。

算术符号的数值由该数字在组中的单位决定，但分组是 10 的组时，仅仅只需要 9 个数字符号，比组的单位数字少一个。这些符号叫数位（digits），来源于拉丁文"digitus"1 根手指的意思，这个名字是为了纪念人们自古以来用手指计数的习惯。将这些符号组合起来表示数字时，经常会碰到需要表示某些组没有的情况，因此产生了表示无值的符号需求，一个几乎不表示数值的符号，这个符号就是我们熟知的"0"（zero），因此有了下面的 10 个符号：1、2、3、4、5、6、7、8、9、0，借助这些符号，我们几乎可以表示任意数值。

应用——以运用巧妙的数值理念为基础的阿拉伯数字系统，是人类智慧的结晶之一，值得我们致以最高的敬意。其最引人注目的就是它的简单便捷，不管是从哲学特点还是实际价值方面来看，它都是人类思维伟大的成就之一。在一个分析师手里，数字成为人们探索自然界隐藏真理和神秘法则的强大工具。没有它，就没有那些非凡的艺术，天文学也将停滞在摇篮里。有了它，人们仿佛有了预测的能力。人们预测了日食，推测出了望远镜也看不到的行星，给宇宙中漂泊的流浪者们分配了轨道，甚至估算了从宇宙初始到现在所经过的时间。人们从儿时就开始熟练地使用它，反倒忽略了其蕴含的哲学美和伟大的实践意义。假如我们被短期剥夺了对它的使用权，而且被强迫用其他不方便的数字系统，我们就能切实地感受到这项发明给人类带来的巨大便利。

计数法与命数法的关系——虽然计数法和命数法密切相关，但是两者之间也有本质区别。虽然相似，但它们在原则上绝不相同。它们的相似之处在于没有分组的情况下，命数法和计数法都没办法应用，不同之处在于即使没有阿拉伯计数法，我们也能有一定的命数法。计数法似乎是命数法的充分条件，但不是必要条件，因为有很多国家虽然使用相同的数字命名法，但却没有使用相同的数字书写法。

计数法与命数法之间真正的关系也体现在它们与十进制之间的共同关系上。十进制原则既属于数字的命名也属于数字的书写。这种一致性并非偶然，而是数字的口头表达与书面表达和谐共存的关键。如果我们改变计数法的基准，而不改变命数法的基准，这种必要性会变得非常明显。在现有的基础上，我们说 1 和 10，2 和 10 等类似的表达时，和书面表达方式读起来是一样的。假如我们采纳其他的计数方式，保留现在命名数字的方式，新模式下数字的读法将会变得很奇怪，很不方便。因此，我们得出：采用某种计数模式时，那么相应的命名和书写数字的方法应该建立在同一个基础之上。因此，如果计数模式是 5 进制的，我们应该说 5，1 和 5，2 和 5 等。如果计数模式是 6 进制的，我们应该说 6，1 和 6，2 和 6 等。

基数之间的关系——数字命名和书写原则完全取决于所使用的基

数。有时阿拉伯数字系统和基数之间的密切关系会使人产生一种基数就是阿拉伯系统本身的一部分想法，对此我们应该谨慎，避免出现这种错误。假设我们将阿拉伯数字系统分组命名数字，每组包含 10 个数字。其实它与每组包含数字的个数无关，每组中的数字个数仅仅决定该数系的基数和需要使用的几个相应数字符号，但是不影响使用的原则，即简单的位值原则。如果我们改变计数的基数，将会改变 12 以后的数字和阿拉伯数值范围的基数，但是绝不会影响命数法和计数法。

字符个数——阿拉伯计数法中的字符数取决于命数分组中的单位数。因此，必须有一种多个字符能够表示一组中从 1 到最后一个单位的所有数字。我们不需要设定字符来表示组，因为根据位置策略，可以通过改变代表第一组中 1 的符号位置来指示。因此，象征符号的个数总是比该系统中的基数字少一个。在十进制系统中数字的个数是 9，八进制中是 7，五进制中是 4，等等。

计数法的起源——现在普遍认为这种计数法来自印度人，它是何时发明，由谁发明，又是如何发明的，我们已经无法考究。在最开始，它作为口语的载体，用符号或抽象字符来表示，这并不是不可能的。印度人最初可能给当时存在的每个数字都赋予了一个符号，然后可能在偶然的情况下意识到他们可以给几个数字一个单独的名称，然后按组计数，这样可以简化他们的计数系统。用一些符号代表前几个简单的数字，然后在他们的脑海里第一次产生了用这些符号来计数分组的理念。这代表着他们现在站在了有史以来最伟大的一项发明的肩膀上。接下来出现了一个问题：这些分组怎么来区分呢？我们如何确定一个字符何时表示个位、十位、百位等？没人能说清楚在位值法之前先人们尝试了多少种方法。他们在位值法之前可能先尝试了稍微变化一下符号，或给符号加一些标记，又或者给数字添加该组单词首字母的方法等，每种方法都可能相对复杂和不便利。最后，在一些伟大的思想

算术之美

家脑海里产生了位值原则的简便方法，然后问题得到了解决。"谁是发明人？"这个问题已无法回答，这个人的名字与过去一起沉睡在寂静之中。如果知道这个名字，人类将会希望建造一座犹如埃及金字塔一样高大永恒的纪念碑来缅怀他，但是现在人类只能向一个未知的天才献出崇拜。

字符的起源——字符的起源如同该计数系统的起源一样被掩埋在谜团里。关于它们的起源，许多作者做了大量的猜测。加特雷尔（Gatterer）想象自己在古埃及文体手稿中发现了数字由 9 个字母表示。瓦赫特（Wachter）猜想它们的自然起源应该来源于手指的不同组合，因此，1 由伸出的手指表示，2 由两个手指表示，它可能由两个符号表示，经过长期使用后，演变成了现在的形式，其他的符号依此类推。在缺乏事实的情况下，曾有三个理论被提出，这些理论虽然有些似是而非，但还是很有趣的。在这些理论中，第一种理论认为最初的字符是用一些直线组合来表示数字；第二种理论认为，字符是用角的组合和调整来表示的；第三种理论认为字符是印度表示数字单词的首字母。这三种理论可以分别叫作直线理论、角理论和首字母理论。

第一种理论基于用直线来代表数字。在这种方法中，一条直线 | 表示 1；这样连接的两条直线 L 表示 2；三条线 ⌇ 或者连接曲线 彐 表示 3；四条线 ⊡ 或者 4 表示 4；五条线 5 表示 5；六条线 6 表示 6；七条线 9 表示 7，八条线 9 或 8 表示 8；九条线 9 表示 9。关于零，人们猜测原本的符号就是一个圆圈，由食指和大拇指握成一个圆的形状得来。

第二种理论基于用角来表示数字。古代数学家也以他们的天文学观测和计算而出名，因此他们熟悉角的使用，以此推测他们会将角用在数字表达上也不是没有可能。因此，他们可能很自然的用一个角 1 表示 1；两个角 Z 表示 2；三个角 3 表示 3；四个角 4 表示 4；五个角

84

5表示 5；六个角**6**表示 6；七个角**9**表示 7；八个角**日**表示 8；九个角**9**表示 9。可能这些符号经过长期使用后，最终变成了圆弧的形式。这个理论中，表示零的符号就很自然而然地解释为，如果角用来表示数字零，就需要用一个没有角的符号表示，这个没有角的符号就是一个封闭的曲线。

关于阿拉伯数字的起源，最新也最可信的理论是，它们是梵语数字的首字母。这个理论由一位资深的梵文学者普林塞普（Prinseps）提出，马克思·缪勒（Max Muller）赞成该理论。使用梵文的首字母是完全可行的，因为每个表示数字单词的首字母都不相同。这个理论的可信度进一步体现在它遵循了用字母代表数字的通用法则，就像罗马人、希腊人、希伯来人的数字系统一样。

这套理论中没有解释零的起源，它是这个数字系统中最重要的角色，事实上，它也是通往现代算术学的钥匙。除了六十进制系统外其他计数系统都有它。马克思·缪勒说："找出零第一次出现在印度铭文中的时间非常重要，那块铭文绝对值得保存下来，记录祖先最有价值的时刻，因为那一刻才标志着真正算术科学的开启——没有零就不可能有真正的算术学。"皮科克博士猜测零来源于希腊语，后来被托勒密引入到六十进制算术中表示空位。他说：印度人在此之前把圆点也当作空位。

起初要理解 0 的精确用途及作用是很困难的，因为它自身显得无关紧要，仅仅是用来表示其他数字的排名和值。当它第一次传入欧洲时，人们认为非常有必要在任何使用它的工作中加个解释或说明，简短论述一下它的性质和应用。

第三节　算术符号的起源

算术符号可以分为三类：数字符号、运算符号和关系符号。这些符号的起源是什么，谁发明了这些符号或者谁最先使用了它们？这是一个非常有趣的问题，在本节中我会尽力回答。

数字符号——不同国家使用的数字符号有阿拉伯数字和字母表中的字母。几乎所有的文明国家都使用过字母表中的字母表示数字。希腊人将他们的字母分为几类来表示数值范围的不同分组。罗马符号系统采用了七个字母 I、V、X、L、C、D 和 M 来表示数字。阿拉伯人最初使用希腊人的方法，后来换成了印度人的方法。

关于阿拉伯计数法的起源有三个推测版本，分别是直线理论、角理论和首字母理论。这三个理论在前面计数法一节中已经介绍过了。也有一些探讨星相的阿拉伯学者宣称：印度和阿拉伯数字来源于圆的四分法。莱斯利说：这些自然符号与推导符号的相似之处非常引人注目。罗马符号被认为来源于简单的直线或者笔画的使用，它们组成不同的组合，然后相继替代了字母表中的字母，这个理论将在后面详细介绍。

运算符号——运算符号是指加、减、乘、除、乘方、开方和集合的符号，这些符号的起源已经被明确地研究出来了。

加减的符号最初是由一位德国数学家迈克尔·施蒂费尔首次引用的。于 1544 年第一次发表在纽伦堡的《整数算术》中。在此之前，1489 年在莱比锡城发表的《商业算术》（*Mercantile Arithmetic*）中出现过这些符号，但是它们在当时不是表示运算符号，而是标记多或者少的符号。另一本被发现使用过这两个符号的是克里斯托弗·鲁道夫在 1524 年出版的著作，但是他并没有将这两个符号当作运算符号。施蒂费尔是鲁道夫的学生，他承认自己作品中很大一部分内容来源于鲁道夫的著作，人们猜测施蒂费尔是从鲁道夫那里接触到这些符号的。施蒂费尔在介绍这两个符号时说道："我们在这里放置了这个符号……"和"我们说加法因此完成"，好像是他创造了这两个符号或者第一次应用这两个符号。因此，这两个符号首次作为运算符号的应用，应该归功于施蒂费尔。

为什么这些特殊符号会被采用也是人们推测的一个命题。里戈教授（Prof. Rigaud）猜测"＋"应该是"Plus"首字母 P 的误传，戴维斯博士（Dr. Davis）认为是"et"或"&"的误传。施蒂费尔并没有将这两个符号叫作"加（Plus）"和"减（minus）"，这样就使得上面的猜测被推翻了。里奇博士（Dr. Ritchie）认为：或许"＋"是将两个标记符号结合在一起，表示加法；"－"用来表示减法，是因为将一个标记符号去除后剩下的就是"－"这个符号。德·摩根认为减号在当时是初次使用，"＋"是为了与"－"区分开，在其上面加了一个交叉线而得来的。他还说：施蒂费尔书中的"＋"号竖线比其他出处的要短一些，到了雕刻师的木刻印版里，因比例失调加大了。阿拉伯数字的创始人——印度人，用一个圆点表示减法，没有圆点时表示加法。德·摩根认为，印度的点有可能被拉长成条（线）后来表示减法，然后给减法符号加上一条线得出了加法符号。

利布莉（M. Libri）将"＋"和"－"的符号发明归功于著名的意大利艺术家和哲学家莱昂纳多·达·芬奇（Leonardo da Vinci），但是有人指出达·芬奇用符号"＋"来表示数字 4。最新关于这两个符号的解释认为它们最初来源于仓库标记。在威德曼的算术学著作中，这两个符号几乎专门用于实际商业问题。货物按箱出售，当满箱时建立了一个重量基准，超重或者欠缺用"＋"或"－"来标记，这些符号可能在货物出库时用粉笔标记在箱子上。据猜测通常箱子重量是不足的，标记"－"，当木桶或者箱子的重量超过标准重量时，会用一条竖线交叉在"－"符号上产生了符号"＋"。可以这样说，这些符号并没有立即被数学家们采用，因为在 1619 年出版的一本关于代数学的著作中，加法和减法的符号是带着斜划线的 P 和 M。

乘法符号（×），又叫圣安德鲁叉号，由威廉·奥特雷德引入，他是英国杰出的数学家和牧师，1573 年出生在伊顿。乘法符号最先出现在名为《数学之匙》的著作里，出版于 1631 年。奥特雷德有"数学王子"的称号。还有另外两个符号被提出用于表示乘号——笛卡尔（Descartes）的"·"和莱布尼茨（Leibnitz）的"曲线"，虽然是由伟人们提出的，但这两个符号也没有流传使用。

除法符号（÷），由布雷达市的哲学和数学教授约翰·佩尔（John Pell）博士于 1630 年提出。这个符号还被一些较早的英国学者们用来表示比例或者量之间的关系，我还发现在一些较早的德国算术学著作中，这个符号也有类似应用。阿拉伯人用一个破折号，让一个数字写在另一个数字的下面，类似分数的形式。作为数学家，佩尔博士受到极大的尊重，就连牛顿发明的流数也是先解释给他听的。

人们普遍认为用来表示乘方数的指数系统归功于笛卡尔。早在 1520 年其应用示例就被德·拉·罗奇（De la Roche）所采用，但是笛卡尔的进一步应用使得指数系统推广开来。最早期的代数学学者用"power"的缩写表示一个数的乘方。17 世纪的数学家哈利奥特（Harriot）通过重复一个数量来表示乘方，因此他将 a^4 写成 aaaa。

根号（$\sqrt{\ }$）由"＋""－"的引入者施蒂费尔引入。这个符号是由单词 radix，root 的首字母"r"修改得来的，以前把 r 写在一个数的前面，表示这个数的根数，字母 r 逐渐变成了"$\sqrt{\ }$"的形式。

线括号或者线条，放置在数字上将它们连接在一起，在 1591 年 $4×3＋5$ 首次被韦达（Vieta）应用，他是用符号代表已知量引入到代数学中的人。荷兰代数学作者阿尔伯特·吉拉德在 1629 年首次使用了圆括号（parenthesis）和 括号（brackets）。

关系符号——关系符号是指表示相等、比率、等比例、不等、推论的符号，其中有一部分符号的起源是确定的。

等号（＝）由生于 16 世纪的英国数学家罗伯特·雷科德提出，最早出现在他 1556 年的代数学著作中，叫作《砺智石》。

等号也被阿尔伯特·吉拉德使用过。法国和德国数学家们甚至在雷科德提出等号后的很长时间里都使用∞来表示相等。这个符号据说修正于双元音 oe，它是拉丁短语 oequale est 的首字母。据说，中世纪的手稿中"＝"经常被用来表示"est"的缩写。

比例符号（:）被猜测是由除法符号修改而来的。除法符号经常被以前的英国和德国数学家用来表示数量之间的关系。谁最先省略掉了破折号，采用了现在这种比例符号，还不能确定。但是，它最早出现在克莱罗（Clairaut）1760 年出版的一本作品里。

等比符号（::）可能是等号（＝）的修改或者比例符号（:）的重复，这都是推测，并不能确定。等比符号似乎是由奥特雷德（Oughtred）在 1631 年发表的一部作品中引入的，然后在 1686 年由沃利斯（Wallis）推广开来。

不等符号（＞和＜）很明显是由等号修改而来的，如果平行线表示相等，斜线自然而然地被引用来表示不等，两条线向量小的一边靠拢，据说它们是由哈利奥特在 1651 年引入的。

我现在已经以一种关联和系统方式介绍了所有已知的普通算术符号起源有关的知识，这些内容都属于现代史时期，是文艺复兴的产物。其中三个符号分别来自法国、英格兰和荷兰，三个来自德国，其他所有名字都由英国人提出，除了线括号（法国人韦达提出）和括号（荷兰数学家吉拉德）。

第四节 命数法的准则

命数法和计数法的准则是十进制。这个准则不是必然的，而是偶然形成的。人类通过数左手的手指数来计数，因此最初可能以 5 计数。随着数字计数的发展，人们从两只手的启发中引进了组，从而 10 变成了数字的准则。因此，十进制准则由每个手的手指个数决定。如果人类有 3 个手指和 1 个拇指，数系可能就会是八进制，如果有 5 个手指和 1 个拇指，数系将会是十二进制。

十进制计数法在所有文明国度的普遍应用，暗示了该数系特有的卓越之处。似乎是因为数字 10 本质的适合性使得人们直接找上了它，让它来作为数字的基。事实上，这个选择是很平常的，人们使用这个系统后养成的习惯也证实了这个观点。很多人将命数法的基数和计数模式混为一谈，因此在阿拉伯数字系统中，他们除了命数法的十进制基数以外什么也看不到，并且将所有的优点归功于模式自身。因此，这也导致一些人认为十进制基数是简单实用的。

稍微思考一下就会明白这样的假设是毫无根据的，虽然十进制数系已经被每一个文明国家所采纳，但是就像上面说的一样，这个选择是偶然性的，而这个基数（Base）可以是任意的。这个选择发生在人们关注通用系统之前，换种说法，这个选择发生在人们思考之前，同时人们假设的完美只是一种错觉。其他任何数字都有可能被选为数系的根基，假如有人熟悉数字属性而选择了一个新基数，他们很有可能就会采纳除了十进制之外的其他的基数。那样就会产生一些针对十进制基数的反对意见，从而提出支持其他数字作为算术学语言基础的观点。

首先，十进制数系不符合自然规律，从表面上看，十进制数系是可以选择的最自然数系，其实正好相反，除了手指外它没有任何自然之处，只要稍微反思下你就会发现手指也是以 4 为一组而不是 5。事实上，10 个数量为一组的事物很少见，不管是在自然中还是在艺术上。什么事物以 10 为基础存在，和 10 有关系，或者按照 10 分组？自然中会看到成对的，3 个一组的，4 个一组的，5 个一组的，6 个一组的，却从来很少见 10 个一组的。人们将个体凑成双倍、三倍、四倍，将事物分割成 $\frac{1}{2}$，$\frac{1}{3}$ 或是 $\frac{1}{4}$，但是很少见到人们用 10 或 $\frac{1}{10}$ 来估算。由此可见，按 10 个数分组是一个不自然的方法，它既不是自然建议也不满足艺术的实际需求。

其次，十进制数系是不科学的。数系的基数与计数法模式之间的关系令人困惑，使得一些人认为十进制数系是科学的一大胜利。事实上，如上面所说的，十进制不仅不是建立在科学原则的基础之上，反而是对这些原则的一种违反。十进制数系是偶然产生的，仅仅是个意外。包含拇指在内，人类有 10 个手指，因此发现用手指计数比较方便，才会养成用 10 计数的习惯。如果是科学而不是偶然导致了基数的产生，我们钦佩的算术语言系统会更加完美和简洁。

最后，十进制数系不方便。一直以来，人们都认为十进制基数不仅是科学的，也是人类选择最方便的基数。同样，人们稍微反思就会发现这个假设的不正确性。作为数系基数的一个关键点就是这个数能分割成几个简单的部分，因此它需要是一些较小数字的倍数。数字 10 只有两种这样的分割方式，平分或者五分，它不能准确地进行三分、四分、六分。如果基数是 12 而不是 10，我们可以进行平分、三分、四分和六分，同时这些分割后的数能用单位表示。然而十进制中四分会有小数（0.25），三分和六分不能够精确地表达出来，因为会有循环。

基数的关键要素——通过留意基数的一些要素，然后观察哪些数字最能充分满足这些要求是很有趣的。一个好基数的首先要素就是它能够被分割成几个简单的部分，第二点就是这个数不能太大也不能太小。能够分割成几个简单数字的优点是，这些分割后的数可以很容易用数系中的数表示，就像我们现在表示十进制小数一样。在十进制数系中只有 $\frac{1}{2}$ 和 $\frac{1}{5}$ 可以用十进制数系中的一位数表示，因为它们是 10 仅有可以分成整数的分割方式。如果一个基数是 2，3，4 和 6 倍数的数系，每一个相应分割后的数都能用该数系中的个位数表示。

基数的大小——如果一个数系的基数太小，就会需要很多名称和位数来表示该数系中较大的数，如果一个数系的基数非常大，那么每组就会包含很多数字，可以较容易的用于数字运算。其他数系中有几个基数被认为比十进制更可取，其中比较重要的有二进制、八进制和十二进制。二进制数系被莱布尼兹（Leibnitz）提出和强烈倡导，他坚称二进制是最自然的计数方法，同时它表现出了巨大的实践和科学优势。他甚至建立了一套关于二进制的算术学系统，叫作《二进制算术》。对这个基数最明显的反对意见是它需要太多名字和太多位来写较大的数字。八进制系统也曾被强烈倡导，在美国杂志上的一篇很有影响的文章里面写道："二进制基数是唯一适合分阶的基数，八进制是命数法和计数法真正的商业基数。"

综合考虑来看，可能十二进制是最适合的。数字 12 既不太大也不太小，非常方便。它极易于被分割成二分、三分、四分和六分这一点，是它被强烈建议为基数的原因。如果要更换基数的话，毫无疑问十二进制会当选。

十二进制数系的优点尤其表现在分数的表达上，跟我们十进制分数形式相似。在十进制数系中，$\frac{1}{2}$ 和 $\frac{1}{5}$ 是唯一可以用数系中的个位数表示的分数，$\frac{1}{3}$ 不能被表示为简单的十进制基数，$\frac{1}{4}$ 需要两个位置，$\frac{1}{6}$ 和 $\frac{1}{3}$ 一样会产生无限数。在十二进制中，我们可以用个位数表示 $\frac{1}{2}$、$\frac{1}{3}$、$\frac{1}{4}$ 和 $\frac{1}{6}$，$\frac{1}{8}$ 和 $\frac{1}{9}$ 只需要两个位置，因此，在十二进制数系中，$\frac{1}{2}=0.6$，$\frac{1}{3}=0.4$，$\frac{1}{4}=0.3$，$\frac{1}{6}=0.2$，$\frac{1}{8}=0.16$，$\frac{1}{9}=0.14$。这是非常伟大的简化，与 2 和 3 有关的所有组合都会很容易地表达出来，因为它们组成了数字中的一大部分。

我将十进制体系和十二进制体系的分数并排放置，后者的优势更显而易见。

十进制体系　　　　　　　　十二进制体系

十进制体系		十二进制体系	
$\frac{1}{2}=0.5$	$\frac{1}{6}=0.1\dot{6}$	$\frac{1}{2}=0.6$	$\frac{1}{6}=0.2$
$\frac{1}{3}=0.33\dot{3}$	$\frac{1}{7}=0.\dot{1}4285\dot{7}$	$\frac{1}{3}=0.4$	$\frac{1}{7}=0.\dot{1}86\phi3\dot{5}$
$\frac{1}{4}=0.25$	$\frac{1}{8}=0.125$	$\frac{1}{4}=0.3$	$\frac{1}{8}=0.16$
$\frac{1}{5}=0.2$	$\frac{1}{9}=0.\dot{1}$	$\frac{1}{5}=0.2497$	$\frac{1}{9}=0.14$

可以看出在十进制体系中，在实践中应用到简分数，除了 $\frac{1}{2}$ 外，都会产生循环或者需要两到三个数字来表达，然而在十二进制体系中，所有常用于商业交易汇总的分数都可以用个位数表示，甚至 $\frac{1}{8}$ 和 $\frac{1}{9}$ 也只需要两个位，但是这两个分数在商业中很少用到。另外一个有趣的地方是，在十二进制中 $\frac{1}{5}$ 和 $\frac{1}{7}$ 都会有完美的循环节，同时它们拥有同十进制数系中的完美循环节一样的属性。

似乎十二进制体系也存在着自然倾向，大量的事物是以 12 计数的，该数系甚至延伸到了基数的二次方和三次方。另外，在数字命名中，术语 11（eleven）和 12（twelve）似乎将分组延续到了一打。

基数的变化——十进制基数的不利因素引导科学家们倡导更改命数法和计数法体系。毫无疑问，这种改变对于科学和艺术都是有好处的，但是巨变导致的困难也是很大的，几乎不可能更改。基数的改变会相应地需要算术口头语言的完全改变。十进制数系和各个国家的语言交织在一起，以至于这种改变可能需要数年的累积。在很长一段时间里，可能需要教学和使用两种算术方法，就像当时欧洲从罗马数字体系转化到阿拉伯数字体系一样。学会的人可以很快地采用新方法，但是普通民众会固执地坚持使用旧方法，甚至可能需要一个世纪的持续干预，才能使新方法被建立和普遍采纳。

这个改变会成功吗？这是一个偶尔会被提出的问题。我也不知道，但是我强烈地支持它，并且相信它会成功。普及教育的扩散会为它铺好路，从而减少该方法被采纳的困难。这些困难虽然很大，但不是不可以克服的。计数法的改变已经在一些不同的国家发生过，有的甚至是改变了两三次。希腊人改变了他们的计数法，第一次是用字母式，第二次是和其他文明国家一起用阿拉伯数字系统。最初，阿拉伯人采用的是希腊人的方法，后来又采用了印度人的方法。欧洲人民花费了1~2 个世纪，直到 14 世纪他们才从罗马数字变为了阿拉伯数字系统。随着人们越来越聪明，在该学科早期历史中能做到的，现在会更容易实现。美国期刊的一个作者说："可能性就是它会被做到，问题只是时间的长短，但我们有足够的时间，教育的扩散最终会促成这个改变。"

第五节　其他数系

我们已经看到了任何数字都有可能被用作数系的基数，其他数系也确实存在过，探索各个语言环境里存在得更早、更简单的计数模式也是很有趣的一件事。为了使概念更清晰，这里提前说一下基数是2的数系叫二进制；基数是3的数系叫三进制，以此类推。

最早的命数方法是将个体结合成对，这种方法仍然在运动员中使用，他们按照成对计数。在中国早期的遗迹中也发现了一些二进制的蛛丝马迹。这些遗迹是由8组独立的三条平行线或三线图组成的，像中国的书写方式一样，一组在另一组上面，中间有的是完整的，有的是间隔的。在每组平行线或三线图的构造中，我们可以看出二进制数系的应用，到了三阶（数字8），所有的直线按照它们的顺序，分别表示1，2或者4，其中的折线应该是无值的，仅仅用来表示其他直线的阶次。如果上面的推测是真的，它为位值理论算术提供了例子，并且有3000多年的历史。

虽然二进制数系从来没有完全被哪个国家采用为计数方法，但是它却被著名的现代哲学家莱布尼兹所推荐，因为其展现出的诸多优势使得仅通过加法和减法就能完成所有的算术符号运算。这个数系只需要1和0两个符号就可以表示所有数字，因此2可以用10表示，3用11表示，4用100表示，5用101表示，6用110表示，7用111表示，8用1000表示……这个数系被它支持的学者特意通过科学期刊和大量通信设施进行了传播，并将此方法传授给了布维特（Bouvet）。布维特曾是一位在北京的耶稣传教士，正致力于中国易经的研究，他认为自己在其中发现了解读八卦或者线性符号的关键。

这个数系也被相关的神学理念所推荐，认为二进制数系是神学理念的代表。因为单位"1"被认为是神的象征，在那个追求形而上学梦的时代，用 0 和 1 表示所有数字，被认为是上帝从混乱中创造出这个世界最恰当的图像。关于二进制算术的理念，有一个奖章，上面记录着相关观测，正面刻着毕达哥拉斯的雕像，在其背面有一句描述该体系的句子"只要有'一'就能从中引出一切万物"。这个虔诚的耶稣教徒似乎已经领会到了关于中国八卦的精髓，这个符号作为二进制算术的符号，以及作为上帝统治最神秘的证据，以及所有学科的萌芽，它蕴含了大量的神学理论。

接下来是三进制数系，这个数系因运动员的术语"leash（皮带）"保存下来，意思是小狗的细绳，指的是手里一次只能牵 3 只狗的绳子，多不了。

四进制数系有更广泛的应用，很显然它是根据人们在快速数东西时，一手拿两个，两个两个的计数习惯而来，因此有了 4 个一组计数的习惯。英国的渔民，普遍用这种方式计数，一般说一对（例如一对鲱鱼等），在很多有关贸易的文章里，一投或一掷，还有术语"wrap"（最初表示投的意思）都用来表示 4。据说，瓜拉尼人和梭罗人居住在南美的森林里时，只用 4 为基数计数，他们用"4 和 1"表示 5，"4 和 2"表示 6；"4 和 3"表示 7，等等。根据亚里士多德的一篇文章推测，色雷斯部落中的大部分人习惯用四进制计数系统。

五进制系统以 5 为基数计数，其产生基础是一只手的手指数为 5。一定数量的南美部落使用 5 计数，他们将 5 叫作"手"，在数 6、7、8 时，他们在"手"这个词后加上 1、2、3。蒙戈·帕克（Mungo Park）发现这个系统也被非洲某些地区使用，他们用两只手表示 10，三只手表示 15 等。五进制系统似乎在之前也被波斯人使用过。单词"pende"表示 5，和"*péntcha*"有一样的出处，表示一只手。它甚至被用于英格兰的批发交易员中。在计算仓库交货的货物时，负责计算总数的人，在一长串数据上方或者下方画一条长长的横线或者四条竖线表示一组，每组结尾都会标记一个斜线，计算出包含数字 5 的数量。这种习惯在投票计数中被普遍使用，还有在其他类似的计数情况下也会使用。

关于六进制数系，据说曾经被中国的一位皇帝使用过，他构思了一个关于数字 6 的占星学幻想含义，强制要求整个国家的商业和学堂在各方面都使用有关 6 的组合。

据我们所知，没有任何地方使用过七进制，数字 7 虽然被认为是一个具有魔力的数字，但是在自然界却没有任何情况是以 7 为基数计数的。一年分为好多个星期，每个星期包含 7 天，这种几乎所有国家都在使用的习俗，赋予了数字 7 完整的独立性。八进制系统即使拥有很多优点，也被一些科学学者们所推荐，但是它也没有在任何语言中出现过。九进制也是从来没被应用过，同时它也是除了七进制外应用比较不方便的数系之一。

十进制是所有文明国家普遍采用的制度，融入了各个国家的语言体系结构中。这个普遍使用的系统证明了一些通用计数原则的存在，这与古人用双手计数密切相关的。这个术语的起源在古代语言中已经难寻踪迹，但是在一些粗糙的野蛮方言里，这些名字的变化不大。印第安人习惯了用 10 计数，他们将 10 叫作"足（foot）"，毫无疑问他们参考了光脚的脚趾数，除了这个数字，他们用"foot one"，"foot two"……表示 11，12……另一个南美洲部落将 10（ten）叫作"tunca"，同时仅仅重复这个词来表示 100 或 1000，即"tunca－tunca"，"tunca－tunca－tunca"。秘鲁语言中关于数字的语言要比希腊和拉丁文丰富。罗马人表示最大的数字的词是"mille（一千）"，希腊人最大的是"$\mu\nu\rho\iota\alpha$（一万）"。秘鲁语言中，huc 表示 1；chunca 表示 10；pachac 表示 100；huaranca 表示 1000；hunu 表示百万。在早期文献中，有记载表示新英格兰的一个印第安部落也使用十进制数系，同时每个数字都由不同的单词表示，一直到 1000。因此，他们将 11 叫作"auft nubbe lokkai"，意思是"1 加到 10 后第一位"。

十二进制计数模式推测起源于一年有 12 个月天体现象的观察。罗马人在他们的度量和重量单位里也同样应用了 12。这个数系也在美国的重量和度量细分里应用，例如 12 英寸❶是 1 英尺❷，而且普遍应用于批发商业，并延伸到了第二阶层甚至第三阶层，因此 12 打在北方几个国家表示 144，或者表示商人们的罗，这个数的 12 罗（1728 个）表示两倍的量或者大罗。

以 20 为基数的数系像五进制和十进制一样在自然中存在基础。在社会未开化的时期，在命数法发明前，人们可能为了方便自己，不仅用手指也用脚趾一起计数，这种应用自然就导致了二十进制数系的形成。许多部落的语言暗示了这种方法，许多未开化的部落确实是这样计数的。据堪察加半岛的居民说："非常有趣的是人们尝试计数 10 以上的数字，他们在数完手上所有的手指后，将两只手握在一起来表示 10，然后他们开始数脚趾，数到 20 后他们变得十分困惑，哭诉道：我要再用什么来计更多的数呢？"加勒比人❸中，超过 5 的数字通过手指和脚趾来计数，他们的数字语言就是对他们数数方法的描述。在巴拉圭的一个民族中，他们伸一只手表示 5，两只手表示 10，对于 20 的表达方式很可爱，他们会伸出双手和双脚来表示。

在美国和其他欧洲方言里也能看到以 20 为基数进行计数的踪迹，60（threescore）和 10 的表达方式相似。术语"score"最初表示在计数器上做的凹槽或者切口，用来表示一组数字数完了，这暗示了先贤们熟练使用这种计数模式。二十进制数系似乎非常广泛地应用于斯堪

---

❶ 英寸：英美制长度单位，1 英寸合 2.54 厘米。——译者注
❷ 英尺：英美制长度单位，1 英尺合 0.3048 米。——译者注
❸ 加勒比人：主要包括巴巴多斯的土著人口以及加勒比海域其他岛屿的人。

的纳维亚流域的国家，这一点从他们的生活痕迹和应用语言中就可以看出。法语中没有术语可以表示十进制数系中超过 60 的数。80 表示为"quatre－vingts"或"four twenties"，90 表示为"quatre－vingts－dix"或"four twenties and ten"。据说，比斯开湾和阿莫里凯人仍然用 20 的乘法计数。据洪保德说，墨西哥人也使用同样的计数模式。

第六节　十二进制数系

如前所述，任何数字都可以当作命数系统和计数系统的基数。十进制仅仅只是偶然的选择，在某些方面来看，这个基数对于科学和艺术来说是一个不幸的选择。因为十二进制基数会有更大的优越性，会给科学带来更大的简便性，促进科学的多种应用。本节我们就来说一下，如果采用十二进制，算术将会有怎样的发展。

为了使这个问题更加清楚，我主要就命数法和计数法的两到三个原则进行说明。首先，命数法和计数法的基数应该是一致的，也就是说，如果我们用十二进制系统书写数字，也应该用十二进制系统命名数字。其次，任何一个数系命名数字时，我们先给从 1 到所有基数的数字赋予不同的名字，然后按照组计数，再分别赋予每组一个简单的名字。在心中牢记这两项原则，我们就能够理解命数法、计数法和十二进制算术里的基本规则。

命数法——在用十二进制系统命名数字时，首先需要命名从 1 到 11 的简单数字，再加一个基数，形成一组，这一组命名 12。然后，我们像十进制系统一样，用这些简单数字的名字来命名各个组。按这种方式命名数字，我们会得到简单名称 1，2，3……12。从 12 开始，命名数字 1 和 12、2 和 12、3 和 12、……一直到 12 和 12，我们把这组叫作"2 个 12"。继续按这个规则命名，接下来是"2 个 12 和 1"，"2 个 12 和 2"，一直到"12 个 12"，我们命名这个包含了"12 个 12"的新组为"罗"，然后再用最初的几个简单名字来命名"罗"。按照这种方式，我们可以像十进制系统中用 10 计数一样，一直用 12 分组，给每个新组取一个新的名字，以此来表示我们需要的数字。

这些在十二进制系统中的名字会因为应用需要逐渐被简化，与十进制系统中相应的名字一样。因此，就像十进制系统中，"ten"转化成了"teen"，我们可以假设"twelve"转化成"teel"，然后省略掉"and"，就像通用数系中，我们会数"one—teel""two—teel""thir—teel""four—teel""fif—teel""six—teel"……，直到"eleven—teel"。"two—twelves"可能转化成"two—tel 或 twen—tel"和"two—ty 或 twenty"相呼应，接下来我们数"twentel—one"，"twentel—two"等。"three—twelves"可以写成"three—tel 或 thirtel"，与十进制中的"three—ty 或 thirty"相呼应。"Four—twelves"写成"four-tel"，"five—twelves"写成"fiftel"等，一直到罗。按照同样的方式推进，12 个罗又需要一个新的名字，依次类推到该数系更大的数。

按照这种方式，十二进制系统中的名字将很容易建立起来。我们真的需要建立这样一个数系吗？最简单的方法就是仅仅为较小的组引进新的名字，较大组仍然延续使用十进制中的名字，或者仅仅在它们的拼写和发音上做微小的调整来命名新数系中较大的组。因此，百万、十亿等词仍然可以用来命名新的组，因为它们并不是表示确切的数字，而是表示新集合中包含小集合的数量。事实上，甚至对单词"千（thousand）"的拼写稍做修改，比如说"thousun"，就可以用来表示 12 个组，每组包含一个罗的集合。从它们的词源学形成中也不会有任何特殊的反对意见，因为没有人会在应用它们时考虑它们的原始意义。上面介绍的术语并不一定是最好的，但应该是旧系统转化成新系统最简单的一种。同时还要注意到，我们在使用"11"和"12"时，偏离了十进制系统，这有利于采用十二进制。

为了更全面阐述上述命名方法，我们建议将上面的名字应用到该数系，按照上面解释的方法命名数字，我们会得到下列名称序列：

one	oneteel	twentel—one	one gross and one
two	twoteel	twentel—two	one gross and two
three	thirteel	twentel—eight	two gross and five
four	fourteel	twentel—eleven	six gross and seven

five	fifteelp	thirtel—one	ten gross and eight
six	sixteel	fortel—two	eleven gross and nine
seven	seventeel	fiftel—six	one thousun
eight	eighteel	sixtel—eight	one thousun and five
nine	nineteel	seventel—nine	one thousun four gross
ten	tenteel	tentel—ten	and seven
eleven	eleventeel	eleventel—eleven	two thousun seven gross
twelve	twentel	one gross	and fortel—one

计数法——十二进制系统数字的书写方式直接由其命名方式得出，与十进制系统的计数法一样，需要比该系统的基数少一位数量符号来表示数字，另外还需要一个表示"零"的符号。因为一组里包含 12 个个体，表示数字的符号就应该是 11 个，比十进制系统多两个。对于这些符号，我们可以应用十进制数系的 9 个数字符号，然后给 10 和 11 引入新的符号。为了便于阐述，我们暂时用 Φ 和 Ⅱ 来分别表示 10 和 11。

这些数字符号结合"零"，进行各种组合形成十二进制数系里的数字，就像十进制中的 9 个数字和"0"一起组合成各种数字的方式一样。因此，12 将由符号 10 表示，意味着包含 12 个数字的一个组，符号 11 将表示为"1 和 12"或者"oneteel"；符号 12 表示"2 和 12"或"twoteel"；符号 13 表示 thirteel；符号 14 表示 fourteel；符号 15 表示 fifteel，依此类推，符号 20 表示 2 个 12 或 twentel；符号 21 表示 twentel—one；符号 23 表示 twentel—three 等，一直到 1000 的数字可以书写成如下形式：

one，1	twelve，10	thirtel，30
two，2	oneteel，11	thirtel—two，32
three，3	twoteel，12	thirtel—five，35
etc.，ete.	twentel，20	thirtel—ten，3Φ
nine，9	twentel—one，21	thirtel—eleven，3Ⅱ

| ten，Φ | twentel－ten，2Φ | one gross，100 |
| eveven，Π | twentel－eleven，2Π | one thousun，1000 |

按照上面解释的方法扩展数系，我们会得到下面的计数法表。

8 Trillyuns.	万亿兆
5 Gross of Billyuans.	一罗亿
Π Twelves of Billyuans.	一打亿
4 Billyuans.	数亿
6 Gross of Millyuns.	一罗百万
Π Tweleves of Millyuans.	一打百万
8 Millyuns.	数百万
5 Gross of Thousuns.	一罗千
7 Tweleves of Thousuns	一打千
Φ Thousuns	数千
3 Gross.	一罗
6 Twelves.	一打
5 Units.	单元

从上述分析中可以明确地得出，十二进制系统有可能比较容易被开发、学习和应用。采用上面指出的数字名称或者其他类似名称，从十进制转化到十二进制会比想象中容易很多。从上面的分析中也可以看出，我们必须要学习的数字命名和书写方法是很简单的。同时建立一个新的加法和乘法表，这样我们就能比较容易地推导出初始的差和商。这个学科剩余的其他知识就很容易掌握了，因为所有的方法和规则是不变的。事实上，也正是因为这种转变很容易做到，所以总有人相信，当科学家们将注意力放在这上面，努力完成这场转变时，这一刻便会到来。

基础运算——为了证明这个转变是很容易的，下面展示一些基础运算规则。先创建一个包含基数的加法表，这个表就像十进制数系中的加法表一样，我们要用这个表来进行背诵记忆。从下面的十二进制系统的加法表和乘法表中，我们也可以比较容易推导出在减法中应用基础数据的差。

通过这个表，我们可以轻松地找出用十二进制系统表示的和与差。我们用487Π，5Φ38，63Π7，Φ856的求和过程来阐述一下，求解过程如下：将每一列的数据相加，6单位数加7单位数是11单位数，再加8单位数是19单位数，再加Π单位数是28单位数或者"2个12和8单位数"，写下8单位数，将2进一位到前面的"十二位"，"十二位"上2加5是7，再加Π是16，再加上3是19，再加上7是24个"十二"或者表示成2个"罗"或4个"十二"，将"十二"的个数写下，2进一位到第3列。在"罗"位上，2加8是Φ，再加3是11，再加上Φ是1Π，再加上8是27或2个"一千"和7个罗；在"一千"位上，2加Φ是10，加6是16，加5是1Π，加4是23，因此结果是23748。

$$
\begin{array}{r}
487Π \\
5Φ38 \\
63Π7 \\
Φ856 \\
\hline
23748
\end{array}
$$

十二进制系统的加法表

2+1=3	3+1=4	4+1=5	5+1=6	6+1=7	7+1=8	8+1=9	9+1=Φ	Φ+1=Π	Π+1=10	10+1=11
2+2=4	3+2=5	4+2=6	5+2=7	6+2=8	7+2=9	8+2=Φ	9+2=Π	Φ+2=10	Π+2=11	10+2=12
2+3=5	3+3=6	4+3=7	5+3=8	6+3=9	7+3=Φ	8+3=Π	9+3=10	Φ+3=11	Π+3=12	10+3=13
2+4=6	3+4=7	4+4=8	5+4=9	6+4=Φ	7+4=Π	8+4=10	9+4=11	Φ+4=12	Π+4=13	10+4=14
2+5=7	3+5=8	4+5=9	5+5=Φ	6+5=Π	7+5=10	8+5=11	9+5=12	Φ+5=13	Π+5=14	10+5=15
2+6=8	3+6=9	4+6=Φ	5+6=11	6+6=10	7+6=Π	8+6=12	9+6=13	Φ+6=14	Π+6=15	10+6=16
2+7=9	3+7=Φ	4+7=Π	5+7=10	6+7=11	7+7=12	8+7=13	9+7=14	Φ+7=15	Π+7=16	10+7=17
2+8=Φ	3+8=Π	4+8=10	5+8=11	6+8=12	7+8=13	8+8=14	9+8=15	Φ+8=16	Π+8=17	10+8=18
2+9=Π	3+9=10	4+9=11	5+9=12	6+9=13	7+9=14	8+9=15	9+9=16	Φ+9=17	Π+9=18	10+9=19
2+Φ=10	3+Φ=11	4+Φ=12	5+Φ=13	6+Φ=14	7+Φ=15	8+Φ=16	9+Φ=17	Φ+Φ=18	Π+Φ=19	10+Φ=1Φ
2+Π=11	3+Π=12	4+Π=13	5+Π=14	6+Π=15	7+Π=16	8+Π=17	9+Π=18	Φ+Π=19	Π+Π=1Φ	10+Π=1Π
2+10=12	3+10=13	4+10=14	5+10=15	6+10=16	7+10=17	8+10=18	9+10=19	Φ+10=1Φ	Π+10=1Π	10+10=20

十二进制系统的乘法表

2×1=2	3×1=3	4×1=4	5×1=5	6×1=6	7×1=7	8×1=8	9×1=9	Φ×1=Φ	Π×1=Π	10×1=10
2×2=4	3×2=6	4×2=8	5×2=Φ	6×2=10	7×2=12	8×2=14	9×2=16	Φ×2=18	Π×2=1Φ	10×2=20
2×3=6	3×3=9	4×3=10	5×3=13	6×3=16	7×3=19	8×3=20	9×3=23	Φ×3=26	Π×3=29	10×3=30
2×4=8	3×4=10	4×4=14	5×4=18	6×4=20	7×4=24	8×4=28	9×4=30	Φ×4=34	Π×4=38	10×4=40
2×5=Φ	3×5=13	4×5=18	5×5=21	6×5=26	7×5=2Π	8×5=34	9×5=39	Φ×5=42	Π×5=47	10×5=50
2×6=10	3×6=16	4×6=20	5×6=26	6×6=30	7×6=36	8×6=40	9×6=46	Φ×6=50	Π×6=56	10×6=60
2×7=12	3×7=19	4×7=24	5×7=2Π	6×7=38	7×7=41	8×7=48	9×7=53	Φ×7=5Φ	Π×7=65	10×7=70
2×8=14	3×8=20	4×8=28	5×8=34	6×8=40	7×8=48	8×8=54	9×8=60	Φ×8=68	Π×8=74	10×8=80
2×9=16	3×9=23	4×9=30	5×9=39	6×9=46	7×9=53	8×9=60	9×9=69	Φ×9=76	Π×9=83	10×9=90
2×Φ=18	3×Φ=26	4×Φ=34	5×Φ=42	6×Φ=50	7×Φ=5Φ	8×Φ=68	9×Φ=76	Φ×Φ=84	Π×Φ=92	10×Φ=Φ0
2×Π=1Φ	3×Π=29	4×Π=38	5×Π=47	6×Π=56	7×Π=65	8×Π=74	9×Π=83	Φ×Π=92	Π×Π=Φ1	10×Π=Π0
2×10=20	3×10=30	4×10=40	5×10=50	6×10=60	7×10=70	8×10=80	9×10=90	Φ×10=Φ0	Π×10=Π0	10×10=100

求解 6428 和 2564 之间的差，过程如下：个位上用 8 减 4，得到 4；"十二"位上，2 不能减 6，所以我们加上 10 个"十二"得到 22 个"十二"，12 减 6 余 8；"罗"位上，1 加到 5 上得 6，4 不够减 6，像前面一样加上 10，然后 14"罗"减去 6"罗"余 Φ"罗"；"一千"位上，2 加上 1，得到 3，6"一千"减 3"一千"得 3"一千"，因此我们得到差是 3Φ84。

$$\begin{array}{r} 6248 \\ 2564 \\ \hline 3\Phi84 \end{array}$$

为了计算乘法和除法，我们首先建立一个如十进制系统一样的乘法表，如上图所示，然后进行记忆。就像在十进制系统中不需要超出"10 倍"的范畴一样，而这个乘法表不需要扩充到"12 倍"。从这个包含基础乘积的表里，我们可以像十进制系统汇总一样，轻易地推导出基础商。

同十进制系统的乘法表相似，在这个表中也可以找出几个特性。十进制乘法表中"5 倍"这一列，其乘积的个位数不是 5 就是 0，使得

算术之美

它很容易被孩子们学会，所以十二进制"6倍"这一列，乘积结尾不是6就是0。十进制乘法表中，"9倍"这一列乘积中的两位数之和都等于9，所以十二进制乘法表中，"11倍"列的每一个乘积的两位数相加等于11。我们还可以观察到"12倍"列的所有乘积结果都以0结尾，和十进制乘法表中的"10倍"列一样。

通过乘法表，我们可以很容易地求出十二进制数系的积和商，我们通过求解54Φ8和3Π7的积来讲解一下乘法。求解过程如下：首先乘数的第一位7乘以8得到48，7乘Φ得到5Φ，加4得62，7乘4得24，加6得2Φ，7乘5得2Π，加2得到31，得到第一步的乘积31Φ28；接下来计算乘Π，Π乘8是74，Π乘Φ是92，加7得99，Π乘4是38，加9是45，Π乘5是47，加4是4Π；3乘8是20，3乘Φ是26，加2得28，3乘4是10，加2是12，3乘5是13，加1是14，将每步的乘积相加，我们得到最后的乘积1953768。

$$
\begin{array}{r}
54Φ8 \\
3Π7 \\
\hline
31Φ28 \\
4Π594 \\
14280 \\
\hline
1953768 \\
\end{array}
$$

下面用1953768除以3Π7来讲解除法过程，求解过程如下：我们发现被除数的前四位数包含5个除数，然后用3Π7乘以5得到179Π，在被除数中减去该数余数是174，将被除数中的下一位数移下来，继续按照上面的方法计算，商是54Φ8。

$$
\begin{array}{r}
3Π7)\,1953768\,(54Φ8 \\
179Π \\
\hline
1747 \\
13Φ4 \\
\hline
3636 \\
337Φ \\
\hline
2788 \\
2788 \\
\hline
\end{array}
$$

十二进制系统中求解平方根和立方根的方法与十进制的求解方法相同，可以用下面求解Ⅱ5301的平方根举例说明，Ⅱ中最大的平方数是9，相减然后移动几位数下来，除以"2乘3"或6，我们发现根的第二位数是4，补齐除数，将64乘4，得到214，相减再移动几位下来，得到3Ⅱ01，除以"2乘34"或68，我们得到7是根的最后一位数字，补在除数上，将其乘7，我们得到3Ⅱ01，没有余数。

$$
\begin{array}{r}
\text{Ⅱ·53·01(347} \\
9 \\
64)\overline{253} \\
214 \\
687)\overline{3Π01} \\
\underline{3Π\,01}
\end{array}
$$

上面的表和计算过程，对于熟悉十进制系统的人来说可能比较困惑，但是对于刚开始学习的人来说，学习该加法和乘法表以及基于这两个表格的计算，就像熟悉十进制的人学习十进制系统一样简单。这个系统的实践价值除了之前提到的，还可能体现在计算利息上，因为一年中的月份数（12）和十二进制的基数一样，所以十二进制下计算利息的规则将大大简化，利率的关系也一样，8％或9％就会是每罗的8或9。

第七节　希腊算术

希腊算术，像其他古代国家的算术一样，开始都用笔画或者直线表示数字。随着思想和文明的进步，这种方法逐渐被淘汰，人们使用字母表中的字母来表示数字符号。在采用了他们字母表中的字母后，希腊人采用了不少于三种的计数法。希腊人用字母按照他们的自然顺序表示序数的次序，荷马的书籍《伊利亚特》（*Iliad*）和《奥德赛》（*Odyssey*）通常是按照这种方法标记页码的。希腊人也采用单词的首字母来表示数字的缩写符号，使用一种精巧的图案来增加这些符号的作用，因此一个字母被两边的两条线和上方的一条线包围，就像⌐，表示是原来值的 5 000 倍。

后来，希腊人想出了一个更完整的方法。将字母表中的 24 个字母分成 3 类，相对应表示个位、十位、百位，每组加上另外一个符号来凑齐所有组的 9 个符号。后面这种方法是人们通用的方法，也顺理成章成了希腊算术学的基础。个位数从 1 到 9 分别用字母 α、β、γ、δ、ε、ϑ、ζ、η、θ 表示，十位数用 ι、κ、λ、μ、υ、ξ、ο、π、ϟ 表示，百位数用 ρ、σ、τ、υ、ϕ、χ、ψ、ω、ϡ 表示，千位数用个位数加上点或者破折号表示，例如 $\alpha_{\scriptscriptstyle|}$、$\beta_{\scriptscriptstyle|}$、$\gamma_{\scriptscriptstyle|}$、$\delta_{\scriptscriptstyle|}$ 等，采用这些符号他们可以轻易地表示 1 000（Mayiad）以下的数字。因此 991 表示为 ϡ ϟα；7 382 表示为 ξτπβ；6 420 表示为 ϛυκ；4 001 表示为 $\delta_{\scriptscriptstyle|}$α。

我们可以发现在表示数字时，字母的顺序和数量都没有被考虑进去，同样几个字母不管按什么顺序排放都表示同一个数值，虽然规律倾向于简单化，但是希腊人通常会按照符号的数值从左向右书写。

在神话中，万的符号用字母 M 表示，表示数量的字母写在 M 的上方，例如 $\overset{\alpha}{M}$ 表示 10 000，$\overset{\beta}{M}$ 表示 20 000，$\overset{\gamma}{M}$ 表示 30 000……也因此，$\overset{\lambda\zeta}{M}$ 表示 370 000，$\overset{\delta\tau o\beta}{'M}$ 表示 43 720 000。通常，字母 M 可以放置在任何数字下方，这同我们在数字后面加四个零是一样的效果。

这种计数法在欧托基奥斯（Eutocius）对阿基米德学术的解说中被采用，但是其运算过程显然很不方便。丢番图和帕普斯（Pappus）用更简单的方法表示万，就是将字母 Mυ 放置在数字之后，后来变成了仅仅写一个点在后面。这使得他们拥有能够表示 100 000 000 的方法了，这已经是希腊算术涉及最大的数了。

这个计数方法被阿基米德和阿波罗尼奥斯（Apollonius）改进完善后用于天文学和其他学科的计算。阿基米德为了表示一个直径是恒星到地球距离的球体中包含粒子的数量时，发现需要用到一个很大的数。为了表示这个数字，阿基米德假设了万的平方，即 100000000 作为一个新的单位，他把这个用新单位表示的数字叫作第二阶数字，从而使他能够表达需要 16 位数表达的数字。假设再以 100000000^2 作为一个新单位，阿基米德可以表示我们现在体系下需要用 24 位数表示的任何数字，以此类推，通过阿基米德方法中的第八阶数字，他可以表示上面问题里的结果，这个结果需要用我们现在数字系统中的 64 位数字来表示。

通过上面的系统，所有的数字被分为八阶，后来这一点被阿波罗尼奥斯大大改进，阿波罗尼奥斯把阿基米德叫作八阶计数系统中的数字减少到四阶，第一阶在最左边，是个；第二阶是无数次；第三阶是二倍的无数次或是第二阶上的数字，依次一直无限延伸下去。按照这种方式，阿波罗尼奥斯可以用这个计数系统写出任何数字。例如，如果阿波罗尼奥斯想表示一个直径是九阶的圆周，阿波罗尼奥斯会写成如下图所示的形式。

γ.αυιε.　θσξε.　γρπθ.　ζ ⅄λβ.　γωμϛ.　βχμγ　γωλβ.　ζυ.　βωκδ.
3. 1415　9265　3589　7932　3846　2643　3832　7950　2824

博学的天文学家托勒密通过应用六十进制细分了一个圆内切线，在降序范围内修改了这个系统。托勒密同样也迈出了重要的一步，就是通过使用一个小的或强调 "0" 来按进展顺序提供任何数量的进阶位置。

希腊表达分数的方法也很特殊，在数字的右边画一个突出符号，由这个数字组成的一个数字是一个分数单位的分母，因此 $\gamma' = \frac{1}{3}$、$\delta' = \frac{1}{4}$、$\xi\delta' = \frac{1}{64}$、$\rho\kappa\alpha' = \frac{1}{121}$ 等等。当分子不统一时，分母的放置方式就像现在指数的形式一样。因此，$\iota'\epsilon^{\xi\delta}$ 表示 15^{64} 或 $\frac{15}{64}$；$\zeta^{\rho\kappa\alpha}$ 表示 7^{121} 或 $\frac{7}{121}$，分数 $\frac{1}{2}$ 有特殊的表示符号，可以是 C、<、C' 或者 K。希腊计数法不适用于递减数系，所以它们没有小数。

尽管希腊计数法与现在使用的方法相比显得较为低等，但作为一种建立在规则与科学基础之上的计数工具，应用起来十分方便。我们举几个来自巴罗数字理论的例子，在这几个例子上可以体现出之前说的理论事实。

加法——下面的加法例子来自欧托基奥斯定理 4，关于圆的测量。

ωμζ.γ ⅄κα	847 3921
ξ. ⑰	60 8400
⅄η.βτκα	908 2321

这比复合加法更简便，因为这使任意一个符号和后续符号的恒定比例都是 10。

减法——下面的减法例子来自欧托基奥斯定理 3，关于圆的测量。

θ.γχλϛ	93636
β.γυ θ	23409
ζ. σκζ	70227

　　这个方法很简单，像减法一样从右向左计算，这种顺序如此简单方便，以至于很难说服希腊人以相反的方向开始计算，但是有很多实例显示，希腊人曾经做加法和减法时确实都是从左向右计算的。

　　乘法——在乘法运算中希腊人通常从左向右运算，像我们在代数中计算乘法一样，希腊人相继的乘积没有明显的顺序，但是每个数字符号不管放在哪个位置，仅保留自己的本值，这样，唯一不方便就是给后面这些数值的相加带来麻烦。

　　下面的例子来自欧托基奥斯。鉴于很难记住所有希腊符号表示的数值，我们用 1^0、2^0、3^0 等来表示个位，$1'$、$2'$、$3'$ 等来表示十位，$1''$、$2''$等表示百位，以此类推，指数的形式写为 m，表示万。

$$
\begin{array}{ll}
\rho\nu\gamma & 1''\,5'\,3 \\
\rho\nu\gamma & 1''\,5'\,3 \\
\hline
\alpha,\varepsilon\tau & 1^m\,5'''\,3'' \\
\varepsilon\beta\phi\rho\nu & 5'''\,2'''\,5''\,1''\,5' \\
\tau\rho\nu\theta & 3''\,1''\,5'\,9^0 \\
\hline
\beta.\gamma\nu\theta & 2^m\,3'''\,4'' \qquad\qquad 9^0
\end{array}
$$

　　除法——希腊的除法要比乘法更重要，因为这个原因，通常希腊人倾向于使用六十进制计算除法，最终学者们除了六十进制形式下的除法例子，没有别的进制例子被留下，但是这也足够反映出希腊人在通用数字上使用的除法法则是什么样的，德朗布尔（Delambre）也相应地做了猜测，如下所示。

$$
\begin{array}{l|l}
\tau\gamma\beta,\gamma\tau\kappa\theta\ |\ \alpha\omega\iota\gamma & 332^m\,3'''\,3''\,2'\,9^0\ (\,1'''\,8''\,2'\,3^0 \\
\rho\pi\beta.\gamma\quad\ \ \overline{\alpha\omega\kappa\gamma} & \underline{182\quad\ \ 3}\qquad\qquad\ \ \overline{1'''\,8''\,2'\,3^0} \\
\overline{\rho\nu.\tau\kappa\theta} & \overline{150\quad 0\quad 3\quad 2\quad 9} \\
\rho\mu\varepsilon.\eta\nu & \underline{145\quad 8\quad 4} \\
\overline{\delta.\alpha\!\!\!\nearrow\iota\theta} & \overline{\quad\ \ 4\quad 1\quad 9\quad 2\quad 9} \\
\gamma.\varsigma\nu\xi & \underline{\quad\ \ 3\quad 6\quad 4\quad 6} \\
\overline{\varepsilon\nu\xi\theta} & \overline{\qquad\quad 5\quad 4\quad 6\quad 9} \\
\varepsilon\nu\xi\theta & \qquad\quad 5\quad 4\quad 6\quad 9
\end{array}
$$

　　观察这个例子会发现，希腊的除法类似于我们的复合除法。如果我们用相似的命名方式和希腊人使用的数字符号来分解米、厘米或其他需要分割的单位，一定会使这种分解变得非常困难，同样求解平方根也会很困难。除了采用不同的计数法外，希腊人的求解原则跟我们现在是一样的，但是希腊人似乎不使用求解规则，而是进行连续的尝试来求解根数，然后再对根进行平方来证明他们设想的正确性。

在简洁性和实用性上，这个具有魅力的希腊计数系统比在它传入之前罗马人所使用的数字系统更有优越性，因此它又被罗马人传入了现代的欧洲国家。至少在阿基米德和阿波罗尼奥斯的聪明才智下该计数法达到了其发展的顶峰，十分适用于当时的计算过程。虽然在结构上有些笨拙，但是能够进行有一定难度和一定数量级的运算。

可以看出，希腊数字比罗马数字有了更好的细化和适应性，但还是比现在的希腊数字或者当时的印度数字差。人们不禁感慨具有如此智慧和哲学性的人，居然没有想到可以先构建简单的位值原理，然后再在位值的基础上建造数字系统。更加令我们惊叹的是，阿基米德发明的将数字分为八阶的"位组"系统。后来，被阿波罗尼奥斯改为四阶，并把所有的数字分成无数阶时，就更令人赞叹了。就像巴罗评价的，已经发展到这种地步，希腊人竟然没有察觉到将每一阶里的数字符号缩减，用一个符号代替一阶里面的 4 个，并且只需要在每一阶里重复和个位一样的数字，它就能发展成现在使用的数系。最怪异的是，在希腊的六十进制运算中必要的地方都有零的应用，但是希腊人却不知道零的使用。综上可以看出，现在应用的系统比起希腊数字的优点要多很多，但是希腊计数法的改进形式和现在应用系统之间的差距却极小。似乎是因为印度人的形而上学思想创造了十进制这个伟大的发明，并且使它成为整个数学科学圈里最伟大的改进之一，现代分析学中所有的进步都要归功于该发明。

第八节　罗马算术

罗马人的算术能力远远不如希腊人，因为罗马算术采用了一个较为低级的计数法，该计数法虽然经常被认为是罗马人的，但是很可能是由希腊人发明后传入罗马的，然后罗马人将其传给了现代欧洲国家的子孙们。该计数法开始用简单笔画组合来表示数字，后来人们发现用字母表中的字母表示数字更方便，所以这些数字笔画逐渐地被相近的字母符号所代替。

罗马数字符号的起源时间已经不能准确得知了，但是莱斯利给出并被很多人认为是数字系统正确的理论，却是非常值得可信的。毫无疑问，最初的数字符号仅仅由笔画或者直线组成。这几乎是所有古代国家使用的方法，也是能被所有国家理解的哲学和通用体系的开端。这些符号至今仍然保存在罗马计数法中，只不过有一些小小的改变，并且很有可能在字母表被引进之前，就已经被意大利在希腊殖民地上建立的拉丁联邦应用到了数字上了。假设当时一条竖直线丨表示 1，两条这样的线丨丨表示 2，三条线丨丨丨表示 3，以此类推直到 10，这样我们就有了第一系列数值，然后猜测他们可能在最后一个笔画或者单位数上画一个破折号来表示这一序列的完结，因此一个叉号╳可能表示 10。这个标记重复用于表示 20、30……直到 100（10 个 10），这样就完成了第二序列的数字，然后他们可能在 10 的符号上再加一个破折号，或者仅仅通过一个连接在一起的三个笔画，即 ⎿ 来表示连续的百，第十个这样的符号再接一个笔画，变成 4 个连接在一起的笔画 M 表示一千。

以上就是最初罗马计数法可能应用到的数字符号，随着时间的推移，人们可能慢慢感觉到重复很多一样的符号会给书写带来不便，就采用了一些可以表示中间数字的符号，可以看出这些中间符号可能是通过拆解一些已经使用的符号来表示。因此，将 10 的符号 ╳ 从中间分开，不管下半部分 ∧ ，还是上半部分 ∨ ，都可以被用来表示 5 或 10 的一半。接下来表示 50 是 100 的一半，将符号 ⊏ 分解成两个相等的部分，┌ 和 ∟ ，每一个都可以用来表示 50。然后，1000 的符号逐渐变成较圆润的形状 ⋔ 或 ⋐⋑，这个符号的一半 ⋐∣ 或 ∣⋑ 被用来表示 1000 的一半或 500。表示 100 的符号 ⊏ ，随着时间推移和使用频率的增加，尖角逐渐变得圆润，成了 C 的形式。最后，人们注意到这些符号与字母表中的字母非常相似，最终同意用字母表示相关的数字。

用共同创造的笔画来表示数字是自然的，可以被当作是算术语言的开始。同时，从其他国家类似的应用中已确认这是罗马系统的基础。非常明确的一点是，埃及人和中国人曾经一定采用过相同的方法。古代方尖碑的碑文上展示的一些数字符号很容易与之区分开来。用大写字母代替他们认为最相近的组合笔画，这种行为虽然给了该计数法的统一性，但是却阻止了该系统的进一步发展。似乎罗马人引入的唯一简化就是：在某些情况下向后计数来减少字母的重复。例如 Ⅳ，最初是用四个笔画表示，Ⅸ 最初可能写作 Ⅷ 。

罗马人表示数值较大的数字方法可能和现在引用的有所不同，可以从下面例子看出。

D or I⊃	M or CI⊃	CCI⊃	CCI⊃⊃	I⊃⊃⊃	CCCI⊃⊃⊃
500	1000	5000	10 000	50 000	100 000

在这个过程中，西塞罗（Cicero）在其对韦雷斯（Verres）第五次演说中用 CI⊃ CI⊃ CI⊃ I⊃C 表示 3 600。罗马人经常缩小或者更改他们的数字形式，尤其是在石头上刻碑文时，这种情况下缩写的字母被叫作宝石符号。

用括号或者 "C" 包住数字或者在数字上画条直线，这样的标记会将数字的值增大一万倍，因此 CXƆ 或 $\overline{X}$ 表示 10 000，普林尼（Pliny）给的 $\overline{\text{CLVIM}}$ 表示 156 000 000。有时一个字母放置在另一个字母的上面表示乘积，因此，$\overset{D}{M}$ 表示 500 000。乘数有时也按照指数的形式书写，III° 表示 300。在表示非常大的数时，有时会插入点，因此，普林尼用 XVI. XX. DCCCXXIX 表示 1 620 829。值得注意的是，如果这些实践能够更普遍，可能会给这个数字系统带来实质性的改变。

在罗马帝国后期，字母表中的小写字母似乎被用来模仿希腊的数字系统。字母 a、b、c、d、e、f、g、h、i 被用来表示数字 1、2、3、4、5、6、7、8、9；k、l、m、n、o、p、q、r、s 表示 10、20、30、40、50、60、70、80、90。剩下的字母 t、u、x、y、z 表示 100、200、300、400、500。剩余的几个百位数需要用大写字母或者其他字母表示，600、700、800、900 用 I、V、hi、hu 表示，但是这种数字模式从来没有得到任何程度的传播，大多数只限于在希腊、埃及或卡尔迪亚王国的外来冒险家们之间流传，罗马人假装擅长公正的占星术，因为这样很容易能骗取罗马人的信任。

在现代欧洲，罗马数字符号是由撒克逊人符号补充的，因此在 1331 年苏格兰人国库账单中，上交给英格兰国王的 £68965s. 5d. 标记为：

$$\overset{\omega}{\text{vj.}} \quad \overset{c}{\text{viij.}} \quad \overset{xx}{\text{iiij.}} \quad \text{xvj.} \quad \text{Ij.} \quad \text{v.} \quad \overline{\text{s.}} \quad \text{v.} \quad \text{d.}$$

罗马人现在应用的数字系统采用了 7 个符号，其中 I 表示 1，V 表示 5，X 表示 10，L 表示 50，C 表示 100，D 表示 500，M 表示 1000。表示其他数字时，这些符号按照下面的规则组合：

1. 当字母重复时，它表示的值也重复。

2. 当表示较小值的字母放在表示较大值的字母之后时，这表示它们的数值之和。

3. 当表示较小值的字母放在表示较大值的字母前面时，这表示它们的数值之差。

4. 当一个表示较小值的字母放在两个表示较大值的字母中间时，这个字母与其之后的字母组合表示一个数字。

5. 字母仅放在位于自己阶层的字母之前或者下一阶层的个位字母之前。

6. 字母之上的横线表示该数值增大了 1000 倍。

根据第五条原则，用 VC 表示 95，或者 IC 表示 99 是不正确的。同时还要注意字母 V 从来不用在表示较大数值的字母前面，但是也有例外，按照第五条原则可以用在 X 前面，VX 表示 5，也可以更简洁的直接用一个 V 表示。

在使用罗马方法表示数字时，总是按先后顺序相继写不同阶次的数字，同时先从较高阶的数字开始。因此，按照第三条原则，在表示499 时，它是 1 和 500 的差，但是不会写成 ID，会先写 CCCC 表示400，然后 XC 表示 90，最后 IX 表示 9，得出 CCCCXCIX。

很有趣的是，虽然罗马方法没有被应用到数字计算中，但如果稍加修改，它们是可以应用到算术里的。因此，如果不采用第三条原则，把 IV 写成 IIII，IX 写成 VIIII，或者采用一些标记符号表示按照上述原则书写的字母，需要将其当作一个整体来看，例如 XXIV，这样我们可以用罗马数字进行基础的四则运算，也不会有太多不便。为了详细阐述，我们举一个乘法的例子来说明。

第一步：VIII 乘以 VII 等于 LVI，X 乘以 VII 等于 LXX，L 乘以 VII等于 CCCL。第二步：III 乘以 X 等于 XXX，X 乘以 X 等于 C，L 乘以 X等于 DCL，再重复进行两遍第二步的乘法，将四个乘积相加，得到MMDXVI，表示 2516。这个结果还可以用 VII 和 XXX 相乘，或者 II，V，X 和 XX 相乘等方法。被乘数在乘法中可以有很多分解方式。

$$
\begin{array}{r}
\text{LXVIII} \\
\text{XXXVII} \\
\hline
\text{CCCLLXXLVI} \\
\text{DCLXXX} \\
\text{DCLXXX} \\
\text{DCLXXX} \\
\hline
\text{MMD} \qquad \text{XVI}
\end{array}
$$

但是在处理数值较大的数时，这个运算显然会变得很复杂，实际上它不适合在平常情况下使用，并且人们也认为它不应该用于数值计算中。这种计算通过计算器或者可以感知的符号计算，通常情况下使用的工具叫作算盘。莱斯利说"罗马数字符号的"系统太复杂了，复杂到难以在各种情况下都不能将他们减少到可以应用算盘的形式。

算盘似乎被人们一直使用到近代。计算器（Counters）或鹅卵石（Pebbles）是对于单词"algorithm（算法）"的误传，在英格兰被叫作"augrim"或"awgrym，（石子）"。在乔叟（Chaucer）对学者尼古拉斯内心世界的描述时，写道：

> 他的魔法和诗歌以及格雷特和西纳莱，
>
> 他的祖先，渴望着他的艺术，
>
> 他的算术石子均匀地散落在床头的架子上。

实际上，现代的算术方法直到 16 世纪中期才被英格兰人知晓，同时普通民众也仍然习惯于用计数器计数。因此，莎士比亚在 17 世纪初期写的喜剧《冬天的故事》中写了一个挣扎在很简单乘法中的小丑，大叫着他一定要用计数器来尝试这个运算。

> 克罗，让我想想，每只羊是 1 托德。不论天气好坏，每只羊的羊毛收益是 1 镑 1 先令；1500 只羊被剪了毛，那么羊毛的收益应该是多少？没有计算器我算不出来。

罗马计数法现在主要被用来表示书籍的卷、章、节、小节、前言的页数、日期、标记挂钟或者手表盘上的时间数和其他需要突出和区分的地方。

第九节　可感知的算术

在数字算术运算的方法中，最早的方法是通过计算器或者其他明显的符号，在所有的原始国家中最通用的是小石子或鹅卵石，也是从这个词演化出了现在的"计算（calculation）"这个单词。最初人们使用鹅卵石或类似简单的物体表示数字，但随着文明的进步，使用鹅卵石已经不能满足人们的需求了，所以他们发明了工具来表示数字，通过这个小工具他们可以更快更准确地计算数字。19世纪的日本人和中国人借助计算工具可以进行加减乘除运算，和使用阿拉伯计数法算得一样快一样正确。在发明借助数字计算的方法之前，这种借助工具的计算方法被早期国家广泛地应用，所以，莱斯利在其关于算术学的作品里以《可感知的算术》为标题对该方法进行了专门详细的解释。这个论题因为其本身的精妙与现在系统的关系而富有趣味，所以我专门拿出一节来讲它，同时我在莱斯利和皮科克（Peacock）的作品中找到了比我自己给出的定义更清晰的讲解，我也转述了他们所讲的内容，有些地方我甚至一字不变地用了原句。

早期埃及人主要借助鹅卵石来进行计算，早期的希腊人和罗马人也是如此。男孩子们通过在ABAX上演算来进行计算，ABAX是一个边缘狭窄的光滑板子，ABAX这个名字显然是用他们字母表的前三个字母组合来命名的，像以前学生们学习朗读时会用到的写字板。学生们被教会使用计数器上可以渐进的行来计算，每行包含圆圆的骨头或者象牙，甚至是银币，根据个人的财富和喜好而定。在相同的木板上撒满色彩柔和且容易被眼睛接受的细细湿砂，来教学生书写和学习几何原则。

古代学者们经常提到这些计数板。梭伦（Solon），伟大的雅典政治家，曾经将国王的大臣们比作算术家的计数器，因为两者同样都是根据所处位置的不同而显得有时很重要，有时却完全无关紧要。这位希腊演说家在描述账目时说：鹅卵石被清除了，一个都没有剩下。由此看来，古代人在记录账务时，并不分别建立借记和信贷，而是放置鹅卵石表示前者，拿走鹅卵石表示后者。只要鹅卵石被清除，就表示账目平衡了。我们常见的短语"清除一个人的学分或账务"，这意味着解决或调整了财务，这句短语仍被保存在欧洲的俗语里，也是由计数器计数得来的，一直流行了很长时间。

罗马人学习了希腊人的算盘，在数字科学方面似乎从未想过有更高的追求。对于算板上的每一个鹅卵石或者算筹（calculi），他们叫作算子（calculus），意思是白色的小石子，然后采用动词"calculare（计算）"来表示将鹅卵石或者算筹组合或分开。算盘的使用也叫作"高智商者的组织"，也是贵族青年受教育中的一个重要部分。一个小的盒子或者说格子叫作小腔室，里面有小隔室来放置算筹，这种工具被认为是青年学习的重要工具。一些罗马男孩习惯于背着这些沉重的工具（他们的算术板和算筹箱子）到学校学习，而不是带着画石板和小书包。

在这种工具向奢华和精致的发展过程中，象牙制成的算珠叫作塔利（tali）代替了鹅卵石，小银币也代替了计数器。住在宽敞房子里的贵族和高贵华丽的东部王子们通常在自己的住处用各种方式对外国奴隶和自由民进行各种训练，并以此作为娱乐。这其中缮写人（Librarius）或计数员（miniculator）被雇佣来教孩子们学习文字，公证员（notarius）负责注册费用，推理员（rationarius）负责调整和清算账户，表格员（tabularius）或计算者通过使用计数器和计数板来进行可能需要的计算。

后来，为了使计算更容易，算盘的构造得到了改进。板子表面划分出了几组平行的凹槽，或可伸缩的线，又或者连续行的孔洞，来替代原来的直线。这样一来就很容易对凹槽中的小算子进行移动，或滑动线上穿孔的珠子，又或在不同的孔洞里插入把手或圆头钉。为了减少所需标记物的数量，每一列珠子的顶部都有一个较短的凹槽、线或孔洞，这里面的每一个算子代表的值是其他普通算子的 5 倍。为了更加方便耐用，人们用金属制成的算盘取代了木制的，这种金属制成的算盘通常是黄铜的，有时也会是银的。罗马人好像用过两种类型的算盘，两种都是上面描述的古代样式，第一种由乌尔西努制作，第二种由马库斯制作。第一种由比较普通的穿孔玻璃珠代表数字，在平行的线上活动；第二种由小的圆圆的算子代表数字，在平行的凹槽中移动。这些工具每一个都包含 7 个主要的长凹槽或线，按常规顺序分别表示为个位、十位、百位、千位、万位、十万位、百万位。这些工具同样有多个较短的凹槽或线，它里面的算子表示的数值是较长凹槽里的 5 倍。每个长凹槽或线里有 4 个玻璃珠，每个短的里面有 1 个，很显然用这个工具可以表示一千万以内的所有数字。罗马算盘也可以用来表示盎司的凹槽，例如，二分之一盎司❶，四分之一盎司，三分之一盎司等。

罗马人还将"Abacus"（算盘）一词用在形状类似计数板的家具上，但是通常会用花体字，这种家具是为了富人的娱乐而设计的。它被用在一种类似于国际象棋的游戏中。

从很遥远的年代开始，中国人在他们的计算中就使用一种在形状和功能上类似罗马算盘的工具，但是它比罗马算盘更完整，样式也更统一。它被广泛地应用在重量、测量和货币等十进制系统中，并在整个国家盛行。这个工具主要由 10 个木棒组成，计算者可以从任何一个木棒处开始，将每个木棒上相同的东西向上拨或者向下拨来计数，处

---

❶ 盎司：英美制质量单位，1 盎司合 28.3495 克。——译者注

理分数和处理整数的方法是一样的，这是其最有利的一大优势。各种大小的工具相应地被应用到各行各业，从文人到店主，被很多货摊摊主普遍使用，据当地商人说他们可以用惊人的速度和准确性来操作这种工具。

罗马帝国覆灭后重新独立的国家里，人们发现一种方便的计算方法，就是在所有涉及金钱的交易里，按照算盘的方法，用放置在相互平行凹槽里的算子表示钱数。中世纪时期，这变成了欧洲商人、账户审计人员或者负责财务问题的常规做法，这种算子的方法还出现在银行的工作台上，这种叫法来源于撒克逊或者法兰克尼亚一个表示"座位"的古老词汇。这个词是一个被拉丁语化的词汇，从这个词先后得出了法国和英国"财政部（exchequer）"的名字。

负责人力、财政收入问题的财政法庭，随着诺曼底人征服英格兰而被传入到了英格兰。菲茨·奈杰尔（Fitz Nigel）写于 12 世纪中期关于这个问题的交流文字中写道："工作台"是一个四方形的桌子，约 10 英尺长，5 英尺宽，有约 4 英寸高的边缘来阻止东西滚落，四周环坐着法官、出纳员和其他的工作人员。每年复活节后，它被新黑布覆盖，用互相垂直的间隔一英尺或一掌的白色竖线和横线分割。在计算账目时，它们按照算术规则进行计算，用小的硬币当作算子。最低的一行是便士，往上一行是先令，再往上是英镑，更高的分别用十、二十、百、千和万英镑表示。早期的经济十分萧条，很少会用到最后最高的那行来计算钱币数量。出纳坐在桌子的中央，在其右手边，第一栏里堆积着 11 便士，第二栏是 19 先令，一定数量的英镑正好收集在他对面的第三栏里。为了方便展示，他可能会采用不同的符号来表示任意一栏中一半的数值，1 个银便士表示 10 先令，1 个金便士表示 10 英镑。

在早期，店门外挂一块万格板意味着这个小店可以换钱。后来这个符号被用来当作旅馆或者客栈的象征，是能够售卖实物、住宿和娱乐的地方。据说，有关这个古老习俗的沿用痕迹，现在仍然可以找到。

在中世纪时期，使用较小的算盘来辅助数值计算并不陌生。然而，在英格兰好像没有被广泛应用，只局限在少数人中。计算器正确的拉丁文是"abacista"，但是在意大利被称为"abbachista"。阿拉伯人已经采用了改善后的计数法，所以他们给了计算器比较粗俗的名字"algarismus"，来自他们的定冠词"al"和希腊语中表示数字的词，这个组合术语被西方人采用，表示计算的意思，目的是为了表示对先人成就的钦佩。术语"algarism"转化成英语后变为"augrim"，表示普通计算中的鹅卵石或者算子。"算法（algorithm）"这个词被现代数学家应用，来表示任何独立的计数法。

算盘曾经仅仅被作为一个辅助计算的工具，但是采用一些更简单方便的方法表示数字很有必要。一种非常古老的做法是，采用手指和手的不同关节和部位来表示数字序列。在这个基础上，罗马人建立了一个相当可观的数字系统。通过左手各个手指的曲折，罗马人可以一直表示到10，又和其他弯折（例如改变大拇指的位置）结合在一起，可表示的数字可以扩充到100，再加上右手同样的表达方式，可以表示到1000或10000。这是古人将该系统所能发展的最大地步。但是学者彼得在将这些符号和身体的各个部位做参考时，如头、嗓子、一边的胸脯、肚子、腰、大腿等，拓展了这些数字符号并可以增大100倍，达到百万。在这种数字表演中，罗马人展现出了高度的敏捷性。罗马的诗人和演说家都提到了这个实践，如果不涉及相关原则知识，许多希腊文学作品将失去它们的力量与魅力。

一种数字算法几乎在所有的东方国家都存在过。中国人有一套计算系统，通过这个系统他们可以用一只手表示所有小于100000的数字，右手拇指指甲接触小手指的每一个关节，从小手指最上端的第一个关节，往下中间有一个，然后是最下端的一个，按照顺序表示 9 个数字，十位数（10，20，30……）是用第二个手指按照同样的方式表示，百位数用第三个手指，千位用第四个手指，万位数用拇指。只有在需要用到更大的数时才会用到右手。孟加拉人通过按顺序接触手指的关节可以表示到 15。商人们在讨价还价时，为了不让第三者知道他们的商议细节，他们会将手藏着一块布下，通过手指接触来表示他们提出的价格或者愿意接收的价格，同样的习俗也在巴巴罗和阿拉伯盛行，他们将手藏在斗篷褶下，使用一种全国通用的数字表示方法，将想要表达的数字传达给对方。

朱维纳尔认为聪明长者的一个特殊乐趣就是能用右手来计算内斯特的年龄。根据普林尼教授所说的，雅努斯（Janus）的印象中手指的放置方式可以表示一年 365 天的天数。一些学者参考手指的这种实践操作后，认为所罗门（Solomon）在文章中提到的句子是指："她的右手里是一天的长度，财富和荣誉在她的左手里"。常用短语"数字相加，数字之和"与"计算"具有相同的意思，明显的都是指数字的计算；经常使用的词组"米卡雷数字"暗指在罗马人中很流行的一种游戏，很有可能与现代意大利人猜拳游戏一样。这个嘈杂的游戏由两个人一起玩，他们同时伸出手指表示一个数字，并且立马喊出一个数字，如果其中一人说出的数字是两人伸出的手指数字之和，则这个人胜利。西西里人、西班牙人、摩尔人和波斯人似乎也玩这个游戏，中国人把这种游戏叫作"划拳"。

这些符号仅仅是暂时性的，为了记录数字很有必要采取永久性的符号。但是在这种观点下，采用的所有点子中最粗糙的一个就是用计数器计数，这种方法作为诺曼底人征服英格兰的另一个象征，跟随财政部一起被传入英格兰。这些计数器是用一些直直的、干燥的榛树或柳树木棒做成的，名称来源于法国动词"tailler"，表示裁剪的意思，因为这些木棒的两端都被修剪成了方形。用特制的刀具在木棒的侧面刻出凹槽表示货币的金额，同样的计数器制作者还将罗马符号刻在了木棒的两面。最小的凹槽表示一便士，稍大的表示一先令，再大一些的表示一英镑，但是其他凹槽，相继增加了宽度，分别表示十、百和千。后来木棒被刀和木槌从中间劈开，其中一半被叫作计数器（counter－tally），另一半叫作叶形线（folium）。

早期的古罗马人通过火山石或者鹅卵石记录日记，他们会在比较幸运的日子里向壶里投掷一颗白色的鹅卵石，当事情看起来不顺利时会投掷一颗黑色的鹅卵石。直到15世纪末期，计数器还在欧洲普遍使用，那时意大利和西班牙已经不再使用计数器，阿拉伯数字和这些数字便捷的用法使得计数器毫无用武之地。雷科德在《艺术基础》（*ground of arts*）中写道：虽然你学习了借助于笔的算术，但是你们也应该看到了计数器的丰功伟绩，它的功绩在于不仅仅能帮助那些不会读写的人计算，同样也可以被两种方法都会的人使用，只是不能同时使用。

接下来看一下那些可以看得见的计数器式算术。用粉笔或者铅笔在纸上画出右图所示的七条直线。算子通常是由黄铜制成的，最底部直线上的代表个位，上一条代表十位，依次类推直到最顶部的线表示百万位，两条直线之间的算子表示其下面临近直线上算子的 5 倍，因此右图中表示的数字是 3 629 638，可以相应地增加直线的数量来表示更大的任意数。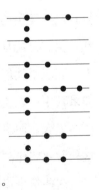

将两个数相加，例如计算 788 加 383，我们把右图中所示的直线用竖直线分开，形成三列，将第一个数字从左向右绘制在第一列里，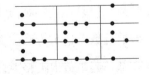

第二个数字绘制在第二列，结果绘制在第三列。前两列中底部第一条线上的数字之和是 6，因此我们在第三列的相应直线上向上进一位，与第一列该位上的相加，得到第二条线上的 1，将这个 1 加上 6，得到 7，所以两个放置在该线上，进 1 到上面的空位上，加上原来该空位的算子，得到 3，所以我们放置 1 在这个空位上，进 1 到下一条线上，与这条线上的数字相加的和是 6，留 1 在这条线上，进 1 到上面的空位和原来的相加得到 2 个算子，因此该空位所有算子进到下一位，即第四条线上得到 1 个算子，和是 1171。

这个运算的原则非常简单，计算过程在多次实践后也会操作得很快。现实生活中，最后一列不会被用到，因为每条线上的算子是可以随着加法过程移动的，重新放置后就表示它们的和。

下面通过右图中 1 375 减 682 展示减 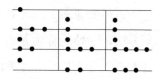 法。减数第一条线上的两个算子在被减数的相应位置上没有可减项，因此我们在上方的空位借一个算子，然后用五个算子在第一条直线上代替，所以我们在该直线上剩下 3 个算子，空位上剩零个。我们在第二个空位上借一个算子，相减后该直线上剩 4 个算子，然后从第三条线上借一个算子到第二个空位，剩下 1 个算子，按照同样的方法一直计算到减法结束，得到余数 693。雷科德将较小的数写在第一列，然后从上部开始进行减法。

接下来，我们通过右图中求解 2 457 乘 43 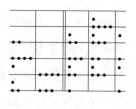 来阐述乘法过程，将被乘数和乘数分别表示在第一、第二列。用第一个数乘以 3，将结果放置在第三列，乘以 4 的积放置在第四列，将这两列上的数相加得到最后的乘积。

通过右图中 12832 除 608 来讲解一下除法，因为 12000 中有 20 个 600，我们放置两个算子在商中的第二条直线上，600 乘以 20，然后从被除数中减去，没有余数。8 乘以 20，得到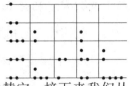
160，因为 16 个十等于 1 个百和 6 个十，我们
从第三条线或者百位线上的 3 中减去 1，余 2，
然后从这个 2 中取出 1，用第二个空位上的 2 代替它，接下来我们从
第二个空位取 2，第二条线取 1，然后将余下的算子转换成第一个余数
列，我们得到余数 672。重复操作，将商 1 放在商列的最底部线上，
这种情况下，我们仅仅从第一个余数中减去除数，得到 64 作为最后一
个余数，21 作为商。这个运算过程可以重复进行到任何程度，但实际
上，这个过程通过移动被除数的算子到第一个余数使得过程大大简化，
直到得到计算结果。

雷科德提到了通过计数器表示钱数的两种不
同方法，一种他称为是商人的方法，另一种是审
计账户。在右图中，£❶198　19s❷. 11d❸. 按照
第一种方式表达，最底部的线表示便士，第二条
线表示先令，第三条线则表示英镑，第四条线表示为几十镑，两条线
中间空位上的算子表示较高线钱数的一半，分散在左侧的算子相当于
右侧算子的 5 倍。加减的运算方法和上面的类似。

同样的数量在审计账户中的表示方法
如右图，最右侧的第一组表示便士，第二
组表示先令，下面向左分别是英镑、几十镑。第二行和第三行表示各
个面额下的货币数量，并且第三行中，左侧的黑点数量表示下一面额
四分之一的数量，右侧表示下一面额的二分之一。

前面提到过中国计算表或者说算盘，如右图所示。它是一个由框

---

❶ £，英镑的货币符号。——译者注
❷ s，先令的缩写。——译者注
❸ d，便士的缩写。——译者注

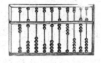

架包围组成的长方形板，接近左侧的地方用相似的
框架从上到下分成两部分，然后由 10 个光滑的细长
竹棍将其水平分隔开，每条竹棍上串着象牙或骨制
的小珠子，左侧狭窄的一侧放置 2 个，右侧放置 5 个。右侧的每个珠
子表示 1，左侧的每个珠子表示 5。每一阶竹棍，从上到下按照中国的
书写方式一样数值每阶增加 10 倍。图中的数值从上到下表示 5 804 712
063。算盘表示的数字一直到百亿，是罗马算盘表示数字的 1 000 倍。
这个工具令人钦佩的特点之一是不管从任何一行开始表示个位，各部
分都可以表示十进制数字。日本人采用相似的工具，他们用来进行算
术运算的工具也确实惊人。

　　后来，几个杰出的人仍然提倡重新使用各种计数器来进行计算。
莱斯利教授认为这种计算方法比其他方法更好，因为这种方法给学生
展示了数字分类的哲学知识和相应的计数原理。莱斯利详细地给出了
用计数器表示不同数系的例子和通过计数器进行不同数系的运算操作。

　　还有其他可以感知的算术形式，其中一些可以供盲人使用。著名
的桑德森为此发明了一种工具，他说利用这种工具可以非常快地解决
算术问题。这种算术工具在减少贫困这一人类最大的灾难中有很大的
作用。

　　在众多算术工具中，帮助减少人类计算工作，将计算者从烦琐困
难的联系记忆中解放出来的，最为出名和广泛应用的是纳皮尔算筹。
首本提及该工具的著作发表于 1617 年，题名《筹算》（*Rabdologia*）。
纳皮尔在对财政大臣（Chancellor）的致谢词中写道：他毕生致力于缩
短简化计算过程，对数的这一发明足以证明他没有虚度此生。这些算
筹、小棒、骨头或者其他形式的算筹，大约 2 英寸长，$\frac{1}{4}$ 英寸宽，分
为 10 组，每组 5 个。在每个顶部，连续地填入从 0 到 9 的任意一个
值，在它们下方填入顶部数字和连续 9 个数字的乘积，在对角线斜分

的 8 个方格里，对角线之上放十位数字，对角线之下放个位数字。为了计算任意两个数的乘积，例如 3469 和 574，这些棒子按照顶部的 1，3，4，6，9 依次排列，乘数每位分别乘以被乘数相应的连续积，通过陆续将对角线上部的数字按向右的方向加到对角线下部的数字上，在正方形线上方的数字（一般是乘数的相反数）被采用。因此，计算 3469 乘 4，我们取方格中是 4 的那一列，如上列所示，结果是 13876，计算过程：依次写 6，4 加 3，6 加 2 等。在计算除法时，按照除数的数字顺序排列，然后通过求除数和商的乘积计算被除数。

在这些包含算筹的情况（纳皮尔叫作乘法运算）中，经常发现有一些截面更大的算筹，一种包含 3 个纵向部分，另外一种包含 4 个部分；其中一种被应用到了平方根上，另外一种被应用到了立方根上。在第一种中，第一列包含 9 个数字符号，第二列是 9 个数字的两倍，第三列是 9 个数字的平方。在第二种中，第一列包含数字，第二列是第一列数字的平方，第三和第四列是他们的立方，为了这个目的，两列是必须的，当立方包含三位数时，这些算筹中展示的倒数第二个除法如右图所示，数字占据右手边的列。人们对这项发明的渴望与热情会激发奇迹，考虑到乘法表的唯一目的是减轻人们计算的负担，它和早期学者努力简化算术运算是一致的。

1642 年，19 岁的帕斯卡（Pascal）发明了第一台算术机器。据说这项发明耗尽了帕斯卡大量的心血，使他的身体越来越不好，甚至影响了他的寿命。后来，这台机器被他人证实存在过，但是从来没有实际应用。1673 年，莱布尼兹发表了一篇关于机器的描述，这台机器要比帕斯卡的高明很多，但是在构造上要更复杂，同时也过于昂贵，它能进行加法、减法、乘法和除法的运算。这台机器在巴贝奇

（Babbage）和朔伊茨（Scheutz）的机器前，却黯然失色。1821年，巴贝奇先生在英国政府的赞助下开始了计算机器的制造。1833年，该机器的一小部分被组装在了一起，发现其计算精度很高。在1834年，巴贝奇开始设计一个更强大的动力机，不过没有制造完成。这台机器花费的钱太多，第一部分的建造就花费了8万美金。它们是为计算表或一系列数字而设计的，例如对数表、正弦表等。这种机器能够快速准备出一个所需表格的模板，就像事先计算好了似的，并且其得出的计算结果不会有错误。这项发明也带来了其他好处，其中最奇妙和最有价值的是机械符号的发明，通过它使一台机器的各个部分连接在一起，同时每部分的精确作用都可以呈现在图表里，从而使得机器的发明者能够合理设计节省时间和空间的模式。

　　斯德哥尔摩人朔伊茨发明的一台机器在1853年完成，被奥尔巴尼的达德利天文台购买。瑞典政府支付了2万美金作为其发明的奖励。发明者希望可以达到和巴贝奇先生一样的目的，其发明的机器只可以表示十进制和六十进制数字，并且打印在表的旁边，对应表格计算出的数字序列或观点。它已经计算出了每十分之一天里火星真实的异常表。它的大小和一架钢琴差不多。人们也曾做过其他的尝试，结果都令人不满意，虽然这样的差分机在天文学和其他表格的计算里非常棒，但是人们仍会继续努力直到成功。

第三章　算术推理

第一节　算术中的推理

　　所有的推理都是一个比较过程，它存在于将某一理念或观点与另一个思想进行比较的过程。对比需要一个标准，这个标准是传统的、公理式的、已知的，我们用新的、未知的想法或观念与这些标准对比来理解新的想法或观念。因此，正确的推理准则就是将新观念与传统观念对比，猜测的观念与公理对比，未知的观念和已知的观念对比。

　　这个看似简单的过程就是所有推理的真正过程。在无止境的科学链中，通过简单的对比过程，我们完成了从观念到真理，从低层次真理到高层次真理的过渡。从而使物质世界的事实和现象得以被人们理解，自然法则得到解释，科学原则得到升华发展。因此，我们从旧观念中推测出新观念，从简单的观念推测出复杂的观念，从已知的观念推测出未知的观念。也由此，我们发现了物质世界和精神世界的真理和原则，构建了各种各样的科学。比较就是科学的建造者，它是建造宏大、对称和美丽真理殿堂的建筑师。

　　在数学中，这个推理过程或许比其他学科更加明显。在几何学中，定义和公理是比较的基础，从这些开始，我们就开启了从最简单的初始真理到最伟大定理的追寻之路。在算术中，我们有相同的基础，然后通过同样的逻辑来演变发展。定义，是对基础观念的描述；公理，是对直观必然真理的陈述，二者是我们构建数字科学上层建筑的基础。

这些观点虽然在几何学中得到认可，但在算术学中并没有完全被认为是正确的。旧的教科书中展示的仅仅是数学运算规则的集合。学生们学习了规则，并不知道规则的原理，只是简单的遵循使用。学生们像没有思维的机器一样，没有关于规则的思考也没有推理。事实上，这样展示出来的知识不是算术科学。我们有几何科学，这门科学纯粹、精确、富有魅力，因为它出自学者之手，以初始概念和直观真理为起点，学生可以从最简单的真理一步一步地得出最高价值的定理，但是当人们的注意力转移到数字时，发现数字之间没有这种美妙的关系，没有有趣的逻辑，除了加法、减法，就是计算食品杂货费用，计算利息等规则的集合。以至于形而上学论者们认为，算数科学不可能有推理，它是一门直观科学。

随着社会的发展，有想法有天赋的人开始教年轻的学生们一些算术元素，同时给学生们展示算术过程，使他知道这样计算的必要性，从而使算数科学发生变化。接下来，在沃伦·科尔伯恩（Warren Colburn）的著作中出现了算术分析的方法。它像女巫的魔杖一样触碰了这个主题，然后算术开始展现出有趣和美丽的光辉。之前枯燥的规则现在加入了逻辑精神的活力，不管是在一门科学的尊严还是在教育功能的价值方面，算术都可以和它的"姐妹"几何学比肩而立了。

在开始讲解算术推理的特点之前，我们先看一些形而上学论者们的观点。前面提到过，一些杰出的形而上学论者认为算术中没有推理。曼塞尔（Mansel）说"纯粹的算术没有演示"，同时有很大一批形而上学论者也持有相同的观点。这个观点是从算术学中得出一个非常肤浅的观点，是一个形而上学论者在试图进行算术学写作时犯的一个常见错误。得出这一观点的推理过程，很可能是下面这样的。

首先，加法和减法被认为是算术的两个基本运算过程，其他运算过程被认为是这两种方法的衍生物，并且包含在这两种方法中。其次，在加法中没有推理过程，就如2加3的和是5，惠威尔（Whewell）认为这是一种可以直观看到的结果，因此作为加法反运算的减法，也是纯粹的直观结果。因此，整个学科包含在这两种运算中，也就产生了整个学科是直观结果，不包含任何推理过程的推测。这个推测看起来似乎是可信的，因此被形而上学论者和其他许多人认为是正确的。

这个结论不仅是错误的而且是荒谬的，这一点可以在算术学更复杂的计算过程中看出来。因为，没有人可以保证在最大公约数、最小公倍数、分数的减少和划分，以及比率与比例等运算过程中没有推理过程。如果说逻辑学家有天生的直觉，普通的学习者则肯定需要大量的思考。这些思考足够反驳上面的结论，但是不能回答上面存在的问题，因此进一步审视思考数学的推理性变得尤为重要。

两个较小数字的结合是否涉及推理过程，例如2和3，针对这一问题，人们有很多不同的观点。两个数的差可能是由加法结果推理来的，因此，差的过程可能涉及推理过程。乘法表中最初始的乘积不是直观真理，在下一节会提到，它们是由加法中的初始和经过推理得到的。除法中的初始商也是同样的道理。即便承认在加法和减法中没有推理过程，也可以很清楚地看出乘法和除法初始结果的得出需要推理过程。从独立的不需要任何计数法的小数字到用阿拉伯系统表示的大数字可以看到，我们需要从一种形式缩减到另一种形式，就像数字从个位到十位一样，这个过程只能通过比较后完成，同时这些方法是基于普通法则并且由其推导得出的，例如法则"两个数的和等于它们所有部分的和"等。

在人们的推理中，最大的错误就是假设所有的算术都包含在加法和减法中。如果真的能够证明加法、减法和这两种方法直接推导出来的运算过程不包含推理过程，那么现存的很大一部分原理法则在这些初级运算中就找不出任何基础。算术学的几个分支都起源并发展于比较而不是加法和减法，由于比较法就是推理，算术学分支来源于比较法，所以很自然地就会推测算术学各分支包含推理过程。比率与数字之间的比较、比例与比率之间的比较、级数等，都是完美的推理实例，它们属于纯粹的算术学。比例，实质上是数字，属于算术学而不是几何学。在几何学中，如果比例的运算过程包含推理过程，逻辑学家肯定会认可这一点。那么，当其用在算术学中时肯定也包含推理过程，而且比例也确实属于算术学。可以肯定的是，纯粹的算术学中一定有推理过程。

再者，因为科学是推理的产物，如果算术学中没有推理，那么科学就没有推理。如果我们承认存在数字的科学，那么科学中必然会存在一定的推理。算术学和几何学被看作是数学里的两大分支，既然认为几何学这个空间科学中存在推理，那么推测算术学这个数字科学中存在推理会是荒谬的吗？

前面提到过曼塞尔的一句话：纯粹的算术没有演示。如果他这句话是想表达：纯粹的算术不包含推理过程。上面的讨论已经给了他答案。但是如果他想表达的是，算术不能像几何那样以演示的形式发展，也就是不能通过定义、公理、命题和演示发展，那么他也是错误的。数字科学可以像空间科学那样严格、对称，甚至该学科的某些分支现在展现出来的就是这样的，比例、比率等原则就是例子。我猜想若干年后算术学可以像几何学那样的形式发展。那样，这个学科会是学术或学院课程中有价值的附加课程，也会是对数字原则的一个审核。假设算术学中存在推理过程，在下一节中，我将考虑在算术基本运算中使用推理。

第二节　算术推理的性质

为了说明算术推理的性质，先简单介绍一下推理的普遍性质。所有的推理都涉及两种思维产物——观念和真理。观念是一种简单的概念，可以用一个或者多个单词表示，不构成命题，例如鸟、三角、四个等。真理是两个或更多观念的比较，以语句的形式表示，构成命题，例如：鸟是动物，三角是多边形，四是偶数等。两个观念互相之间直接的比较叫判断，例如鸟是动物或 5 是质数。在这里 5 是一种观念，质数是另外一种观念。判断产生命题，命题是将判断用语言表示出来。

推理的性质——如果我们比较两个观念，不是直接比较而是通过它们与第三者之间的关系比较，这个过程叫推理。因此，如果我们比较 A 和 B 或者 B 和 C，得出 A 等于 B 或者 B 等于 C，这些命题是判断。但是，知道 A 等于 B，B 等于 C，我们推测 A 等于 C，这个过程是推理。因此，推理可以定义为，通过两个观念各自与第三个观念的关系来比较这两个观念的过程。由此可以得出，判断是直接比较的过程，推理是间接比较的过程。

通过这两个观念与第三个观念的相互比较，我们得出可以从两个判断中推导出第三个判断，因此我们也可以定义推理为：从另外两个判断中推导出第三个判断的过程，或者从两个已知真理中推导出一个未知真理。这两个已知真理叫作前提，推导出的真理是结论，这三个命题一起构成了三段论。三段论是推理过程可以陈述的最简单形式。它的通常形式如下：A 等于 B，B 等于 C，所以 A 等于 C。其中"A 等于 B""B 等于 C"是前提，"A 等于 C"是结论。

推理中的前提一般是通过直觉或者直接判断，或者通过已有的推理过程得到。在三段论中，"所有的人都是凡人，苏格拉底是人，因此，苏格拉底是凡人"，第一个前提由教育得来，第二个通过判断得来。在三段论中，"同一个圆的半径相等，R 和 R′ 是同一个圆的半径，因此 R 和 R′ 相等"，第一个前提是直观的，第二个是判断。在三段论中 "A 等于 B，B 等于 C，所以 A 等于 C"，两个前提都是判断。

值得注意的是，由推理过程的第一步得出的真理，又变成了其他真理的基础，然后这些新的真理又成为其他真理的基础，一直到这门科学变得完整。这种推理方法叫作逐题论证推论法，从一个真理推出另一个真理，就像从一个地方到另一个地方。我们从显而易见的真理开始，在科学的道路上行进在一个又一个真理中，直到我们触及最崇高的概念和最深刻的法则。

推理，正如我们所说，是两个观念通过与第三个观念进行关联的对比，或者可以定义为是从另外两个判断中得出的新判断，这两个判断并不都是明示的。每一个推理过程得出的真理都可以证明是由两个命题得出的推论，这两个命题是推论的前提或者基础，这也用于验证推论出真理的正确性。

推理有两种类型：归纳和演绎。归纳推理是通过几个特殊事实得出的一般真理。它是基于"多数是对的，那么整体就是对的"这一原则。因此，我们看到大多数金属导热，就推测所有的金属导热。演绎法是从通用真理中推导出个别真理的过程，基于"整体是正确的，那么个体就是正确的"的公理。通过演绎法推导，我们就能得出结论：任何金属都能导热，例如铁。

数学是通过演绎推理法发展起来的。几何学开始是对其定义中的观念展示，是对其公理中自证型真理的展示，然后这些真理通过演绎得出其他真理，通过其他真理与初始真理的关联，继续得出更多的真理，科学就是这样被一步一步发现的。在算术学中，没有这样正式的定义或者公理，并且其真理也不是几何学真理中的逻辑模式，因为这

算术之美

个原因，人们猜测算术中没有推理过程，然而这个猜测是不正确的。数字科学有和空间科学一样的逻辑过程。算术学中有和几何学一样的基础概念。算术学中也有基础的、自证型的真理，从这些真理中，我们可以推理得出其他真理。在本节中我将尽力呈现算术基础运算中的推理过程。

算术概念——在计数过程中给出算术的基本概念是连续数字 1，2，3……这些概念与几何学中的不同概念相呼应，这些概念的定义则与几何学中的定义相呼应。几何学中有三维空间，产生了三种不同类的概念：线、面和体。在算术学中，只有一种可延续的基本概念，产生了一类基本概念。算术学的主要概念是 1，2，3，4，5……对应几何学中的线、角、三角形、四角形、五角形……这些概念可以像几何学中相应的概念一样定义，因此 2 可以定义为"1 和 1"，3 可以定义为"2 和 1"……，或者按照逻辑形式"3 是包含 2 个单位数和 1 个单位数组成数字"。算术学还有按照关系产生的概念，如因子、公约数、公倍数等。

算术公理——算术公理是与数字有关的自证型真理，算术学像几何学一样有两类公理：一类是与通用量有关的，即与数量和空间有关；另一类是专门属于数字的。因此，公理"相同事物彼此相等""如果等式加到另一个等式上，结果依然是等式"……这些既属于算术又属于几何。在几何学中，我们有一些不适用于数字的公理，例如"所有直角都相等""两点之间的最短距离为直线距离"……也有专门属于算术不属于几何学的公理，例如"一个数的因数也是该数倍数的因数""一个数的倍数包含该数所有的因数"……这两类公理是算术推理的基础，也是几何学的基础。

算术推理——算术学推理过程是演绎法的推理过程。推理的基础是定义和公理，即算术概念和从这类概念里产生的自证型真理。定义提供给我们推理数量的特殊形式，公理提供给我们推理过程中的法则，引领我们发现更多的新真理。因此，在定义了角和直角之后，我们可以比较证明"一条直线与另一条直线相交组成角的和等于两个直角"。定义了三角形后，我们通过比较，可以确定它的性质和它的各个部分之间的相互关系。因此在算术中，定义任何两个数字，如 4 和 6，我们就可以确定它们的关系和属性，或者定义了最小公倍数，就可以知道两个数或更多数的最小公倍数，通过附属于该主题的自证型且必要的原则来引导我们的运算。

推理中的公理——在上述推理的解释中提到，推理是将两个观念通过与第三者的关系进行比较的过程，公理是引导我们进行比较的法则。一些逻辑学家告诉我们公理是包含特殊真理的通用真理，推理是从这些通用真理中衍生特殊真理的过程。因此，一个学科就包含了整个学科的公理。如果一个人掌握了几何学的公理，他就知道了该学科包含特殊真理的通用真理。成为一个资深几何学家的必要步骤就是分析这些公理，挖掘其中包含的真理。

我无法思考这个关于公理属性和其在推理中应用的不当之处。它的荒谬主要体现在假设的程度上。当一个人获得一门科学不言而喻的真理时，这也许是非常愉快的。这种表达方式可能是一种修辞手法，但是对于我来说，并没有表示出科学真理。通用公式可能确实包含许多可能由通用公式推导出的特殊真理，因此，虽然拉格朗日力学公式包含整个科学的理论，但是不能够包含算术或者几何学整个学科的公理。

不论人们如何看待这种观点的属性和公理的应用，不可否认的是，我给出推理的解释是正确的。推理是两个观念通过它们与第三个观念的关系进行的比较，这个比较由自证型真理规定。这是威廉·哈密顿（William Hamilton）爵士的观点，已被几位现代逻辑学学者认可。即便其他观点是正确的,例如公理可能被认为是通用真理,其他一些特殊真理通过推理从公理中衍生出来,这个观点在推理中的实际意义和我阐述的推理性质是一致的,这个观点更容易被理解和采纳。简化后的观点是:**公理是指导我们进行比较的法则或者是推理的法则。**因此,如果我想要比较 A 和 B,鉴于它们分别等于 C,我可以通过法则"**相同事物彼此相等**"来比较 A 和 B 后认为它们相等。因此,如果我有两个相等的量,根据公理"**给相等的量加同一个量,结果仍相等**",我给这两个量增加相同的量不会改变它们的对等关系。通过各种论证后,这个关于公理的观点及其在推理中的应用得到证实,同时这个观点也指明了一些学者在逻辑关系中不理解的事情。在接下来的一节中,我会将关于推理的这个观点应用到算术的基础运算中。

第三节　基础运算的推理

前面我们已经说到，科学包含了观点和真理，真理则来源于直观结果或者推理。直观真理又来源于感觉或者直观理由。衍生真理通过归纳或演绎的推理过程得到。算术的初始概念就是单独的数字 1，2，3，它的初始真理是加法和减法的初始和、初始差。至于这些初始真理是如何推导来的，这个问题没有统一的观点。一方面，人们认为这些初始真理是直观获知的；另一方面，人们认为它们是通过推理得到的。因此，关于"2 加 1 等于 3""3 加 2 等于 5"……，有些人认为是纯粹的公理，不需要论证，另一些人则认为是从最初的计数过程中演绎而来。那我们就仔细地研究一下这个命题，包括通过这些真理是怎样衍生其他真理的。

加法——人们普遍假设加法表中的初始和属于公理。它们是直观真理，产生于数字可以分解为几部分的分析过程，或者产生于这几个部分组成一个数字的综合过程中。因此，给出 9 的概念，通过分解法我们看出它由 4 和 5 组成的，或者给出 4 和 5，通过综合法我们可以看出它们可以组合成 9 的单位数或者等于 9。这个观点甚至被一些杰出的逻辑学家拥护。惠威尔提出："为什么 3 加 2 等于 4 加 1？因为如果我们观察任何 5 的单位数，我们会发现 5 是 4 和 1，也是 3 和 2 的和。我们断言的真正原因是因为我们能够实实在在地构思 5 这个数字，我们通过直觉感知到这个真理，当我们看不到或者假设我们看到 5 个事物时，即使不用感知，上述断言也是正确的。"

也有观点认为，通过推理基础运算过程可以得出初始算术和。因此，求解 5 和 4 的和的过程可以这样阐述：5 和 4 的和是在 5 之后第 4 个单位数表示的数字，通过计数我们发现这个数是 9，因此 5 和 4 的和是 9。

这是一个正确的三段论，不管它实际上是不是这样求解的，都展示了一种可能的求解方法。有人可能会反对这个观点，认为数字和只能通过一种方法求解，如果是通过直觉求解的，那就不可能通过任何推理方法求解。这个观点是不完全正确的，因为我们通过推理过程获得的真理有时也能通过其他方式获得。如果我们发现一种新的金属，可以立即推理出它可以导热，因为所有金属都能导热，这是一个演绎推理过程。这个真理也可以通过直接试验获得。很多例子都可以证明真理可以通过推理获得，也可以通过其他方式获得。

这些基础真理可以用于获取数字不同组合之间的关系，同时这个运算过程就是一个推理过程。所以学者不易察觉下面任何一个基础真理都不是直观获得的，不管是"7 加 2 等于 4 加 5"，还是不明显的"25 加 37 等于 19 加 43"。这些不是公理，因为不能直接判断出它们是对是错，需要经过"关系"的比较得出结论。证明这一命题的推理过程如下：7 加 2 等于 9，4 加 5 也等于 9，因此 7 加 2 等于 4 加 5；或者按照惠威尔的方式：7 等于 4 加 3，因此 7 加 2 等于 4 加 3 加 2，又因为 3 加 2 等于 5，因此 7 加 2 等于 4 加 5。前一种证明过程依赖于公理"相同事物彼此相等"，后一种推理过程基于公理"等量加到等量上结果仍然相等"。可以注意到惠威尔的证明方法与这个定理的一般证明方法非常相似。

即"两条直线相交所构成两个角的和等于两个直角的和。"通过相似的几何过程可以看出这是一个正确的推理过程：A 加 B 等于 C，D 加 E 等于 C，因此，A 加 B 等于 D 加 E。显然，很多这样例子的运算过程与采用的计数法完全无关，因此可以说明在纯粹数学的加法中存在推理。当我们用阿拉伯数字表示的较大数字进行加法运算时，这可能不会被视为纯粹的算术，我们运算的过程是基于公理"几个数之和等于这些数所有部分的和"。从这个一般公理中得出结果的过程叫作推理，这一点对于完全掌握推理构成的人来说是毋庸置疑的。

减法——减法像加法一样包含两种情况：一种是数字之间的差独立于用来表示它们的符号，即减法表中的初始差；另一种是阿拉伯数字表示的较大数字的差。减法中的初始差可以通过两种方式获得。第一种，我们可以从较大的数中计算出较小数中包含单位数来得出两个数之间的差。因此，如果我们想求解 9 减 4，我们可以先从 9 开始倒数 4 个数字，然后发现数到了 5，因此得出从 9 中减去 4 等于 5。另一种是通过初始和推导出初始差。前一种方法，即便它符合三段论的陈述方式，也被一些人认为是直观感觉；后面的方法毫无疑问地涉及了推理过程。

下面用 9 减 5 的差来进行阐述。通常的思考过程如下：因为 4 加 5 等于 9，所以 9 减 5 等于 4。将这个过程套用到前一种方法的三段论中，如下：

两数之差是加到较小数上的数，使得和等于较大的数，又因为 4 加到较小数 5 上等于 9 这个较大的数，所以 4 是 9 和 5 的差。

这种表达方式相对于口头语来说显然太正式，按照实践形式是"从 9 中减去 5 余下 4，因为 5 和 4 组成了 9"。在用阿拉伯数字表示的较大数的减法中，我们遵循原则"数字组成部分之间的差等于数字的差"，这个原则说明这种运算过程是演绎法。

乘法——乘法像加法和减法一样，也包含两种情况：乘法表中的初始乘积和用初始乘法求解阿拉伯数字表示两个数的乘积。初始乘积通过加法初始和的演绎得到，因此，求 3 乘 4 的积，逻辑思维过程如下：

3 乘 4 是 3 个 4 的和，又因为 3 个 4 的和是 12，所以 3 乘 4 等于 12。

第一个前提是对乘法的直接推理，第二个前提是我们用加法可以判断出其是正确的，结论是对前面两个前提的演绎推理。在一般的思维过程中，我们会省略掉一个前提，比如，3 乘 4 等于 12，因为 3 个 4 的和是 12。较大数字的乘积需要依赖于这些初始乘积，因此，这个结果也是演绎推理得到的，同时也应用到了原理：部分乘积之和等于整体乘积。

除法——除法中的推理与乘法中的相似。在除法表中的初始商可以通过两种不同的方式获得：减法或乘法的反运算，不管哪种方式，除法都是由已知条件推导出来的，因此除法是由推理过程获得的。通过减法方法我们会说：4 被包含在 12 里 3 次，因此 4 可以在 12 中被减掉 3 次。通过乘法反运算，我们说 4 被包含在 12 里 3 次，因为 3 乘 4 是 12。这两种表述方式都可以像乘法一样套用在三段论里。较大数字的除法基于初始商，同时也基于原理"部分商的和等于完整的商"。

这里关于初始积和商的起源观点也可以通过另外一种方式表达，当我们最初创建加法时并没有乘法的概念，当乘积的概念在头脑里浮现时，我们立刻看到数字的积是将一个数按照另一个数的个数重复相加。假设当时我们要求 3 乘 4 的积，我们的推理如下：

3 和 4 的乘积等于 4 重复加 3 次的和；

又因为 4 重复加 3 次的和等于 12；

所以 3 乘 4 的积等于 12。

初始商可能是以相同的方式获得的，并且都是正确的推理形式。但是不管基础运算初始真理的观点是哪一种，不可否认的是，在这些基础运算中有推理过程，同时这些推理过程的基础是比较。四则运算的基础运算表是用来记忆的，并且应用在了该学科其他真理的推理中。

其他形式——抛开四则运算，推理过程变得越来越明显。随着新观念的出现，新的真理直观地出现了，然后又变成推导其他真理的基础，像几何学中的真理一样。用最大公约数的概念来阐述一下，当最大公约数的概念被理解，随之就产生了围绕该概念的真理，这些真理是可以直观理解的，并且是和该概念有关的公理。我们在这些推理过程中得到其他真理，这个过程通常叫作自证型真理。因此，关于最大公约数的概念我们有如下公理：

1. 一个数的除数是该数任意次数的除数。

2. 几个数的公约数是这几个数的一些公因数的乘积。

3. 几个数的最大公约数是这几个数所有公因数的乘积。

4. 几个数的最大公约数除了这几个数的公因数之外不包含其他公因数。

这些真理是自证型真理且必要的真理，是通过其定义就能很容易得出结论的观念。它们可以被阐述但是不能被证明。它们与最大公约数的关系和几何公理对一些集合概念所产生的关系是一样的。因此，在几何学中，我们有圆的概念，就能靠直觉得到所有的半径互相相等，或半径等于直径的一半，等等。这些真理是我们推理圆的其他真理的基础。如果在几何学中得到这些衍生真理的过程被视为推理过程，那么，算术中相似的过程肯定也是推理。

如果最大公约数和属于它的自证型真理，我们就可以通过推理过程，推导出与它有关的其他真理。就像通过证明得到的真理的例子：两个量的最大公约数是它们的和与差的因数。

为了证明这个理论，我们可以选任意两个数，例如 20 和 12。它们的最大公约数是 4，我们还知道 20 是 5 乘 4，12 是 3 乘 4，我们的推理如下：

这两个数的和等于 5 乘 4 加 3 乘 4，或 8 乘 4，

又因为，最大公约数 4 是 8 乘 4 的因数，

所以，最大公约数 4 是两数和的因数。

在这个三段论里"8 乘 4"是中项,"两数和"是大项,"4 是最大公约数"是小项,这个三段论是完全正确的。用相似的方法我们可以证明最大公约数是两数差的因数。用 20 和 12 的推理方法可以应用在任何具有公约数的数上,因此这个真理是通用真理。

值得注意的是,算术中大部分的推理都可以改变量的形式,所以,我们看到隐藏在以前形式中的属性,后来会被推理为属于某个量的第一种形式,因为量的值是不随形式改变的。

因此,我们看到算术学像几何学一样包含观念和真理,其中一些真理是自证型的,另外一些是通过推理过程得到的,这两个学科的推理过程相似。我们继续思考推理的一些形式,尤其是关于算术分析的,这些将会在下一节进行讨论。

第四节 算术分解

算术分解是通过对比数字与单位之间的关系，来开发数字之间相互关系和数字性质的过程。所有的数字都是单位的集合或者是单位的若干倍，因此和单位之间有确定的关系。人在接触到数字时，头脑中就会直接意识到这个关系。通过数与单位之间明显的关系可以看出所有数都很容易进行相互之间的比较，发现它们的性质和相互关系。下面我们进一步研究这个过程。

单位的基础——这个分解的基础是单位。单位是算术的初始基本概念，它是所有数字的基础，其他数字是对单位的重复或是同一种类单位的集合。数与单位之间的关系或单位与数字的关系可以从数字本身的概念中直接看出来，可以凭直觉构思出集合中包含了多少倍的单位或者单位是集合中的多少分之一。单位作为数字比较的基础，其重要性显而易见。通过整数与形成整数基本元素之间的关系，可以很容易地对比整数之间的关系。

单位是指涉及事物群体中的一个，同时又因为分数是单位中的一些等分部分，所以我们将这种第二种的单位叫作分数单位。这两种可以区分为单位数和分数。一系列分数单位就构成了一类数叫作分数。分数中的比较原则和整数的比较原则是一样的。一个分数单位是该单位数的几个相等部分之一，分数单位与单位数的关系也就很好理解了。因此，我们可以通过不同分数单位与单位数之间的关系来对比不同的分数单位，就像我们通过分数单位与单位数的关系来对比积分数的关系一样。最初，分数的对比看起来可能比较困难，但是分解后会发现其实很简单。

通过上述分析，我们看出了单位在算术分解中的重要性，作为数的基础，它也成了数字推理的基础。我们通过分数与单位数之间的直接关系来进行单位和分数的对比。因此，单位是推理过程的基石，是逻辑循环的中心。

整数的比较——整数通过它们与单位之间的关系来进行比较。在数字之间进行比较时，它们之间的相互关系不能直接看出来，但是知道了它们分别与单位的关系后，我们可以通过这个简单易得的关系确定数字之间的关系。假设我们对比任意两个数，例如用 3 和 5 来阐述一下：我们假设问题是"3 和 5 之间的关系是什么"或"3 是 5 的多少"，我们的推理过程如下：如果 1 是 5 的 $\frac{1}{5}$，3 是 1 的 3 倍，那么 3 是 $\frac{1}{3}$ 的 3 倍或者 5 的 $\frac{3}{5}$，通过直接对比，通过考虑它们与单位数之间的直接关系，它们之间的关系也就比较容易理解了。再举一个例子，"如果一个数的 3 倍是 12，这个数的 5 倍是多少?"这里需要注意的是，"某数的 3 倍"是个已知量，"该数的 5 倍"是个未知量，我们希望通过比较它与已知量之间的关系来求解未知量，我们怎样进行比较而从已知量中求解未知量呢? 鉴于它们之间的关系，不容易构思，所以不能将它们直接进行对比，而是需要通过它们与单位数之间的关系来进行间接的对比。推理过程如下。

如果一个数的 3 倍是 12，那么这个数是 12 的 $\frac{1}{3}$ 或这个数是 4;

又因为该数是 4;

它的 5 倍就是 4 乘 5 等于 20。

如此，从该数的 3 倍求解出了该数的 5 倍，从已知量到未知量，先从 3 到 1，然后从 1 到 5。所有的数字都能按照相同的方式进行比较，它们之间的关系通过其与单位数的基础关系而得到确定。

分数的比较——分数也是通过其与单位之间的关系来进行比较的。分数是指表示分数单位的数字。分数单位是单位数等分后的其中之一，因此分数和单位之间的关系是比较容易构思的。但有一些分数，在比较它与单位之间的关系时，我们需要首先对比分数与分数单位之间的关系，然后从分数单位转化到单位，接着从单位数又很容易地转到数字或其他任何分数单位，最后到任何分数。在问题应用中更容易看出这一点，用下面这个问题举例说明。

"如果一个数的$\frac{2}{3}$是 24，那么这个数的$\frac{3}{4}$是多少?"推理如下：如果一个数的$\frac{2}{3}$是 24，那么这个数的$\frac{1}{3}$就是 24 的$\frac{1}{2}$即 12，该数的$\frac{3}{3}$，也就是说这个数是 3 乘 12 等于 36，如果该数是 36，该数的$\frac{1}{4}$就是 9，那么该数的$\frac{3}{4}$就是 3 乘 9 等于 27。在这个问题中，比较了两个分数$\frac{2}{3}$和$\frac{3}{4}$，通过$\frac{2}{3}$到$\frac{1}{3}$，然后扩大到单位，再减小到$\frac{2}{4}$，最后到$\frac{3}{4}$。换句话说，我们从一个数的分数单位到分数单位，再到这个单位数接着到另一个分数单位，最后到该数的分数单位。先向下转化，然后向上，接着再次向下，最后向上到需要的点。

另一个采用的是比较法。举例说明如下：$\frac{2}{3}$和$\frac{4}{5}$的关系是什么？这里$\frac{4}{5}$是比较的基础，它需要和$\frac{2}{3}$进行对比。它们之间的关系不能立刻看出，但是通过分解法可以比较容易得出结论。求解过程如下：如果$\frac{1}{5}$是$\frac{4}{5}$的$\frac{1}{4}$，即$\frac{4}{5}$乘$\frac{1}{4}$，$\frac{5}{5}$或 1 就是 5 乘$\frac{4}{5}$乘$\frac{1}{4}$或者$\frac{4}{5}$乘$\frac{5}{4}$，那么$\frac{1}{3}$就是$\frac{4}{5}$乘$\frac{5}{4}$的$\frac{1}{3}$（或者$\frac{4}{5}$乘$\frac{5}{12}$），从而得出$\frac{2}{3}$是 2 乘$\frac{5}{12}$或是 2 乘$\frac{5}{6}$，因此$\frac{2}{3}$是$\frac{4}{5}$乘$\frac{5}{6}$。在这个问题中，我们看到了加法中的通用准则，这个准则也适用于整个学科。

上面已经给出了比较过程中的一般概念，下面我要说一下算术分解中的几个简单例子，通过这几个例子来阐述下图中的思维过程，单位在思维过程中所起到的中心关系，以及从单位到其他单位的转变，在下面的图解过程中很容易看出来。

案例 1：从单位到任意数。

示例问题：如果 1 个苹果价值 3 元，那么 4 个苹果
多少元？求解过程如下：

如果 1 个苹果 3 元，4 个苹果是 4 乘 1 个苹果，价格是 4 乘 3 元
（或者说是 12 元）。在这个问题里，思维开始于单位 A，然后上升 4 阶
到达 B。

案例 2：从任意数到单位。

示例问题：如果 4 个苹果的价格是 12 元，那么 1
个苹果多少元？求解过程如下：

如果 4 个苹果的价格是 12 元，1 个苹果的价格是 4
个苹果价格的 $\frac{1}{4}$，一个苹果的价格是 12 元的 $\frac{1}{4}$（或者说是 3 元）。在
这个问题里思维开始于数字 4，在基础之上 4 阶，然后向下到单位或
者数的基本元素。

案例 3：从一个数到另一个数。

示例问题：如果 3 个苹果的价格是 15 元，那么 4 个苹果的价格是
多少元？求解过程如下：

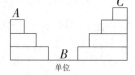

如果 3 个苹果 15 元，1 个苹果的价格是
15 元的 $\frac{1}{3}$（或 5 元），4 个苹果的价格是 4 乘 5
元（或 20 元）。在这个案例中，我们需要从集合 3 到集合 4。在比较 3
和 4 时，它们的关系不容易直接看出，但是知道 3 和单位的关系，4
和单位的关系以及我们通过单位进行过渡来
完成 3 到 4 的传递。或许可以这样解释：假
设有人站在台阶 A 上，想要到 C 上，不能

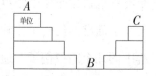

直接从 A 到 C，首先他要下台阶到起始点 B，然后再上台阶到 C。所
以比较数字时，当不能直接对比两个数字时，先回到单位或数的起始

点，然后再向上到其他数。这些关系是可以直观理解的，显示在了数的形式中。在上面的问题中，为了传递转换，站在单位数上的第 3 个台阶上，先下 3 阶，然后再上 4 阶。

案例 4：从一个单位到一个分数。

示例问题：如果 1 吨干草的价格是 8 元，那么 $\frac{3}{4}$ 吨多少？求解过程如下：

如果一吨干草的价格是 8 元，$\frac{1}{4}$ 吨干草 8 元的 $\frac{1}{4}$（2 元），$\frac{3}{4}$ 吨干草的 3 乘 2 元（6 元）。

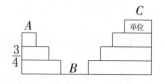

在这个问题中，从单位到 $\frac{1}{4}$，即单位数等分后的其中一个，然后收集这样的等分。换句话说，从整数单位下降到分数单位，然后在分数单位中上升。就好像我们站在台阶 A 上，想要到 C，我们首先向下 4 个台阶到 B，然后向上 3 个台阶到 C，而不是直接从 A 到 C。

案例 5：从一个分数到一个单位。

示例问题：如果 $\frac{3}{4}$ 吨干草的价格是 6 元，那么一吨干草的价格是多少元？求解过程如下：

如果 $\frac{3}{4}$ 吨干草的价格是 6 元，$\frac{1}{4}$ 吨干草的价格是 6 元的 $\frac{1}{3}$（2 元），那么 $\frac{4}{4}$ 吨（1 吨）干草的价格是 4 乘 2 元（8 元）。

在这个问题中，我们从分数单位的集合到分数单位，然后再到整数单位。就好比我们站在台阶 A 上，想要跨到 C，我们不能直接到达，所以我们首先向下 3 个台阶到 B，然后向上 4 个台阶到 C。

案例 6：从一个分数到另一个分数。

示例问题：如果一个数的 $\frac{3}{4}$ 是 15，那么这个数的 $\frac{4}{5}$ 是多少？求解过程如下：

如果一个数的 $\frac{3}{4}$ 是 15，这个数的 $\frac{1}{4}$ 是 15 的 $\frac{1}{3}$（5），这个数的 $\frac{4}{4}$（1）倍是 4 乘 5（20），如果这个数是 20，这个数的 $\frac{1}{5}$ 是 20 的 $\frac{4}{5}$（4），这个数的 $\frac{4}{5}$ 是 4 乘 4（16）。

在这个问题中，我们希望比较这两个分数 $\frac{3}{4}$ 和 $\frac{4}{5}$，鉴于不能直接得到它们的关系，必须通过它们与单位数的关系来进行比较。先从 $\frac{3}{4}$ 到 $\frac{1}{4}$，然后从 $\frac{1}{4}$ 到单位数，再从单位数到 $\frac{1}{5}$，然后到 $\frac{4}{5}$。换句话说，先从分数单位的集合向下到分数单位，然后向上到整数单位，接着再向下到另外的分数单位，再上升到需要的分数。如下图所示，站在 A 点想要到 E 点，不能直接从一点跨到另一点，所以我们从 A 向下 3 个台阶到 B，然后向上 4 个台阶到 C，然后向下 5 个台阶到 D，最后向上 4 个台阶到 E。

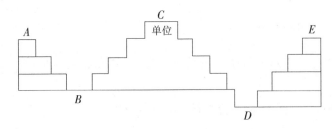

我相信这些图能更清楚地阐述案例的求解过程，使人更容易理解算术分解中初始运算的思维过程。我们从中可以看出单位数是这个过程中的基础，思维需要经过它来进行数字的比较。需要记住的是，这些图仅仅是为了阐述，并不能承载运算过程中的全部想法，它只能在对过程本身的详细分解中发现。

分析三段论——算术分解的过程是一个间接的比较过程，相应地也是一个推理的过程。这能从它可以表示成三段论的事实中展现出来。举一个最简单的例子：如果 4 个苹果的价格是 12 元，5 个苹果的价格是多少元？用三段论的形式描述如下：

1 个苹果的价格是 4 个苹果价格的 $\frac{1}{4}$；

又因为 4 个苹果价格的 $\frac{1}{4}$ 是 12 元的 $\frac{1}{4}$（3 元）；

所以，1 个苹果的价格是 3 元。

5 个苹果的价格是 1 个苹果价格的 5 倍；

又因为，1 个苹果价格的 5 倍是 5 乘 3 元（15 元）；

所以，5 个苹果的价格是 15 元。

综上所述，可以看出分析过程是纯粹的三段论，所以是推理过程。因为这个过程太复杂、正式，通常不用三段论的形式表示。此外，三段论的形式对于学生学习来说也是比较困难的。

直接比较——上面所讲述的数字之间的比较都是通过它们与单位数的关系进行的间接比较。人们在熟悉了这个过程后，可以不用考虑它们和共同基本元素的间接关系，直接感知数字间的相互关系。举例说明：如果 3 个苹果的价格是 10 元，6 个苹果的价格是多少元？可以这样推理：如果 3 个苹果的价格是 10 元，6 个苹果是 2 乘 3 个苹果，价格就是 2 乘 10 元（20 元）。最初，我们需要回到单位数，找到 1 个苹果的价格，但是现在我们可以省略这一步，直接比较数字。

对于整数来说，这种直接比较的方法简单容易，但是对于分数来说，就比较复杂困难了。因此，如果一个数的 $\frac{2}{3}$ 是 20，很难直接看

出这个数的 $\frac{4}{5}$ 是 20 的 $\frac{6}{5}$，就是说，很难看出 $\frac{4}{5}$ 和 $\frac{2}{3}$ 的关系是 $\frac{6}{5}$。

因此，虽然整数之间的直接关系使我们简化运算，但是对于分数来说，通过它们和单位数的间接关系来进行比较，对我们来说更容易。

第五节　算术中的方程

数学量之间的对比主要考虑的是相等关系。相等关系产生了方程，它是数学研究中的一个重要工具或手段。方程为数学推理奠定了基础，是我们打开数学秘密原则的钥匙，是我们挖掘更深层次真理的工具。方程是一种普遍的思维形式，并不局限于数学的任何一个分支。方程的简单形式既属于算术、几何，还属于代数。算术中最简单的计算过程，$1+1=2$ 其实也是方程，像 $x^2+ax=b$ 一样。

在较高层次的算术概念中，方程式的思想和表述是不可或缺的。算术分解中很多没有正规阐述的推理，可以用方程的形式表示。例如"如果一个数的 $\frac{2}{3}$ 是 24，那么这个数是多少?"，这个问题的求解过程可以表示为：因为一个数的 $\frac{2}{3}=24$，该数的 $\frac{1}{3}=12$，所以该数的 $\frac{3}{3}$ $=36$。其中，这里的"一个数"是未知量，通过和已知量 24 比较来求解。然后，通过分解，从该数的 $\frac{2}{3}$ 到该数的 1 倍。上面介绍的例子是一种非常简单的情况，但是算术分解中最复杂的过程使用的也是同样的原则。除了纯粹的数字外，对于价格、成本、重量、劳力等也采用同样的比较和分解方法。因此可以看出，即便是对于初始的算术过程，方程的使用也是分解法的重要工具。它打开了算术的奇幻旅程，最终会向更深层次的分解和更广泛的推广发展。方程发展到更高层次时，可以用一个公式来理解整个力学科学，因此方程有潜力成为掌握整个宇宙的数学法则。

算术中的方程有几种不同的形式。我们从比较量开始，即相等的量之间的比较会形成一个方程；不等量的比较产生比率，等量之间的比较会产生另外一种方程关系之间的方程，叫作比例，比例 4：2＝6：3，实际上和方程 2＝2 是一样的，因为它实际意思就是 $4\div2=6\div3$。

方程的求解会产生几类不同形式的逻辑步骤，例如移项、消除等。

方程是对两个相等量的正式比较。这种比较是在不断进行的，所有的推理过程都包含比较，思维过程也离不开比较，因此方程必然属于算术推理。我们将一个事物与另一个事物进行比较，已知与未知比较，这样产生了新的真理，同时这些比较过程中都涉及方程，也只能通过方程进行比较。最简单的算术过程 $1+1=2$ 和 $Du=\delta u+du$，尽管后者可能表达的是人类思想达到最伟大的总结概括，但两者都一样是方程。

替换——方程中杰出的推理过程就是替换，这里的替换指的是用一个量代替另一个相等的量。这样做的目的是，如果有一个表达式中包含了几个不等量的结合体，并且知道这几个量之间的关系，我们可以替换它们的值，使得这个组合的表达式能够用一个单独的量表示，那这个单独量的值就比较容易确定了，然后其他量的值通过它们与这个量的关系也相应地可以确定了。

为了阐述上面的内容，假设我们有两个已知条件，"一个数的2倍加另一个数的3倍等于48，并且第二个数的3倍等于第一个数的4倍"，可以将这些数字中的一个值根据另一个进行替换，从而得到一个数乘一个单独的量，等于已知量48，运算过程如下：

2乘以第一个数，加3，乘以第二个数，等于48；

又因为3乘以第二个数，等于4乘以第一个数；

2乘以第一个数，加4，乘以第一个数，等于48；

1倍的第一个数等于8。

综上所述，我们可以很容易地求出第二个数。

替换是一种演绎推理的形式，可以通过运算的分析看出。列举一个简单的例子，$A+B=24$，且 $B=3A$。通常我们会这样推理：如果 $A+B=24$，且 $B=3A$，那么 $A+3A=24$，即 $4A=24$，……。这个运算的逻辑特征会在我们下面的推理过程中体现出来：如果 B＝3A，A＋B 就会等于 A＋3A，根据公理"等量加到等量上结果仍然相等"，又因为 A＋B＝24，并且 A＋B＝A＋3A，那么根据公理"相同的事物彼此相等"，所以 A＋3A 一定等于 24。由此，可以看出替换是一个演绎推理过程。在实际应用中，因为命题本身很容易被人理解，这些逻辑步骤都被省略了。

替换几乎是一个方程必不可少的伴奏。在没有其他真理的情况下比较两个等量，对于获得真理往往没有什么价值。通过将一个值替换成另一个值，可以改变方程的形式，使方程中表示的关系能立即推导出已知量和未知量之间的新关系，通过这种方法我们可以求得未知量的值。人们曾认为替换的作用只局限于代数推理过程，这个观点是不正确的，就像它在代数里的作用一样，替换同样适用于算术。

移项——算术中会经常出现将思维过程方程式化的现象，有时会出现通过增加或者减少另一个量，来比较一个量的两个倍数。这种情况下，我们通常希望能够将这两个量合并为一个，这样可以通过将这些量移动到方程的一边来完成运算过程，这就是所谓的移项。可以看出移项这种运算过程对于算术来说不是舶来品，是正统的、自然产生于算术的比较中。

在代数概念中，其他类似的思维过程也被应用到了算术推理中。这些思维过程是方程思维的第一步，并且后期会将这些方程式进行概括总结，形成算术学科中更高层次的知识。本节主旨并不是关于方程式笼统的哲学讨论，而是为了证明方程式在算术推理中有一席之地，因为这一点有时会被怀疑或者否定。

第六节　算术的归纳法

数学是一门演绎科学，它所有的真理（不包含公理）可能都来自推理的演绎过程，那么其中一些真理是否通过归纳法得到的呢？这是一个有争议的问题。因此，探讨一下这个问题应该是很有趣的。我相信数学中的很多真理是可以通过归纳法证明的，并且很多真理最初是通过归纳过程获得的，也就是说，在很多情况下，归纳法是一个数学研究的合理方法。

众所周知，归纳法是一个从特殊事实和特殊真理中归纳出通用真理的思维过程。它是从特殊事实或特殊真理中获取普遍真理的逻辑推理过程。如果我观测到几个金属可以导热，例如铁、锡、锌、铅等，鉴于这几种是金属的代表，那么我可能会推测所有的金属都导热。可以看出这是一个推理过程，基于适用于多个个体的理论也会适用于个体所在的整体原则。归纳的基础是命题"大多数是真，那么整体就是真"，或者像埃塞尔（Esser）说的："所有（不）属于同一类中的个体也（不）属于整个类。"

这类推理方法可以用于算术中。当然这种在几个特殊例子中发现的真理，会在所有相似例子上都适用这一推测不是完全没有理论依据的。在某种程度上，这个结论会因为算术性质上的特殊性而得到巩固，尤其是在和代数对比时。算术符号代表特殊的数字，同时也用特殊的符号运算，所以在它们普遍被应用之前，我们希望能发现一些适用于特殊情况的真理。在算术中，我们不仅可以通过演绎推理，有时也通过特殊例子进行推理。

首先，取数字的可整除性为 9。假设我们不知道这个属性，用一个数除以 9，然后用这个数的和除以 9，发现余数一样。假设我们用多个不同的数进行试验，发现适用于每个数，由此可以推断这个理论适用于所有的数。这个结论完全可信吗？这个推断会不会没有完美的理论基础？这是一个归纳推理结论，像我们看到的个别金属（铁、锌、锡等）导热，然后认为所有金属都导热一样，这是一个合理的推论。

其次，取一个两位数 37，反转这个数字，得到 73，然后取差，73减去 37 等于 36，这两位数的数字之和等于 9。如果我们再取一些其他的两位数，做同样的操作，我们会发现差的两位数之和也是 9，观察到这个结论在很多例子中都正确，我们可以推断所有两位数都适用这个结论，这样我们又得到了一个正确的归纳推理结论。

最后，以算术中的比例为例，通过实际相乘，也就是在比例中，内项乘积等于外项乘积。例 $a:b=c:d$，则 $a \times d = b \times c$。通过多个比例的验证，我们发现这几种情况都正确，由此推断所有的例子都是正确的，那么，我们通过归纳又发现一个通用真理。这不仅仅是一个合理的推论，事实上是学生们在理解如何证明真理前，自然获得真理的方法。

当然，上面的每一个原理通过严密的演绎推理证明后都得到了认可，我的观点是它们同样可以通过归纳法得出。演绎法可以证明原理，归纳法仅仅是展示真理。算术中还有很多例子可以阐述归纳法，但是在数学中归纳法不仅仅局限于算术中，在代数中有这样的推理方法，事实上代数中已经应用过归纳法了。定理" $x^n - y^n$ 被 $x-y$ 可除"，可以通过纯粹的归纳证明，用 $x^2 - y^2$，$x^3 - y^3$，$x^4 - y^4$……进行试验，发现整除性在每个例子中都是正确的，所以这个推测在所有相似的情况下是正确的这一观点完全合理，即 $x^n - y^n$ 被 $x-y$ 可除。还有很多例子可以证明，在这里没有必要一一赘述。相同的方法甚至应用在了几何学中，我知道一个年轻人在学习几何学前，通过多次试验和归纳得出了一个事实，即直角三角形的三条边成 3、4、5 的比例。毫无疑问的是，古人们在毕达哥拉斯之前就知道了直角三角形斜边的平方等于另外两条边平方的和。

数学中的一些真理是通过归纳法发现的，其中最著名的应该是牛顿的二项式定理，牛顿通过纯粹的归纳发现了这个理论。他没有对其进行证明，但该发现被认为很重要而被刻在了他的墓碑上。牛顿最初关于微积分的定理某种程度上起源于二项式定理，这一点可以在《自然哲学的数学原理》一书中看出。

当 x 是一个较大的数时，用下面这个公式来求解数字 x 之前的质数：

$$N = \frac{x}{A \log x - B}$$

其中，N 表示质数，A 和 B 是通过实验确定为常数。这个公式是通过归纳推理过程得出的。这个公式计算结果与质数表相一致，但是却不能够给出演绎推理证明，因此该公式被认为是经验公式。

在数字理论中有以下显著的属性：每一个数都是 1，2 或者 3 个三角形数的和，是 1，2，3 或 4 个平方数的和，1，2，3，4 或 5 个五角数的和……尽管这个法则完全通用，但是从没有被证明过，除了三角形数和平方数外。该法则由费马（Fermat）发现，他在给丢番图的笔记里说他有该法则的证明方法，但是这个说法是有疑问的，因为像拉格朗日、勒让德（Legendre）和高斯（Gauss）这样的数学大家都没有证明它的方法。这个通用法则是基于归纳法被采用的。

综上可知，可以清楚地看到很多数学真理可以通过归纳法获得，也就是从特殊例子中推断出通用真理，然而这并不是说它改变了这个学科的属性。我之前说过数学是演绎科学，上面论述的目的仅仅是为了证明一些人的观点是错误的，即不能通过归纳获得全部的数学真理。

我特别关注这个问题，因为人们似乎产生了一些互相对立的观点，一些学者谈到了处理算术问题的归纳法，而另外一些学者断言在算术学科中没有归纳法。逻辑学家引导我们推断归纳法不能被应用在算术中，并且不仅仅是几个人确信这一点。惠威尔博士在谈论数学时说："这些学科没有证明过程只有演绎推理过程。"多德（Dodd）博士写了好几本书，证明在算术中除了演绎推理之外没有其他方法，他在文章中批判的几个学者也承认了他的观点是正确的。

我已经证明了这些观点只有一部分是正确的，算术是一门演绎科学，它所有的真理可能都来自演绎推理，但是有一些真理同样也可以通过归纳法获得，就像前面所讲的例子。另外，还有一些真理只是基于归纳法被认可，还没有得以证明。

在算术中使用归纳法时应该格外小心，通过归纳法得出的一些假设真理，后来相继被证明是不正确的。费马声称公式 2^m+1，当 m 是等比数列 1，2，4，8，16……中的任何一个数时，该公式表示的数都是质数，但是欧拉发现 $2^{32}+1$ 是一个合数。欧拉通过归纳法得出下面的判断，当 B 是质数时，方程 $x^2+Ay=B$ 可解性的法则：当 B 的形式是 $4An+r^2$ 或 $4An+r^2-A$ 时，方程是可解的。这个命题对于大多数情况都适用，所以很多数学家认为这是个通用法则，但是拉格朗日证明了方程 $x^2-79y^2=101$ 是一个例外。

归纳推论在数学中的弊端还出现在一些原以为能够用来判断质数的公式里，这些公式对于许多条件都适用，所以被认为是通用的。但是后来发现它们只适用于特殊情况，因此，公式 x^2+x+41 适用于 x 值是 40 的时候，公式 x^2+x+17 求出的第一个质数是 17，$2x^2+29$ 求出的第一个质数是 29。

虽然上面的例子证明了数学是一门演绎科学，但有些情况下，可以认为是归纳法，也可以认为这种方法被年轻学生特别应用在学习算术的初始过程中。对于学生来说，在用演绎证明建立的原则中得出结论是很困难的。因此，有时让学生使用归纳法可能会更好。求解分数的法则可能就是通过特殊例子的归纳推断得来的，并且这种方法比使用演绎法得来的通用原则更容易被人理解。归纳法是通过分析先解决一个特殊问题，然后对这个分析方法做归纳得出通用方法，因此分析和归纳变成了人们打开复杂数字组合的金钥匙。

比较好的方法还是引导学生尽快掌握演绎法。学生中的推理者们甚至会对归纳法提出质疑，要用演绎法证明后才会认为推理是正确的，同时学生也在这个过程中得到了鼓励和自信。学生有时会通过试验和推论得出真理，也就是归纳法，然后想办法用演绎法证明结论，这种练习会帮助学生有新的发现。学生也因此能够明白这两种推理方法的关系，并且对算术科学的演绎本质和真理的必要性质有更深刻的印象。

第二篇　合成法和分解法

第一章　基础运算

第一节　加　法

算术的基本合成过程就是加法，以单位数开始作为主要的数字概念，数是在一个合成过程中产生的，从单一到多数，从一到多。加法的思维过程产生了数字，很自然地将数字进行扩充，因此合成法是算术最主要的运算。这个一般的合成过程就叫作加法。

定义——加法是求解两个或更多数之和的过程。两个或更多个数之和是一个单一的数字，该数字表示的是与这几个数加起来一样多的单位数，这个总和经常被称为总数。

加法也可以被定义为将几个数合并成一个数的过程，表示几个数合成后的单位数。后面这个定义既包含了前面的定义，又避免了单词"总和（sum）"的使用。但前面的定义比较简洁，是数学家们经常采用的一种定义。

原则——加法过程是按照一定的规则操作的，这种规则叫原则，其中最重要的原则如下。

1. **只有加类似的数。**因此，求解不了 4 个苹果和 5 个桃子的和，因为如果合并数字，得到的既不是 9 个苹果也不是 9 个桃子。有人宣称，和是 9 个苹果或桃子，为了证明这个观点，他们说"12 个刀叉就

163

是指 6 把刀和 6 把叉子"。然而，这种组合不是科学的，它不是对于"加法"这个词严格意义上的应用。

我们还观察到不同的名数也可能划归到相同的类名下，从而变成相似的数系，这时它们可以合并成一个数。如此，4 个树枝和 5 颗石子都可以被看作是相同的对象或物体，它们的和将会是 9 个对象或 9 个物体。如果将它们按照阿拉伯数字系统中十位和个位的方式书写，它们不能组合在一起，但是可以将这两个数都转化成十位或者个位，就可以进行加法运算了。

2. **这个总和表示的数是与加数相似数系的数**。这显然是一个自证型的真理。4 头奶牛与 5 头奶牛的和是 9 头奶牛，不会是马、羊或其他的事物。但也有例外，就像上面说的，3 头马和 5 头牛的和是 8 个动物。

3. **不管加法按什么顺序相加，和都是一样的**。这是显而易见的，因为任何情况下合成相同数量的单位数都会得到相同的和。

在哲学意义上，加法被普遍分为两种情况：第一种情况是与数字符号无关的加法；第二种情况是求解书写数字符号所表示数字的和，因而产生了阿拉伯计数法的应用。前一种情况适用于处理数值较小的数，可以在头脑里进行计算，也被叫作"心算加法"；后一种情况适用于处理数值较大的数，使用书写符号表示的数字语言进行计算，被叫作"书面加法"。前者是一种纯粹的算术过程，后者附属于所用的计数法系统。前者是一个独立的过程，通过自身可以完成；后者依赖于前者中的元素进行运算。通过前面的情况得到加法中的初始和，即加法表，我们会使用加法表来求解阿拉伯数字中数值较大的和。

运算方法——最初的合成算术过程是指单位数递增的过程。这个过程体现在数字的起源中，计数时，通过计算，从一个数传递到紧随其后的另一个数。这也是求解任意两个或更多个数字之和的基础，通过它得到第一种情况下的初始和，用这些和来解决第二种情况中的问题。下面对这两种情况的求解方法进行详细说明。

案例 1：**求解算术中的初始和**。算术初始和是通过产生数字概念的计数过程中得到的。两个数的总和主要由一个数开始，从它开始计算到要加进去的数由单位数来决定。由此，求解任意两个数的和，比如 5 和 4，从 5 开始向后数 4 个数——6，7，8，9，从而知道 5 加 4 等于 9。按照这种方法，可以得到所有数值较小数的和，然后记住这些和，在以后应用时，可以不用数个数而直接知道结果。

为了确认这是最初使用的加法方法，除了观察孩子们怎么做加法，别无他法。在观察过程中，我们发现孩子们经常通过数手指或在石板上划的记号来做加法。由此可以知道，他们确实是按照上面的方法做加法的。因此，初始和是加法的基础。然后，像背诵乘法表一样将初始和的记忆固定到脑海里，用于求解较大数的和。

这些初始和可以看成是加法的公理。它们是直观真理，也就是不能被证明却能通过直觉感知其正确性的真理。惠威尔说："为什么 3 加 2 等于 4 加 1？因为在任何种类的 5 个物体上，我们都能看出事实就是这样的，5 是 4 加 1 的结果，同样也是 3 加 2 的结果。可以肯定的原因是，我们确实能够看到或感知到数字 5。我们可以通过直觉感觉到这个真理，对于看不到的或需要通过想象的 5 个物体，上述断定依然是正确的。"

案例 2：**用阿拉伯符号系统表示的数字**——求解阿拉伯数字表示较大数的加法原则是用部分相加，掌握了小数字的和后，可以将较大的数字分解成几个相应的小数字，然后求解这些小数字的和，将和合成后就是较大数字的和。因此，先将个位相加，然后是十位，依次类推直到各个数位上的数字分别都被相加。如果某一数位上的和超过了9，就将该位上的数值进位到相邻的高位上。

解决方案——综上，在求解 368 加 579 时，将数的相同位写在一列，然后从右边的一列开始相加，个位上 9 加 8 等于 17，或者是 1 个十位和 7 个个位，我们将 7 个个位写在底部，将 1 个十位移到前一列的和中。十位上 7 加 6 是 13，或者说是 13 个十，再加上之前的 1 个十是 14 个十，或者说是 1 个百，4 个十，将 4 个十写在底部，1 个百位加到前一列。百位上 5 加 3 是 8，也就是 8 个百，再加之前的 1 个百是 9 个百，将 9 写在百位上，因此整个的和是 947。

$$\begin{array}{r} 368 \\ +579 \\ \hline 947 \end{array}$$

这种通过部分相加的方法正是阿拉伯计数法的魅力所在，不同位上的数表示不同值的组。这是阿拉伯一种特殊的计数方法，既方便又实用。在求较大数的加法时，如果直接心算求结果，即使可能的话也是极其困难的，但是通过分组进行加法，过程就会变得简单。

规则——算术中最常见的错误之一，就是关于基础运算规则的描述。这个错误是混淆了单词"位数（figure）"和"数字（number）"的含义。因此，通常说"将位数相加""将左边的位数移到下一列"，等等。这是由于疏忽造成的错误，不应该再出现在教科书里。我们不能将位数相加，只能加它们表示的数。

避免这种错误有很多方式，这里建议用的方法是用单词"项（term）"代替单词"位数"。"项"在代数中早有类似使用。它可以具有双重含义，既有位数的意思，又指位数表示的数。数和位数都有一个确定的意义，不能用一个来代替另一个，但是使用另一个单词来表示它们是正确且方便的，它不会引起歧义，会在不同的应用中表示相应的意思。采用这种方式可以避免产生"位数相加"的错误，同时也会避免采用"将位数表示的数相加"的不便表达。

为什么会这样书写数字？为什么从右边开始相加？这些是数学家们经常会提出的问题。数字相加时，为了方便，将一个写在另一个的下面，从而使得同一阶的位数在同一竖列。从右边开始相加也是为了方便，因为当任何一列的和超过 9 个，可以将超出的数合并到左边的另一列数中。也可以从左边开始加法，但是做过试验后发现没有从右边开始方便。作为习惯我们从一列的底部开始相加，但实践表明，有时候从底部开始相加方便，有时候从顶部相加更方便。

　　除了十进制之外的数值范围，加法的原理和方法将是相同的。除了数值范围不规则的分数之外，还采用了同样的一般原则。先求解一个低阶单位数的和，将和简化到相邻的高阶次中，依此做下去。实际却不同，对于十进制数值范围来说，所使用的计数法在做简化时比较容易。对于不规则数系，我们必须分解才能进行约简。在上面的两种情况中所使用的通用法则是一样的。

第二节 减 法

算术基础的分解运算是减法，这个运算由基础合成运算的反运算得出。前面说过，算术的初始运算是合成。每一个合成都暗含着一个相应分解，按照逻辑顺序来说，算术的第二运算一定是初始合成过程的反运算。前面通过合成数字求和，在这里通过分解数字求差。这个分解过程叫作减法。

定义——减法是求解两个数之间差的过程。两个数字之间的差，是指这个数加上两个数中数值较小的数等于两个数中数值较大的和。较大的数称作被减数，较小的数称为减数。减法也可以定义为求解一个数比另一个数大多少的过程，或者定义为求解一个数加上较小数等于较大数的过程。其中，第一个定义是被普遍采用的。

案例——减法像加法一样在哲学意义上分为两种情况：第一种情况是求解独立于计数法的两个数之差；第二种情况是用书写面形式求解表示数字之间的差，因而产生了阿拉伯计数法的应用。第一种情况是纯粹的算术，独立于任何计数法，后者是附属于所使用计数法的算术。前者处理较小数，并且计算过程可以完全在头脑里进行，叫作"心算减法"，后者用书面字符表示数值较大数的减法，叫作"书面减法"；前者自身可以独立完成计算过程，后者起源于阿拉伯计数法，需要依赖于前者计算出的初始差来进行计算。在教科书中，第二种情况又分为两种不同的情况，取决于被减数和减数中数值的大小，这种划分方法是为了简化教学，因此两种不同的情况是按照实际用途划分的，而不是逻辑意义上的划分。

原则——减法中的运算依赖于一些被称为原则的一般规则。减法的基础原则中最重要的有以下几个。

1. **相似数系中的数才能相减**。没办法求解 9 个苹果和 4 个桃子之间的差，如果求出了数字 9 和 4 之间的差是 5，但其既不是 5 个苹果也不是 5 个桃子。如果假设有 9 个苹果和桃子，其中包含 5 个苹果和 4 个桃子，可以减 4 个桃子吗？结果会是余 5 个苹果吗？或者假设有一些刀叉分别包含 6 把刀和 6 把叉，有时会说成"12 把刀叉"。难道不能取走 6 把叉子，剩下 6 把刀？作为回答，要注意这里的"取走"不是所说的减法，减法的定义是求两个数的差。

与加法一样比较明显的是，如果不同的数有一个同样的类名，然后它们就变成了相似数系，就可以进行减法运算了。9 个苹果和 4 个桃子，可以被看作 9 个物体和 4 个物体，它们的差是 5 个物体。在阿拉伯数系中不同阶次的数求差时，不能直接将它们相减，而是将它们简化为相同的阶次，就比较容易进行减法运算了。

2. **差与被减数和减数是一个相似数**。这在直观上可以理解为必要的真理。因此，9 个男人减去 4 个男人，剩下的是 5 个男人，而不是 5 个女人。如果一组有 9 个人，其中有 5 位男士和 4 位女士，如果带走 4 位女士，则会剩下 5 位男士，基于此，可以知道从 9 个人中带走 4 位女士，剩余 5 位男士，但是这不是一个普遍真理，就像上面说的，这里的"带走"并不是我们说的减法。

3. **如果被减数和减数同时增加或减少相同的数，差仍然和之前的相同**。这包含在了公理"两个数之差等于这两个数增加或减少后相等数的差"中。当彻底理解该命题后会发现它的正确性是必然的。

4. **被减数等于减数和差的和，减数等于被减数和差的差**。这两个原则遵循了减法的概念和这几个数之间的相互关系。有了减法过程的清晰概念和这三个项的关系，这个真理就能立刻得出来了。

方法——像加法一样，减法的两种情况需要不同的运算方法。前一种情况，直接按照整体进行减法，按照加法的反运算求解减法；后

算术之美

一种情况，将数分解后相减，使用初始差求分解不同部分的差，下面解释一下这两种情况。

案例 1：求解算术中的初始差。初始差通过求解初始和过程的反运算得到。可以通过两种不同的方法求解。第一种方法，可以从较大数往后倒着数与较小数一样多的数，然后求差。如果想从 9 减去 4，可以从 9 开始倒数 4 个数——8，7，6，5，从而得出 9 减 4 等于 5。这是在加法中求初始和的反运算。向前数求和，与之相反则倒数求差。

第二种方法，是通过初始和推论得出。为了求得 5 和 9 的差，列出求解过程：因为 4 加 5 等于 9，9 减去 5 等于 4。这个过程放在正式的形式中如下：两个数之差是差加上较小数等于数值较大的一个数，4 加 5（较小数）等于 9（较大数），因此，4 是 9 和 5 的差。换句话说，我们知道 9 减 5 等于 4，是因为 4 加 5 等于 9。

这两种方法有很大的区别。第一种方法，直接通过直觉求差，像加法中求和一样，可以看出差是 5。第二种方法，没有看到而只是推测差是 5。第二种方法是一种推理过程，同时可以像上面展示的那样简化成三段论的形式而得到认可。这里提到的观点是一个重要发现，揭示了算术科学的基本特征。

在实际应用中，相比较于第一种方法，人们更偏向于应用第二种方法，因为可以使用初始和来求解初始差。如果使用第一种方法，既需要求解初始差又需要求解初始和。而基于和来求差则会省去那些复杂的工作。

案例 2：阿拉伯计数法表示的数字减法。对于数值较大的数，不能像较小数那样将两个数直接相减。但可以分解，按部分进行减法，也就是说，先求数值的每一项相应组的差。这种方法意味着求差的步骤得到了极大的便利，所以对于数值较大的数，如果没有其他减法，人们几乎都是采用这种运算，简单容易。

阿拉伯计数法表示的数字减法中，有两种不同的情况：第一种，减数中每一位数都不超过被减数中相应位上的数；第二种，减数中某些数位上的数超过被减数相应数位上的数。第一种情况，很容易地用被减数每个数位上的数减去减数相应数位上的数。第二种情况，对我们面临的难题，可以有两种不同的解决方法，分别叫作借位法和加十法。

为了解释这两种方法，用 874 减去 526 举例说明。

第一种方法——将数字像右列式一样书写，从个位数开始相减，过程如下：因为 4 不够减 6，因此从十位的 7 中取 1 个十，加在个位的 4 上，得到 14，然后用 14 减 6，得

$$\begin{array}{r} 874 \\ -526 \\ \hline 348 \end{array}$$

到 8。十位上的 7 被拿走 1 个十后，还剩余 6 个十，再从中减去 2 个十，剩余 4 个十。用百位上的 8 减 5，余 3，也就是 3 个百，因此差是 348。

第二种方法——可以推理成以下方式，因为不能从 4 中减 6，所以给 4 加 10，得到 14 个，然后 14 减去 6 得到 8。因为给被减数加了 1 个十，必须也给减数加 1 个十，使余数正确，因此十位上变成了 7 减 3，得到 4 个十。然后百位上的 8 减 5 得到 3，即 3 个百。这种方法基于的原则是**两个数的差等于两个数同等量增加后的数字之差**。

第一种方法似乎是因为其思维简单而更受欢迎，因为它仅仅改变了被减数的形式。相较于加十法，学生们能更容易地理解推理过程。第二种方法更受一些老师的偏爱，可能有两个原因，第一，它是实践中一般会用到的方法，几乎所有人在借位后都会将邻近低位上的数增加十，而不是减少高位的数。第二，在很多情况下，它比其他方法都要方便，例如，计算 20 000 减 12 345，用第二种方法求解这个问题会比用第一种方法更简单。

其他方法——另外一种减法，即使没有多大的实际应用价值，但

也值得一提。这种方法是用 10 减去减数位上的数，然后
将差加到被减数相应的数位上。例如，在计算 74 682 减
27 865 时，我们先用 10 减 5 得 5，再加上 2 得 7；6 加 1

$$\begin{array}{r} 74682 \\ -\ 27865 \\ \hline 46817 \end{array}$$

得 7，10 减 7 得 3，再加 8 得 11，将 1 写下来；10 减 8 得 2，加上 6 得
8，7 加 1 得 8，10 减 8 余 2，再加 4 是 6……

规则——在减法规则中，数学家们犯了和在加法规则中一样的错
误。例如，他们说"用上面被减数的位数减去减数相应的位数"，或
"将减数里的每个位数从它上面的位数中减去"，又或者是"如果下面
的位数比它上面的位数大"，等等。这些错误是不可原谅的，因为位数
不能相减，只有数才能相减。如果"从位数中取走一个"，那另一个就
会剩下，但它表示的并不是两个数的差。位数的大小只跟其发表的形
式有关。一个位数可能比另一个大，但是其表示的数值却比另一个数
小，例如 3 和 8。

这个错误可以用下面这种方法避免，即用"（项）term"来表示位
数代表的数。这样规则就可以写成"各个减法项从减数到相应的被减
数项开始""如果一个大的被减数项到相应的减数项"。

为了方便相减，将同一阶次的项写在同一个竖列，因为只有同一
组数才可以互相减。从个位数开始，当减数中的某一项表示的单位数
比被减数的相应项多时，可能就要用下一个高位组里的数减它，或者
使用另一种方法，给被减数的该项加 10，相邻的高位组上减 1，换句
话说，从个位数开始减会比较方便，这一点可以从与左侧的对比中
看出。

这种从被减数的下一个项中取走 1 个的方法叫作"借位"，给被减
数的下一个项中加 1 个整数的做法叫作"进位"。这两个用词曾经被质
疑过。因为借的意思是取了会还回去的东西。而从一个事物中拿走给
另一个不太像"借"，反而更像"拆东墙补西墙"。至于术语"转入

（carrying）"，有人可能会问转入的数是从哪里来的，可能会像个小孩一样回答"从头脑里转入"。虽然有一些异议，但是借位和进位这两个术语因为便于使用而被人们认可了。又由于习惯是术语的制定者，我们接受这两个术语的表达方式。虽然说它们的使用是为了方便，但其实我们也没有其他更合适的术语能够代替这两个词。值得注意的是，欧洲人过了许多年才熟悉借位和进位的过程。1692 年，伯纳德·拉米（Bernard Lamy）于阿姆斯特丹发表关于算术学的著作中，宣称他的一位朋友教给他一种减法中的转入模式，而在这之前他进行减法运算时都是从上一位借的，这听起来很新奇。

第三节　乘　法

　　合成法的一般过程是加法，在熟悉了与思维法则一致的一般合成过程后，从普遍到特殊，开始加入特定条件，最初合成的数都是有相对值的，如果现在加入条件"所有合成的数都相等"，就产生了新的概念"乘（times）"，其被应用到了数字上，因而有了一个新的合成过程，我们叫作乘法。

　　乘法被看作是加法的特殊情况。乘法的概念包含并来源于加法。它们都是合成过程——一种是一般的，另一种是特殊的。然而乘法中的概念"乘"不出现在加法中。乘法的概念中几乎没有加法概念的痕迹，在一些其他的运算过程中也是如此。然而，如果足够深入地向前追溯这些过程，会发现它们还是起源于最初的加法过程。例如乘法也可以用连加法获得。

　　定义——乘法是求两个数乘积的过程。两个数的乘积是通过将其中一个数重复多遍相加的结果。重复增加的这个数叫作被乘数，另一个通过它表示增加量的数叫作乘数。

　　乘法的定义，引入了"乘积"，使它类似于加、减的定义，其中使用了术语和与差。除法也是通过使用"商"这样相似的方式而定义。在我的著作《高等算术》（*Higher Arithmetic*）中采用了这种方法，我也会将其引入我的其他数学著作中。

　　乘法通常被定义为一个数取另一个单位数次数的过程。这个定义并不能完全让人满意，因为它没有提出找到一个结果，在加法和减法的定义中提到过这一点，这里也必须要提到。为了弥补这个遗漏，将乘法定义为"是求解将一个数取另一个单位数次数结果的过程"。经过深思熟虑之后，我决定将乘法定义为求解积的过程，这样可以保持基础运算定义的一致性。

原则——乘法运算的求解是基于必然的真理，这些真理叫作原则。其中最重要的乘法原则如下。

1. **乘数永远是不名数**。因为乘数表示的是被乘数重复的次数，因此肯定是抽象的概念，因为不能将任何事物重复多少码❶，多少蒲式耳❷……由此，类似于"25分乘以25分"或"2先令6便士乘以自身"这样的问题是不存在的而且是荒谬的。在求解面积和体积时，我们说长度尺寸乘宽度尺寸得平方尺寸，平方尺寸乘以高度尺寸得立方尺寸等，但是需要注意的是这仅仅是一种表述，并不表示实际的运算过程。在求解长方形的面积时，用矩形底部的长边数乘以竖边的数，被乘数是平方尺寸，乘数是一个抽象数字。

2. **乘积和被乘数是相似准则的数**。这一点从乘积等于被乘数按照乘数个数进行重复得到的和，就可以很明显地看出来。因此，3乘4个苹果是12个苹果，不会是12个梨或桃子。

3. **两个数相乘，不管哪个数作为乘数，乘积相等**。这可以通过放置3行星星，像右图一样组成一个长方形看出。它可以看成是3行，每行4颗星星，或者4行，每行3颗星星，因此3乘4与4乘3一样，同理，其他任何两个数相乘也是一样的。

```
* * * *
* * * *
* * * *
```

4. **如果被乘数分别乘以乘数的组成部分，部分乘积的和则等于整式的乘积**。这点来源于"整体等于所有部分的结合"的原则。这个原则被用在了求解阿拉伯数字的乘法中。

5. **被乘数等于乘积除以乘数的商，乘数等于乘积除以被乘数的**

---

❶ 英美制的长度单位，1码合0.9144米。——译者注
❷ 英制容积单位，1蒲式耳合36.3688升。——译者注

商。这两个原则在清楚地掌握乘除法过程的概念和乘除法之间的相互关系后，是显而易见的。

乘法在哲学意义上一般分为两种情况。第一种情况是求解独立于计数法数字的乘积。第二种情况来源于阿拉伯计数法系统。前者处理小数，在大脑里就能操作，叫作心算乘法；后者处理的是大数，叫作书面乘法。前者是一个独立的运算过程，可以依赖自身完成，属于纯粹数字范畴；后者起源于阿拉伯计数法系统，需要依赖于前者的初始积。

方法——一般方法是通过加法求解较小数的乘积，将这些乘积应用到较大数的乘法中。第一种情况基于加法，第二种情况基于第一种情况。这两种情况在下面的内容中都会进行介绍。

案例1，求解算术的初始积。乘法的第一个目的就是求解初始积。初始积是指较小数的乘积，它们一起构成了乘法表。这些初始积由加法得到。确定4乘5等于20，是通过加法求解4个5的和是20后确定的。乘法表中的所有初始积最初就是用这种方式得到的。大家背诵乘法表以方便计算，这样可以立即说出两个较小数的乘积，不然的话还要计算才能得到乘积。

初始积是推理得到的，不是通过直觉获得的，因此不是公理。由此，为了求解3乘4，可以这样推理：3乘4等于3个4的和，又通过加法求出3个4的和是12，因此3乘4是12。这是一个正确的三段论格式"A等于B，B等于C，因此，A等于C"。

乘法表考虑了各种实际用途后，暂时拓展到"9乘9"，也就是说对于阿拉伯计数法和十进制命数法，初始乘积没有必要超过"9乘9"。

案例2，阿拉伯计数法表示数字的乘法。当数很小时，可以将数字按照整体进行乘法；当数值超过了初始乘积，乘法的原则是分解相乘。因此，不是将被乘数作为一个单独的数，而是先乘以第一位，然后下一位……就像加法中合成数字一样。同样，当乘数大于 9 时，比如乘数是 12，即当乘数为两位数或者更多位数时，先乘个位的数字，然后再乘十位的数字……，最后取部分积的和。

为了详细阐述，通过求解 65 乘以 37 的结果可知详细过程。将 37 看作一个项来求解是很困难的任务。首先乘个位的 7（37 的一部分），然后乘十位的 3（37 的另外一部分），最后求这两个积的和。同时，也可以看到 65 并不是被当作一个项被乘，而是分解为 5 个一和 6 个十。这种方法的过程阐述如下：

$$
\begin{array}{r}
65 \\
\times\,37 \\
\hline
455 \\
195 \\
\hline
2405
\end{array}
$$

解决方案——37 乘以 65 等于 7 乘以 65 加 3 个十乘以 65。7 乘以 5 个一，等于 35 个或 3 个十和 5 个一，将 5 个一写在底部，保存 3 个十加到十位的乘积上。7 乘 6 个十是 42 个十，然后加前面的 3 个十，等于 45 个十或 4 个百和 5 个十，写在相应的位置上。然后按照同样的方法乘以 3 个十，得到 5 个十，9 个百和 1 个千，求两个部分积的和，得到 2405。

这种乘法方法是基于且仅能用于类似阿拉伯计数法系统。如果没有这种类似计数法表示的数，数值较大数的乘法即使可能也将会极其费力。

规则——在乘法规则中混淆数字的含义。一些规则经常被描述成"乘数乘以被乘数的每一个位数……"或"用乘数的每一个位数乘以被乘数"。想要避免这种错误，可以通过使用"项（term）"代替"位数（figure）"。需要记住的是，有两个不同的概念，数字和位数。位数指的是"figure"，整个数字指的是"number"。单词"term"可以区分这两种概念，不会产生混淆而且比较方便。法则相应地变成了"乘数乘以被乘数的每一项"或"被乘数乘以乘数的每一项"。

按照上面所说的书写方法是为了方便相乘，将乘数放在被乘数的下方，而不是上方，然后从下面开始乘，这仅仅是一个习惯问题，与加法和减法的方法相呼应。从右边开始乘，这样当乘积超过 9 时，可以将超出的数和左边数的乘积合并在一起。这样做的便利性很容易体现在从左边开始执行的乘法。然而，最初的习惯就是从左边开始乘，然后将部分乘积按顺序书写，再相继集合。

第四节 除 法

分解法的一般运算是减法，在人的大脑熟悉了这个一般运算后，开始将减法延伸和特定化，因而产生了新的运算叫作除法。因此，除法是减法的一种特殊情况，除法是将同一个数一直被减掉，来求解这个数被包含了多少次。因而认为除法的概念由减法而来，并且包含在减法中。

除法也可以被看成是乘法运算的反运算。乘法中我们获得两个数的乘积，又因为乘积是被乘数重复一定次数的数字，我们可以看作积包含了被乘数一定的次数。因此，由于 4 乘 5 等于 20，20 可以看成包含 4 遍 5。除法被认为是一种分解算法，由乘法的合成算法的反运算得出。

除法可能起源于两种不同的方式，到底是从哪种方式得出的，我们不能确定。人们一般根据最早的定义"除法是减法的一种简洁方法"推测除法起源于减法。然而，我认为除法起源于乘法的反运算，原因是：第一，由于减法来源于加法的反运算，所以很自然的猜想除法这个简洁的减法来源于乘法这个简洁加法的反运算；第二，除法包含的概念"次"早已出现在了乘法中，所以比起从减法中创造这个概念外，更自然的是从乘法中沿用这个概念。

定义——除法是求解两个数之间的商运算。两个数的商是一个数包含在另一个数中的次数。被分解的数是被除数，分解出的数是除数。经常使用的定义是"除法是求解一个数包含在另一个数中多少次的运算"，这个定义被认为是正确的，但是没有上面的定义简洁。

按照这种方式定义除法，易于理解并且逻辑正确。它延续了加法和减法普遍采用的定义方法，同时也建议将其应用在乘法的定义上，从而达到算术四则运算定义的完美性。这样，四则运算的目的就是分别求解数字的和、差、积、商。

原则——除法运算要遵循一定的必要法则，我们叫作原则，下面是除法原则中最重要的几个。

1. **被除数和除数总会是相似准则数**。人们认为除法起源于减法或乘法，所以关于除法的这个原则的科学考虑是正确的。假设除法基于减法，且减法中的两个项是相似准则数，那么随之必然出现除法的这个原则。因此，如果问一个数包含在另一个数里多少次，显然这些数必须是相似准则数。可以问 4 个苹果包含在 8 个苹果里多少次，但绝对不是 4 个桃子包含在 8 个苹果里多少次。也不能说 4 包含在 8 个苹果里多少次，因为 8 个苹果不会包含抽象数字 4。如果认为除法起源于乘法中，也会得到同样的结论。

一些学者认为一个具体的数可以除以一个抽象的数，因为在实际中我们将一个具体的数划分成相等的部分。这是一个科学实践的从属关系，即不是哲学的也不是必要的，因此，他们试图包含在主体理论中的实际案例，可以进行简单的科学解释，而对划分的基础概念没有任何修改。当这样解释时，很明显，这两个项是相似的数。

2. **商永远是不名数**。这个原则来自除法的基本概念，不管认为除法源自减法还是乘法。商表示一个数包含在另一个数中的次数，而一个数不能包含在另一个数中的次数……从这一点看出商表示一个数在耗尽另一个数之前可以减去或取出的次数，所以必然是一个若干次数，也就是不名数。或者，如果除法来源于乘法，商是一个数，除数这个数的倍数等于被除数，因此是个倍数，也必然是不名数。假设说 2 包含在 8 个苹果中"4 个苹果次数"，如果所有学者都同意商表示除数包含在被除数中的次数，那么就会得出 2 的"4 个苹果倍"是 8 个苹果。

3. **余数永远和被除数是相似准则数**。这是很明显的，因为余数是被除数中不能被划分的部分。在实践应用中，像上面说的，有一些准则可能会被违背，但是如果给出分写过程，就会发现这种违背仅仅是看起来违背，实际并没有。

4. 下面的法则展示了除法中各项的关系

（1）被除数等于除数和商的积。

（2）除数等于被除数和商的商。

（3）被除数等于除数和商的积加余数。

（4）商等于被除数减余数然后除以除数。

5. 下面的原则展示了乘法或除法中的各项结果

（1）被除数乘以非 0 数或者除数除以任何数，那么商需要乘相同的数。

（2）被除数除以非 0 数或者除数乘以任何数，那么商需要除以相同的数。

（3）被除数和除数都乘以或都除以相同的数（非 0），不改变商。

除法在哲学意义上分为两种情况。第一种情况是求独立于计数法数字的商。第二种情况来源于阿拉伯计数法的使用。前者可以直接在头脑里处理数值较小的数，叫作心算除法；后者处理书面计数法表示数值较大的数，叫作书面除法。前者是一个独立的过程，属于纯粹数字，可以靠自身完成；后者需要通过阿拉伯计数法运算，依赖于前者计算初始商。

方法——在除法中，第一种情况要求和乘法表中的初始积对应初始商，可以通过两种不同的方法获得。第二种情况通过分解来运算，用初始商作为运算的基础。这两种情况都会在下面进行介绍。

案例 1：求解算术的初始商。除法的第一个目的就是求解与乘法表中初始积对应的初始商。这些商可以有两种来源，即：①可以通过简便的减法方式获得或通过乘法反运算获得。因此，如果想要确定 5

在 20 中包含多少个，可以通过减法求能从 20 中拿出多少个 5，这样就可以知道 20 中包含了多少个 5，这是减法方法。这样看，除法可以看作是一种简便的减法。②又因为我们知道 4 乘以 5 等于 20，就可以立即推断出 20 包含 4 个 5，这是乘法方法。这样看，除法可以被看作是乘法的反运算。

这两种方法中的任何一种都能被用来求解初始商，但是在实际使用中乘法反运算更方便一些。商可以立即从乘法表中推导出来，因此可以省去制作除法表的工作。如果初始商通过减法求得，就必须要创建一个除法表，像乘法表中的积一样在除法表中填写商。

这些初始商，不管是通过乘法还是减法求得，都是推理过程的结果。思维过程可以从下面"5 被包含在 20 中有多少次"的问题中阐述。

20 是 5 的多少倍，5 就被包含在 20 中多少次，又因为 20 是 5 的 4 倍，所以 20 包含了 4 个 5。按照普通的表达方式，推理可以简写成：20 包含了 4 个 5，因为 4 乘 5 的结果是 20。

通过减法方法，可以这样推理：5 可以被连续在 20 中拿走或减掉多少次，5 就包含在 20 中有多少个。因为 5 可以连续的从 20 中减去 4 次，因此，5 被包含在 20 中 4 次。思维的一般表达形式：5 被包含在 20 中 4 次，因为它可以从 20 中减去 4 次。这里使用的"从……减去"是指连续减直到 20 被减完。

案例 2：**阿拉伯计数法表示的除法。**当数的数值较小时，将其作为一个整体直接除，当延伸到初始商之外时，除法的原则就是分解除法。被除数不是立即被当作一个整体被除，而是被认为包含了几个部分或几个组，然后这些组被除，当有余数出现时，余数会被合并到下一组，依照这样的方法，整个数被除。这种方法像乘法一样属于阿拉伯计数法，能够用于数值较大的除法，如果想要尝试将这种方法应用在其他计数法上是非常困难的。

　　在书面除法或较大数除法中，分为两种情况：第一种，当除数很小时，只需要用到初始被除数和除数的情况；第二种，当除数和被除数比用于获得初始商的数大时，这两种情况下对应的除法分别叫作短除法和长除法。在短除法中，不用写下部分被除数；在长除法中，需要写下部分被除数和其他必要的工作。

　　为了介绍短除法，以 537 除以 3 为例，这里不将被除数按照整体划分，也就是不能划分成 500 和 37，而是将其分解为几部分，这几个部分只需要初始商，所以可以很容易地将这几个部分进行除法运算。如此，先对 500 进行除法，将余数简化到十位的组，并和十位的组合并，得到 23 个十，对其像前面一样进行除法，直到整个数被除完。

　　当除数大于 12 时，不能再使用初始被除数和商进行除法运算。尽管所涉及的原则和较小数除法的一样，运算过程也因此变得较困难。因为初始商由乘法得来，所以在长除法中，通过乘法来确定商。用一些比较接近商的数来乘除数，如果乘积不大于部分被除数，而且乘积和部分被除数的差不超过除数，就可以确定找到了正确的商，上面描述的方法很常见，所以这里也就不用具体阐述了。

　　法则——用"位数（figure）"这个单词代替"数字（number），"这个单词的错误也出现在了除法法则的描述里。一位数学家说"计算出除数，包含在被除数左边最少数中的次数……"另一位数学家说"我们认为第一个部分被除数是所给被除数中最少的位数……"；还有作家说："将被除数中从左侧起能包含除数的最小一个位数当作第一个部分被除数……"；还有另外一位数学家说："将被除数从左侧开始能包含除数最少位数的个数当作第一个部分被除数"。显然，位数不能包含除数，他们想要表达位数表示的数字。这种错误可以通过下面说法改正，例如，"分解出从左侧起能够包含除数位数表示的数"或"最少的项"等。

　　将除数写在被除数的左侧，商按照习惯写在右侧。有些人偏向于将除数写在右侧，商写在除数的下方。从左侧开始进行除法，所以一旦有余数时，可以合并到接下来较低的阶次上，产生新的被除数。如果我们尝试从右侧开始做除法，就会发现通用方法的优势。

第二章　衍生运算

第一节　衍生运算的介绍

四则基础运算是数字合成法和分解法直接产生的。它们被叫作基础运算，是因为其他所有的运算都包含 1 个或更多个基础运算，也被认为是基于基础运算得到的。它们是创建其他运算的基础，是其他运算进化的胚芽，也是其他运算生长的土壤。

算术中的一些算法和四则运算关系密切，被认为直接产生于基础运算中，这样的运算有分数、公倍数、公约数等。这些运算根源于基础运算的一般概念，然后通过对其修正和对初始运算的分解和合成过程拓展进化而来。尽管它们不是以比较法为基础，但它们是通过比较的思维过程发展起来的，例如比率、比例等。通过比较从基础运算中获得的这些算法叫作合成法和分解法的衍生算法。下面来看一下这些衍生算法的起源和属性。

如果两个或更多个数相乘，并根据它的复数考虑结果，我们就有了一个合数的概念。形成复数的一般过程可以称为合数。组成合数的数叫作该合数的因子。如果用两个相等的因子组成一个合数，这个合数是平方数；用三个相等的因子组成一个合数，就会形成立方数，等等。这样的过程叫作乘方。如果一个合数是几个数的乘积，或者这几

算术之美

个数分别是构成它的因子之一，这个合数被叫作这几个数的公倍数，这个过程叫作求公倍数。

这些运算虽然和乘法有关但是又区别于乘法运算。它们引用了乘法，是一般乘法概念的产物，但是又超出了乘法的原始概念。乘法的主要概念是将一个数重复另一个单位数次数来获得结果的运算，而乘方的概念是运算结果和相乘的数进行比较。前者运算过程是纯粹的合成，而后者是将比较与合成结合起来，然后将其应用在特定条件下。这里假设乘法运算是一个真理，并且用它取一结果，这个结果与计算过程中的组合元素有一定关系。

有了合数是由因子构成的概念，我们很自然地将合数分解成元素来求解其因子。这就产生了分解运算的过程，其实是因数分解这种分解运算的反运算。一般地，将数分解成因子的运算叫作因数分解。如果将一个数分解成几个相等的因子，来研究该数是由哪个因子重复 2 次或 3 次等构成的，这个过程叫作开方。如果给出一系列数，求这几个数的共同因数的过程叫作公约数。

这几种运算虽然与除法有关，但是显然区别于除法。它们由除法的一般概念而来但是又超越了除法。除法最主要的概念就是求解一个数包含在另一个数中多少次，而这几个概念中的结果与运算中的数有关系。在因数分解中，比较是运算中涉及的一个重要因素。除法是纯粹的分解运算，因数分解除了分解外还有比较，它根源于分解，通过比较运算的思维发展而来。

综上，一般有两种衍生运算，合成和分解，它们各自包含相应的运算和反运算。合成和因数分解在实际使用中受一般运算的限制。特殊运算有它们特殊的名称，有三对衍生运算——合成和分解、倍数和因数以及乘方和开方。在接下来的章节中会介绍。

第二节　合　成

合成是给出几个因子来构成合数的运算。它是一种通用运算，包含几个附属运算和特殊运算。进行全面的分析后，就会发现除了较特殊的乘方和倍数外，它还包含几种有趣的情况。通过前面的分析，我们知道合成是一种真正的运算，是分解过程的反运算。

合成作为一种逻辑必然的重要性可以在分解的关系中看出。在基础运算中，每一种合成过程都有相对应的分解过程。因此，加法是合成，减法是分解；乘法是合成，除法是分解。遵循此原则的话，应该会有一种因子分解过程对应于合成过程，我将这种过程叫作复合或合数的过程。

合成有几种有趣和实际的案例，其中最重要的案例如下：

1. 用任意因数组成合数。

2. 用相等的因数组成合数。

3. 用有确定关系的几个因数组成合数。

4. 构成几个具有一个或更多个公因数的合数。

5. 用给定的因数构成几个或所有的合数。

6. 确定可由给定因数构成合数的个数。

运算方法——通过乘法将几个因数合并在一起得到想要的结果。下面简单介绍一下各种情况的运算方法。

第一种案例：**用任意因数组成一个合数**。在这种情况下，简单地将几个因数相乘得到结果，因此，由因数 2、3 和 4 组成的合数是 $2 \times 3 \times 4$（24）。

第二种案例：**用相等的因数组成一个合数**。这种情况可以按照第一种情况的方法解决，或者用该因数乘以部分结果或乘以另一部分结果得到完整结果。因此，如果想求包含8个2的合数，可以先用2乘2得4，再用4乘4得16，然后16乘16得256，从而求得想要的数。

第三种情况：**彼此之间有一定关系的几个因数组成一个合数。**这种情况可能知道了1个因数和其他因数的关系，首先求出所有的因数，然后取它们的乘积。例如，所要求的数包含3个因数，第一个因数是4，第二个因数是第一个的2倍，第三个是第二个的3倍，由此可以求出第二个因数是8，第三个因数是24，然后求4，8，24的乘积，得到768。

第四种情况：**构成几个具有一个或多个公因数的合数。**这种情况可以通过取给定的公因数，然后用其他选的因数乘以公因数得到。如果要求给定的因数是得到数的最大公因数，选择的乘数应该互为质数。下面用"求三个最大公因数是12的数"实例来解释。如果用12乘2、4和6，会得到24、48和72，这三个数的公因数是12，但是因为使用的乘数有公因数，所以12不是这三个数的最大公因数。为了求最大公因数是12的三个数，可以用12乘2、3和5，得到24、36和60，由此可以得出，12是这三个数的最大公因数。

第五种情况：**用给定的因数构成几个或所有的合数。**这种情况可以把2个因数放在一起，3个因数放在一起……直到所有因数都放在一起；或者用1和第一个因数乘以1和第二个因数，乘积乘1和第三个因数……直到所有的因数都被乘到。下面用求2，3，5和7组成所有数的例子进行阐述。

$$
\begin{aligned}
&2\times3=6 \qquad 3\times5=15 \\
&2\times5=10 \qquad 3\times7=21 \\
&2\times7=14 \qquad 5\times7=35 \\
&\quad 2\times3\times5=30 \\
&\quad 2\times3\times7=42 \\
&\quad 2\times5\times7=70 \\
&\quad 3\times5\times7=105 \\
&2\times3\times5\times7=210
\end{aligned}
$$

一种方法是：首先，用 2 个因数放在一起的乘积；其次，用 3 个因数放在一起的乘积；最后，用 4 个因数放在一起的乘积的方法。另一种方法，虽然思维过程不是很简单，但是在实际应用中却很方便，方法如下：

```
1  2
1  3
1  2  3  6
1  5
1  2  3  5  6  10   15   30
1  7
1  2  3  5  6  10  15  30  7  14  21  42  35  70  105  210
```

用 1 和 2 乘 1 和 3，会得到 1，2，3 及所有 2 和 3 可以组成的合数，将这些乘以 1 和 5，得到 1，2，3，5 和 2，3，5 可以组成所有的合数，然后用这些再乘以 1 和 7 得到 1，2，3，5，7 和 2，3，5，7 可以组成所有合数。忽略掉最后一个结果中的 1，2，3，5，7，就得到了 2，3，5，7 能组成的所有的合数。

如果给定的因数中有几个是一样的，对这种解法有一个有趣的修正：假设想要求由 2，2，2，3 和 3 组成的合数，在这个问题中，因为 2 使用了 3 次，可以将第一行的数写成 1，2，2^2 和 2^3，或 1，2，4 和 8；又因为 3 使用了两次，第二列可以写成 1，3 和 3^3 或 1，3 和 9。将这些数的乘积略去 1，2，3 后得到想要求的所有合数。

```
1  2  4  8
1  3  9
1  2  3  4  6  8  9  12  18  24  36  72
```

第六种情况：确定由给定因数构成合数的数。我们可以通过增加各个因子统一使用的次数解决这个问题，然后增加一个被使用不同的因子数来减少它，采用这种方法的原因可能会很容易展示出来。假设要求用 3 个 2 和 2 个 3 可以构成多少个合数。

我们看到 2 作为因数被使用了 3 次，所以产生了以 1 开始的包含 4

个项的序列，3 作为因数被使用了 2 次，以 1 开始包含 3 个项的序列，因此乘积会得到一个 4×3（12）个项的序列，略去 1，2 和 3，得到 9 项，这种解法就是按着上面描述的方法求解的。

第三节　因数分解

因数分解是求解因数合成的发现过程，是合成的反运算。在合成中我们给出了数的因数，在因数分解中，我们给出了计算因数的数。合成是一种综合过程，通过乘法将部分合成整体，因数分解是一个分解过程，通过除法将整体分解为部分。

因数——现代算术中展示的因数一般被看作是一个数的除数，而不是这个数的创造数，这一点是错误的。我认为因数分解这个数的起源是"facio"，它的原意是一个合数的创造者。一个数的因数是它的除数，是一个衍生概念，因而进入到合数的基本概念。这个因数合成的基本概念应该及时地呈 现给学生，而不是次要概念或衍生概念。我们应该根据其基础概念而不是衍生概念进行定义，否则就会颠倒概念的逻辑关系，还必然会产生混淆。这样分解后可以看出命题"一个数的因数是该数的除数"是一个直接推理，如果因数的次要概念被作为基础概念的话，这个推理必须被颠倒过来。

因数分解有几个和合成类似的情况，而这些情况和合成的情况是相关的。

1. 将一个数分解成质因子。

2. 将一个数分解成相等的因子。

3. 将一个数分解成互相关联的因子。

4. 求两个或更多个数之间相同的因数。

5. 求一个数的所有因数或者约数。

6. 求一个数的约数的数量。

方法——一般的处理方法，是将一个数或多个数分解成它们的质因数，然后必要时再将这些因数组合在一起得到给定的结果。一个数的质因数通过除法求得，所以相应的很容易在试验之前找出哪个数是合成的，哪些数可以分解的，以及它们可除性的条件。因此，因数分解产生了对区分质数和合数的方法以及研究一个合数可除性条件。因数分解也会被归入质数和合数的范畴。下面对上述几种情况下的因数分解做一下简单的介绍。

第一种情况：将一个数分解成它的质因数。在这种情况下，用整数除以任何大于 1 的质数，看哪一个可以正好整除，然后再分解商，如果商是一个合数，按照相同的方法重复，直到商是一个质数。这些除数和最后的商是所需的质因数。

比如，求 105 的质因数，用 105 除质因数 3，商是 35，用商 35 除 5，就可以得知 105 有三个因数 3、5、7 组成，又因为这几个数是质数，所以 105 的质因数是 3、5 和 7。

$$
\begin{array}{r}
3)\,\overline{105} \\
5)\,\overline{35} \\
\overline{7}
\end{array}
$$

第二种情况：将一个数分解成相等的因数。在这样的情况下，先将一个数分解成质因数，然后再通过乘法合成，当我们觉得这个数有两个相等的因数时，取两个相等因数中的一个相乘，当觉得这个数有三个相等的因数时，取三个相等因数中的一个相乘，以此类推。

比如，求 216 的三个相等因数或三个相等因数之一。将 216 分解成其质因数，发现 $216=2\times2\times2\times3\times3\times3$。因为有 3 个 2，3 个相等的因数之一应该包含 2，又因为有 3 个 3，3 个相等的因数之一包含 3，因此，216 的三个相等的因数之一是 2×3 或 6。

$$
216=\begin{cases}
2\times2\times2\times \\
3\times3\times3 \\
2\times3=6
\end{cases}
$$

第三种情况：**将一个数分解成互相关联的因数**。这种情况可以用给定的数除以表示其他因数和最小因数关系的数，然后将商分解成相等的因数，用这个相等的因数乘以表示其他因数和最小因数关系的数。

比如，将 384 分解成 3 个因数，使得第二个因数是第一个因数的两倍，第三个因数是第一个因数的 3 倍。因为第二个因数等于 2 乘第一个因数，第

```
6)384
64=4×4×4
2×4=8
3×4=12
```

三个因数等于 3 乘第一个因数，因此后两个因数的乘积等于 2×3 倍（6 倍）的第一个因数，而第一个因数被包含了 3 次，因此如果用 384 除以 6，商 64 等于最小因数被重复 3 次的乘积，因此，如果将 64 分解成 3 个相等因数，其中的一个因数将会是所需 3 个最小相等因数中的一个。64 的 3 个最小的相等因数是 4，因此最小的因数是 4，第二个因数是 4×2（8），第三个是 4×3（12）。

第四种情况：**求两个或更多个数之间的相同的除数**。在这种情况下，将数分解成质因子，相同的质因子和通过其组合后产生的数就是所有相同的除数。

求解 108 和 144 共同的除数。将数分解成它们的质因子，发现共同的因子是 $2^2 \times 3^2$，因此，1、2、3、4、9 和它们所有可能组成的乘积是 108 和 144 的共同除数。

$$108 = 2^2 \times 3^3$$
$$144 = 2^4 \times 3^2$$
$$= 2^2 \times 3^2$$

```
1  3  9
1  2  4
1  3  9  2  6  18  4  12  36
```

第五种情况：**求一个数的所有因数或者约数**。在这种情况下，将数分解成质因数，组成一系列包含 1 和一个因数连续幂的序列，下方写上 1 和另一个因数的连续幂，然后求这几个序列的乘积，按照这种方式求出 108 所有不同的约数。

108 的因数是 2 个 2 和 3 个 3，因为 3 是 108 包含三次的因数，所以 1、3、3^2、3^3 是得到第一个序列的约数，2 是包含两次的因数，所以 1、2、2^2 是第二个序列的约数。这两个序列的所有项的乘积就是质因数和所有可能的因数，也是这个序列的所有约数。

$$108=2\times2\times3\times3\times3$$
1 3 9 27
1 2 4
1 3 9 27 2 6 18 54 4 12 36 108

第六种情况：求一个数约数的数量。在这种情况下，将该数分解成质因数，逐个增加每个因数使用的次数，取乘积，从而求出 108 约数的数量。

通过分解，得到 $108=2^2\times3^3$，很明显，1 和 2 的一次、二次乘方得到 3 个约数，1 和 3 的一次、二次、三次乘方，得到 4 个约数，因此，它们的乘积会得到 3×4（12）个约数。

$$108=2^2\times3^2$$

$$(2+1)\times(3+1)=12$$

第四节　最大公约数

一个数的除数是正好能被这个数整除的数。如果一个数包含在另一个数中的整数没有余数，那么这个数就被另一个数整除。两个或更多数之间的约数是指它们的公约数。几个数的最大公约数是所有这几个数的最大除数。用单词"因数（factor）"来表示正确的整除数，定义如下：一个数的除数是这个数的因数。两个或更多数的公约数是指它们最大的公约数。几个数的最大公约数是指这几个数的公约数中最大的数。这几个定义将因数加上了衍生含义。因数最初是指一个数的创造数，通过乘法成为构成该数的组成部分。据此得出，因数是一个数字的整除数，因此它可以方便并且合理地用于定义共同的除数。

关于最大公约数，术语"约数（divisor）"在某种意义上有些特殊。它表示一个精确的除数，即一个包含多次没有余数的数。在此之前，"度量"这个词用来代替除数。并且在某些方面比除数更可取。几个数的公约数可以叫作它们的最大公约数，因为它是这些常用单位数的衡量标准。

根据不同的解法，最大公约数一般有两种情况。当数很容易分解时，使用第一种运算方法，当数不容易被分解时，使用第二种运算方法。其双重除法分成两种情况是有根据的，不是因为该概念本身的区别，而是因为所使用运算方法的区别。这两种情况如下：

（1）求比较容易被分解的最大公约数。

（2）求不太容易被分解的最大公约数。

第一种情况的一般处理方法是将数分解成它的约数，然后取公约数的乘积。第二种情况是逐个去除所有不同的约数，从而使最大公约数显现出来。下面的应用会使人们清楚地了解这两种情况。

第一种情况：求解比较容易被分解的最大公约数。

这种情况可以通过两种不同的方法解决。第一种方法将数字一个挨着一个书写，通过除法得到它们所有的公约数，然后取公约数的乘积，下面通过求 42，84 和 126 的最大公约数来详细阐述。

第一种方法——将数字一个挨一个放置，如图所示，除以 2，发现 2 是这几个数的一个公约数。用商除以 3，发现 3 也是这几个数字的公约数，再用商除以 7，7 也是它们的公约数，又因为最后的商 1，2 和 3 互为质数，所以 2、3、7 是给定数所有的公约数，因此 2×3×7（42）是所求最大的公约数。这种方法最早被本书作者发表于 1855 年，现在出现在不同的教科书中。

$$
\begin{array}{r}
2)\overline{42\ 84\ 126} \\
3)\overline{21\ 42\ 63} \\
7)\overline{7\ 14\ 21} \\
\overline{1\quad 2\quad 3}
\end{array}
$$

最大公约数 $=2\times3\times7=42$

也可以将数分解成它们的质因数，然后取所有公约数的乘积。

第二种方法——将数字分别乘它们的质因数，发现 2、3、7 是这三个数的公约数，因此它们的乘积 42 是这几个数的公约数，又因为这几个数字是所有的公约数，所以 42 是最大公约数。

$$42=2\times3\times7$$

$$84=2\times2\times3\times7$$

$$126=2\times3\times3\times7$$

最大的公约数 $=2\times3\times7=42$

第二种情况：求解不太容易被分解的最大公约数。 这种情况可以通过连除的方法解决。用较大的数除以较小的数，较小的数再除以余数，依此进行下去，直到除法终止，最后一个除数就是最大公约数。下面用求解 32 和 56 最大公约数的例子阐述。

首先用 56 除以 32，余数是 24；然后用 32 除以 24，余数是 8；最后发现没有余数了，所以 8 是 32 和 56 的最大公约数。

$$
\begin{array}{r}
32) \, 56 \, (1 \\
\underline{32} \\
24) \, 32 \, (1 \\
\underline{24} \\
8) \, 24 \, (3 \\
\underline{24} \\
\end{array}
$$

这种方法可以应用在所有的数上，因此将该方法作为一般方法，前面只能应用到特殊情况的方法区分。我建议大众采纳另外一种表达连除的方法，如下图所示。在这种方法中，商都写在右侧的一列，其他列的数轮流成为除数和被除数。

$$
\begin{array}{r|r|r}
32 & 56 & 1 \\
24 & 32 & 1 \\
\hline
8 & 24 & 3 \\
& 24 & \\
\end{array}
$$

关于连除的基本原理，有关运算过程的属性有两种不同概念。为方便讨论，可以分别将这两种方法命名为"旧方法"和"新方法"。这里说的旧方法是指一般教科书中所展示的。新方法是我在数学著作中展示的。这两种方法都是基于以下公约数的一般原理：

（1）一个数的除数同时也是这个数任意倍数的除数。

（2）两个数的公约数也是它们和与差的除数。

解释连除过程的旧方法可以用下面的命题简略陈述：

（1）任何可以被前面除数整除的余数是这两个给定量的一个公约数。

（2）最大公约数可以除以每一个余数，同时不会大于任何余数。

（3）任何可以被前面除数整除的余数是最大公约数。

不管旧方法是以哪种特殊形式表达，它都被不同的学者做了相应的改变，但是它包含的也都是上述原则，可能或多或少有些不同。

解释公约数求解过程的新方法可以体现在下面原则中：

（1）每一个余数都是最大公约数的倍数。

（2）一个余数不一定能被前面的除数整除，除非这个余数是最大公约数。

（3）能被前面除数整除的余数是最大公约数。

第（1）条原则很明显可以从结论"最大公约数的倍数与最大公约数的另一个倍数相减得到的还是最大公约数的倍数"中得到。

第（2）条原则显然来源于结论"对于任何余数和前面的除数，表示最大公约数被每个数包含多少次的数字之间互为质数，因此这几个数中只有一个是单位数，或者余数是最大公约数的 1 倍时，这个数才能成为最大公约数"。

这些原则通过分解两个数字然后相除可以很容易地看出。因此，在前面已经给出的问题中，我们知道最大公约数是 8，可以分解 32 和 56 为 8 的倍数，然后把它们相除。通过这种分解形式的运算，可以看到下面的算式中每一个余数都是最大公约数的倍数，并且 7 和 4，以及 4 和 3 互为质数，同时，当除数到达 1 倍的最大公约数时，除法终止，不到 1 倍的最大公约数，除法则不能终止。

$$
\begin{array}{r}
4\times8 \overline{)\ 7\times8\ (1} \\
\underline{4\times8} \\
3\times8 \overline{)\ 4\times8\ (1} \\
\underline{3\times8} \\
1\times8 \overline{)\ 3\times8\ (3} \\
\underline{3\times8}
\end{array}
$$

在算术中发现采用新方法将会更简单，但在一定程度上与前文的方法略有不同。其保留了前面方法的精髓，但是稍微更改了形式，变得更加容易理解。为了详细阐述，用它来求解一下 32 和 56 的最大公约数。如下列所示：

$$32 \overline{)56} (1$$
$$\underline{32}$$
$$24 \overline{)32} (1$$
$$\underline{24}$$
$$8 \overline{)24} (3$$
$$\underline{24}$$

　　第一，最后的余数 8 是最大公约数的倍数。因为，32 和 56 都是最大公约数的倍数，它们的差 24 也是最大公约数的倍数，又因为 24 和 32 都是最大公约数的倍数，那么它们的差 8 也是最大公约数的倍数。

　　第二，最后的余数 8 是一倍的最大公约数。因为，8 能被 24 整除，它也会被 24＋8 即 32 整除，又因为 8 被 24 和 32 整除，它也会被 24＋32 即 56 整除，因为 8 能被 32 和 56 整除，是最大公约数的倍数，又因为一倍的最大公约数是能被 32 和 56 整除的最大数，因此 8 是一倍的最大公约数。

　　人们认为第二种方法是正确的，它比旧方法简单，并且解决了根本问题。通过这种方法会发现余数的性质，以及余数与其他数的关系。所有的余数都是最大公约数的倍数，并且是一个比一个小的倍数，因此，如果除法一直进行下去，最终会得到一倍的最大公约数，所以这里进行除法的目的就是为了寻找更小最大公约数的倍数，并且最终会得到一倍的最小公倍数，除法终止时获得的数就是最小公倍数。从最大公约数的概念中，很容易看出寻找最大公约数方法的秘密不是数字的除法，而是它们的减法——用一个因数的倍数减另一个因数的倍数结果是因数的最小倍数，目的就是一直减到得到想要的因数。

　　缩写——引导我们寻找比一般除法更简短的求最大公约数的过程，因此，假设要求 32 和 116 的最大公约数。如果按照一般的方法，发现需要进行 5 次除法得到 5 个商，如果用 116 减 32 的 4 倍，会得到比 116 减 32 的 3 倍更小的余数，从而得到更接近一倍的最大公约数。如果从 12 的 3 倍中减去 32，得到比从 32 中减 12 的 2 倍更小的余数，也因此得到更接近一倍的最大公约数……后一种方法只需要 3 次乘法和减法，因而减少了五分之二的工作，在很多问题中，通过这种方法可以减少将近一半的工作。

$$
\begin{array}{r|r|r}
32 & 116 & 4 \\
36 & 128 & \\
\hline
4 & 12 & 3 \\
& 12 & 3
\end{array}
$$

这里给出的构思和解释最大公约数的方法可以通过一般符号更清楚地展示。假设 A 和 B 是任意的两个数，其中 A 较大。C 是他们的最大公约数，假设 $A = ac$，$B = bc$，然后用较大的除以较小的，较小的除以余数，一直这样继续下去，我们就有了下列的运算过程，可以说明以下几点。

$$
\begin{aligned}
b.c.)\ &a.\ c(q \\
&\underline{bq.\ c} \\
&(a-bq)c=r.c \\
r.c)\ &b.\ c(q' \\
&\underline{rq'.\ c} \\
&(b-rq'\ )c=r'.\ c \\
r'.\ c)\ &r.\ c\ (q'' \\
&\underline{r'q''.\ c} \\
&(r-r'q''\ )c=r''\ .c
\end{aligned}
$$

第一，每一个余数都是最大公约数的倍数。这个可以通过除法证明，因为每一个余数都是 c 的倍数，第一个是 $(a-bq)$ 倍的 c，我们可以表示成 r 倍的 c。

第二，一个余数不一定能被前面的除数整除，除非这样的余数是一倍的最大公约数。为了证明这一点必须证明 b 和 r 互为质数，同样的，r 和 r' 互为质数。现在，如果 b 和 r 不互为质数，它们有公约数，因此，$r+bq$ 或 a 包含这个 b 的因数，但是 a 和 b 互为质数，因为 c 是 a 和 b 的最大公因数，因此，b 和 r 互为质数，同样的方法可以证明 r

和 r' 互为质数，r' 和 r'' 等都互为质数。因此，由于两个数字互为质数，一个数不能包含另一个数，除非后者是一个单位数，余数不能被前面的除数整除，除非余数是一倍的最大公约数。

第三，能够被前面的除数整除的余数是最大公约数的除数。

第五节　最小公倍数

一个数的倍数是指这个数的一倍或者多倍。两个或多个数的公倍数是指这个数是每个数的倍数。几个数的最小公倍数是每个数共同倍数中最小的数。

倍数是表示数字次数的数，倍数被看作是组成合数的一种特殊情况。公倍数是两个或多个数所有不同的因数组成的，产生的这几个数一倍或多倍的数。

这种关于倍数的观点和通常出现在教科书中的观点有所不同，通常的定义是一个数的倍数是完全包含此数的数。这个定义将包含（containing）作为初始概念，使得倍数看起来似乎起源于除法而不是乘法。实际上，有人在这个方向上偏离了太远，尝试用"被除数（dividend）"取代"倍数"，将公倍数叫作"共同被除数"。从术语"倍数"和倍数的属性中很明显看出上面的观点是不正确的。毫无疑问，倍数起源于乘法，它应该按照乘法的观点定义。

像最大公约数一样，最小公倍数有两种情况。这两种情况的区别和相应的分解运算一样，不是因为一般概念的变化而不同，而是存在于求解因数的困难程度不同。当一个数容易被因数分解时，使用第一种运算方法；当一个数不容易被因数分解时，使用第二种方法，这两种情况如下：

（1）求解比较容易因数分解数的最小公倍数。

（2）求解不容易被因数分解数的最小公倍数。

论述——第一种案例的一般分解方法是，用通用的分解方法将数分解为不同的"误差因数"，并取所有误差因数的积。

第二种案例通过确定最大共除数的过程，可以得到不同的系数，然后像上述一样进行组合。

第一种情况：求解比较容易因数分解数的最小公倍数。这种情况可以通过两种不同的方法解决。第一种方法，将数分解成它们的质因数，然后求所有不同质因数的积，其中每个因数被乘的次数是在某个数中出现最多的次数。现在求一下 20，30 和 70 的最小公倍数。

$$20=2\times2\times5$$

$$30=2\times3\times5$$

$$70=2\times5\times7$$

最小公倍数$=2\times2\times3\times5\times7=420$

首先，将数分解成它们的质因数，因为 20 的因数是 $2\times2\times5$，倍数必然包含因数 2、2 和 5；因为 30 的因数是 2，3 和 5，所以公倍数必然包含 2、3 和 5；同样，公倍数还必然包含因数 2，5 和 7；因此，20、30 和 70 的最小公倍数必然包含因数 2、2、3、5 和 7，没有别的数，它们的积是 420，就是所要求的最小公倍数。

第二种方法是将数一个挨一个书写，然后通过除法找到所有的不同因数，再求因数的乘积。下面用求 24、30 和 70 最小公倍数的实例来进行演示。

将数一个挨一个放置，首先除以 2，发现 2 是所有数的因数，因此它是最小公倍数的因数；然后用商除以 3，发现 3 是商的因数，因此它也是最小公倍数的因数；继续除，求出所有的不同因数是 2、3、4、5 和 7，因此，它们的乘积 840 是所要求的最小公倍数。

第二种情况：求解不容易被因数分解数的最小公倍数。这种情况可以通过最大公约数的方法求解。当有两个数时，求出这两个数的最大公约数，用其中一个数乘另一个数除以最大公约数后的商。当有超过两个数的情况时，先找出其中两个数的最小公倍数，然后再找这个倍数和第三个数的最小公倍数，一直这样求下去……下面用求 187 和

221 最小公倍数的实例进行阐述：

先求出最大公约数是 17，现在 187 和 221 的最小公倍数必然由 187 的所有因数和 221 的所有不包含在 187 中的因数组成。如果用 221 除以最大公约数，会得到 221 的不属于 187 的因数，因此，最小公倍数是 $187 \times 221 \div 17 = 2431$。

这种方法的另一种表述方式是用这两个数的乘积除以它们的最大公约数。这种方法的值可以通过用各种方法求 1 127 053 和 2 264 159 的最小公倍数来体现。

$$
\begin{array}{r|r|r}
187 & 221 & 1 \\
170 & 187 & \\
\hline
17 & 34 & 5 \\
& 34 & 2 \\
\end{array}
$$

$$最小公倍数 = 187 \times \frac{221}{17} = 2431$$

这种方法可以通过下面的一般说明清晰地展示出来。A 和 B 表示任意两个量，c 表示它们的最大公约数，a，b 分别表示其他因数，按照第一种情况，会得到最小公倍数等于 $a \times b \times c$，因为 $b \times c = B$，并且 $a = \dfrac{A}{c}$，因此最小公倍数 $= \dfrac{A}{c} \times B$。

$$A = a \times c$$

$$B = b \times c$$

$$最小公倍数 = a \times b \times c = \frac{A}{c} \times B$$

第六节　乘　方

乘方是将相等的因数进行合成来组成合数的过程。正如上文所解释的那样，它是合数的一种特殊情况。如果在一般的合成过程中，我们使所有的因数相等，那么，这个过程就叫作乘方，而形成的合数叫作该因数的乘方。

乘方被定义为将一个数变成所要求的幂的过程。一个数的幂是将这个数作为任意次因数得到的乘积。一个数不同的幂分别叫作二次方、三次方、四次方……一个数的平方是将这个数作为因数两次得到的乘积，一个数的三次方是将这个数作为因数三次所得到的乘积。这些定义，已经被学者采用。

一个量的幂用右边写的数表示，用稍微比该量高的符号表示。因此，5 的三次方表示为 5^3。较早时期的数学学者们用乘方名字的缩写来表示数的幂。16 世纪杰出的数学家哈里奥特将某个量重复一次表示乘方，对于四次方，他写成 aaaa。这种方便的指数系统是由笛卡尔引入的，他是杰出的哲学家和数学家，因有经典语录"我思故我在（cogilo，ergo sum）"而著称，同时他也是解析几何方法的发明者。

将一个数增大到它不同的幂是对一般概念的变化，可以按照不同的情况处理，但是每种情况的运算方法非常相似，因而它们可以一概而论。将一个数提升为指定的幂时，需要考虑两件事：首先，求所需要的幂；其次，确定阿拉伯计数系统表示数的不同部分在乘方中是怎样被涉及的。这两件事情需要不同的解决方法，然后针对不同的方法，有两种不同的乘方情况。在实际应用中，将第二种情况中的平方和立方划分出来考虑会比较方便，因此变成了三种情况。这几种案例正式表述如下：

（1）将一个数增大到任意想要的幂。

（2）将一个数增大到二次幂，并确定二次幂形成法则。

（3）将一个数增大到三次幂，并确定三次幂形成法则。

对上述情况的一般解方法是通过乘法来涉及这些因数。在第一种情况中，为了简略，会用到一个变量，产生两种方法。在第二、三种情况中，将数分解成部分，然后给出两种不同的方法，同样产生两种不同的方法。下面对每种情况下的解析方法进行介绍。

第一种情况：将一个数增大到任意想要的幂。 这种情况的求解是将这个数当作一个因数，因数的次数和幂中指数上的数一样多，形成乘积，因此求 4 的三次幂就是用 4 乘 4 得到 16，再用 16 乘以 4 得到 64，也就是 4 的立方，这里 4 被当作因数使用了三次。

$$\begin{array}{r} 4 \\ 4 \\ \hline 16 \\ 4 \\ \hline 64 \end{array}$$

在所有比立方高的乘方中，可以通过求一个乘方和另一个乘方的积的方式来简化计算。例如，在求 2 的 8 次方时，可以先求 2 的平方，是 4；然后求 4 的平方，得到 16，它是 2 的四次方；再用 2 的四次方 16 乘以 16，得到 256，这是 2 的 8 次方。

$$\begin{array}{r} 2 \\ 2 \\ \hline 4 \\ 4 \\ \hline 16 \\ 16 \\ \hline 256 \end{array}$$

这种方法可以引用到所有比三次方高的乘方中，在应用中较为方便。因此，在求 5 次方时，可以求 2 次方和 3 次方的乘积，或者用 2 次方乘 2 次方乘 1 次方。在求 6 次方时，可以求 2 次方的立方，或者三次方的平方，或用平方乘以四次方等。

第二种情况：求二次幂并且探索求解法则。 这种情况可以通过两种不同的方法求解。第一种方法将数字分解成个位、十位等，像代数中那样进行乘法来展示乘方数的每一部分所使用到的法则。第二种方法，就像几何中逐步构建符号那样进行乘方运算。这两种方法可以区分为代数法和几何法，或者分解法和合成法。这些方法最终目的是在得到乘方法则的同时可以得到开方法则。这两种方法都可以应用在数的平方和立方中。其中合成方法不能延伸应用到立方以外的乘方，分解法一般可以在所有的乘方中应用，但是在实际算术中没有在除立方以外的算术应用过。因此这里只将这两种方法应用到平方和立方上。

分解法——使用分解法进行数的平方运算，将数分解成个位、十位等元素，在乘方中区分这些元素，所以运算过程中的法则一目了然。下面用 25 的平方来详细叙述。

$25 = 20 + 5$，或 2 个 10 和 5 个 1，像下列式一样书写数字，然后乘以 5 和 20，取这些乘积的和，得到 $20^2 + 2 \times (20 \times 5) + 5^2$，由此可以看出一个数的平方包含其十位和个位上的数，等于"十位^2+2×（十位×个位）+个位^2"。

$$
\begin{array}{r}
20+5 \\
20+5 \\
\hline
5 \times 20 + 5^2 \\
20^2 + 5 \times 20 \\
\hline
20^2 + 2\ (5 \times 20) + 5^2
\end{array}
$$

如果用同样的方式加入一个由百位数、十位数、个位数组成的数字，将发现以下规律：三位数的平方等于"百位^2+2×（百位×十位）+十位^2+2×（百位+十位）×个位+个位^2"。

合成法——用合成方法解决这个问题的过程如下：

用直线 AB 表示 20 个单位的长度，直线 BH 表示 5 个单位的长度。在直线 AB 上建一个正方体，面积是 $20^2 = 400$ 平方单位，在 DC 边和 BC 边建立长方形，20 单位长，5 单位宽，它们的面积分别是 $5 \times 20 = 100$，总面积是 $2 \times 100 =$

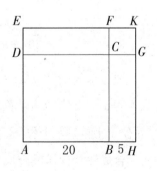

200 平方单位数。再加上 CG 边的小正方形，它的面积是 $5^2 = 25$ 平方，这几个矩形的面积之和是 $400 + 200 + 25 = 625$，该面积是边为 25 正方形

的面积。

当有三位数的平方时，像上面一样完成第二个正方形后，需要像给第一个正方形加图形一样给第二个正方形添加图形。当有四位数时，最初的正方形需要再加三个正方形，以此类推。

第三种情况：将一个数求三次方来探索三次方运算的通用法则。 这种情况也可以像求二次方一样，通过两种不同的方法解决，分别是分解法和合成方法。前者通过代数方法求乘方，后者通过几何方法求乘方。

分解法——通过分解法求解时，将数分解成个位、十位……的元素，然后在求乘方的过程中保持这种形式，就可以展示出每位上的数是怎样用到三次方求解里的。下面通过求 25 的三次方来进行阐述。

将 25 分解成个位和十位，进行二次方，得到 $20^2 + 2(5 \times 20) + 5^2$。用 5 和 20 分别乘以这个二次方面的数，然后将乘积相加，就得到了 25 的三次方。观察这个结果，我们发现一个两位数的三次方等于"十位^3＋3×十位^2×个位＋3×十位×个位^2＋个位^3"。

$$25^2 = 20^2 + 2(5 \times 20) + 5^2$$
$$20 + 5$$
$$\overline{}$$
$$5 \times 20^2 + 2 \times 5^2 \times 20 + 5^3$$
$$20^3 + 2 \times 5 \times 20^2 + 5^2 \times 20 $$
$$\overline{20^3 + 3 \times 5 \times 20^2 + 3 \times 5^2 \times 20 + 5^3}$$

通过求一个三位数的三次方，得到下面的法则：一个三位数的三次方等于"百位^3＋3×百位^2×十位＋3×百位×十位^2＋十位^3＋3×（百位＋十位）^{2}×个位＋3×（百位＋十位）×个位^2＋个位^3"。

合成法——通过合成法，用一个三次方的值来确定乘法的过程，下面通过用该方法求解 45 立方的过程来进行阐述。

用图 1 中的 A 代表一个边是 40 单位数的立方体，它的容积是 $40^3 = 64000$。然后增加立方体的边长到 45 单位数。为了使尺寸增加 5

单位数，首先需要像图 2 中那样增加 B，C，D 三个厚板；第二步，像图 3 那样增加角落的 E，F，G 三片；第三步，增加图 4 中的立方体 H。三个厚板 B，C，D 的长和宽是 40 单位数，厚是 5 单位数，因此它们的容积是 $40^2 \times 5 \times 3 = 24000$，图 3 中角落的 E，F，G 长 40 单位数，宽和厚都是 5 单位数，容积等于 $40 \times 5^2 \times 3 = 3000$，图 4 中的小立方体的容积等于 $5^3 = 125$。因此，图 4 中表示的立方体容积是 $64000 + 24000 + 3000 + 125 = 91125$，即 45 的立方。

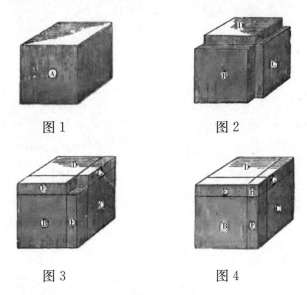

图 1　　　　　　　　　　图 2

图 3　　　　　　　　　　图 4

这里我们看到 40^3 是十位数的三次方；$40^2 \times 5 \times 3$ 是十位$^2 \times$个位 $\times 3$；$40 \times 5^2 \times 3$ 是十位$\times$个位$^2 \times 3$；5^3 是个位的立方；所以像前面一样，我们可以得到一个两位数的立方等于"十位$^3 + 3 \times$十位$^2 \times$个位 $+ 3 \times$十位$\times$个位$^2 +$个位^3"。

$$40^3 = 64000$$
$$40^2 \times 5 \times 3 = 24000$$
$$40 \times 5^2 \times 3 = 3000$$
$$5^3 = 125$$
$$因此，45^3 = \overline{91125}$$

当数是三位数时，像前面那样完成第二个立方体，然后做加法，以同样的方式完成第三个立方体。如果是更多位的数，没有更多的方块来进行加法，那就让第一个立方体代表已经求得的立方数，然后像开始那样继续运算。

第七节　开　方

　　开方是求解数的一个相等因数的运算，这是一个分解过程，是乘方运算的反运算。乘方是相同因数的合成，开方是相同因数的分解。前者是复合运算的一种特殊情况，后者是因数分解的一种特殊情况。一个起源于乘法，一个起源于除法。两者都包含在了原始的合成和分解的概念里，又是对这两个概念的推进和特殊化。

　　一个数的任何一个相等因数叫作这个数的根。这个数是几次根取决于组成该数相等因数的个数。一个数的平方根是两个相等因数中的一个，立方根是其三个相等因数中的一个……这些定义是对之前旧定义改善后形成的。旧定义认为一个数的平方根是自身相乘后等于该数的数值，其他根也有类似的旧定义。开方也可以定义为求解一个数得到根数的过程。

　　符号——开方的符号是$\sqrt{}$，叫作根号，这个符号由德国数学家施蒂费尔在 15 世纪引入。它是对单词"radix"或"root"的首字母"r"的修改。原来字母 r 要求写在根数的前面，后来渐渐变成了现在的形式$\sqrt{}$。

　　为了表示要开方的根是几阶根，会将一个数放在根号上，如$\sqrt[2]{}$、$\sqrt[3]{}$、$\sqrt[4]{}$……分别表示平方根、立方根、四次方根……这个数叫作根的指数，因为其表示所要求的根。平方根的指数通常都会省略，或许是因为这个符号在被用作更高的阶根之前，已经有一段时间被当作平方根了。根数也可以用分数指数的形式表示，如 $4^{1/2}$，$8^{1/3}$ 等。

　　每一个不同的根都可以被看作是一种不同的情况，像乘方一样，最好的办法是将开方分为三种一般情况。这三种情况和乘方中的三种

211

情况相对应，如下：

1. 求一个数可以方便地分解成质因数的任意开方根。

2. 求一个数不方便分解质因数的任意平方根。

3. 求一个数不方便分解质因数的任意立方根。

一般处理方法是将数分解成所需要的部分。在第一种情况下，可以将数分解成质因数，用分析方法找到所需的因数。第二种、第三种情况，可以通过一些不同的方法将数分解成和乘方有关的部分。

第一种情况：求可以方便地分解成质因数的任意开方根。这种情况的解决方法是将数分解成它的质因数，然后对因数进行开方找到所需的相等因数。对于平方根，求两个相等因数的积，对于立方根，取三个相等因数的积，以此类推。

因此，为了求 1225 的平方根，将数分解成质因数 5，5，7，7，然后取其中一个 5 和一个 7 的乘积，得到 5×7 即 35。

$$1225 = 5 \times 5 \times 7 \times 7$$

$$平方根 = 5 \times 7 = 35$$

为了求 1728 的立方根，我们将该数分解成因数，如右等式所示，然后 3 个 3 中的 1 个 3 和 3 个 4 中的 1 个 4 的乘积，得到 3×4 即 12。用同样的方式，可以求得任意能被分解成质因子完全幂的任意根。

$$1728 = 3 \times 3 \times 3 \times 4 \times 4 \times 4$$
$$立方根 = 3 \times 4 = 12$$

第二种情况：求不方便分解质因数的任意平方根。一个数的平方根是这个数两个相等因数中的一个。一个给定数的平方根还可以定义为是一个数，这个数被当作因数两次会得到给定数。前一个定义带有一些分析性，思维过程是从数到它的因数。后一个定义则具有合成性，思维过程是从因数到数。

求一个数平方根的方法是将这个数分解为两个相等的乘法部分。

这个过程是先从求解根的高位开始的，用这个数减去根的高位平方，然后根据开方法则，用余数决定根的下一位数。这种方法可以在所有的算术著作中找到，不再赘述。

解释说明——有两种推导求平方根规则的方法，或者说两种解释平方根运算的方法。这两种方法为分解法和合成法。前者通过乘方的分解法推导乘方法则，将数字分解成它的因数；后者通过几何图像对相应的乘方过程的反运算来求根。合成法在平方和立方上可以使用，分解法是一般方法，可以被用于求解任意根。

为了确定根是几位数，从哪一位开始开方，我们引用了下面的原理。

1. **一个平方数的位数是这个数的两倍或者两倍减 1**。这个原则的证明过程如下：1 到 10 之间的任意整数包含一个位数（即一位数），1 到 100 之间的任意数包含一个或两个位数，因此一个一位数的平方是一个一位数或两位数。10 到 100 之间的任意数是两位数，任意在 10 和 100 平方数之间的数，即 100 和 10000 之间的数是三位数或四位数，因此一个两位数的平方数是三位数或四位数。

$$1^2 = 1$$
$$10^2 = 100$$
$$100^2 = 1\,000$$
$$1000^2 = 1\,000\,000$$

2. **如果一个数从个位开始两位一组被用点分隔开（最左边如果不够两位，就自成一组），这个数被分隔成的组数等于该数平方根数的位数**。

从原理 1 中可以很明显地看出原理 2，因为一个平方数的位数是这个数本身位数的 2 倍或 2 倍减 1。

分解法——将数分解成因数，然后根据这些因数的合成法原理推导出开方法。这种方法叫分解法，是因为这种方法将数分解成了因数，然后按照乘方的反运算来进行操作。以 625 开方的运算来阐述这种方法。

根据乘方的原则，625 的根会是两位数，因此 625 包含最大十位数平方的 2 个十位数，等于十位的平方加两倍的十位乘个位加个位的平方。包含在 625 中最大数的平方是 2 个十，位数取其平方，然后用 625 减去这个数的二次方，得到 225，等于十位数的两倍乘以个位数，现在，由于一般"十位数的两倍乘以个位数通常比个位数的二次方大"，225 原则上包含十位数的两倍乘以个位数，因此如果用 225 除以十位数的两倍就可以确定个位数，十位数的两倍等于 20×2，即 40，225 除以 40，得到个位 5。

在下列中，用十位数"tens"和个位数"units"的首字母 t 和 u 展示了乘方法则，这种表示方法使我们容易将数字分解成因数。

$$t^2 + 2tu + u^2 = 6 \cdot 25\,(25$$
$$t^2 = 20^2 \quad\ = 400$$
$$2tu + u^2 \quad = 225$$
$$2t = 40$$
$$u = 5$$
$$2tu + u^2 = 225$$

合成法——使用几何图形，通过使用几何图形形成的面积来给定数字四方形的方法推导计算过程。之所以叫作合成法是因为要先从一个较小的正方形开始，然后给其增加其他的部分，直到得到需要的正方形。形成正方形的方法使我们获得了求平方根的方法。为了详细说明，用该方法来求一下 625 的平方根。

在 625 中包含最大的平方是 2 个十，用右图中的 A 表示边长是 2 个十或 20 的正方形，它的面积是 20 的平方，即 400。用 625 减 400，得到 225，因此正方形 A 还差 225，必须给 A 增加 225。因此，增加两个长方形 B 和 C，这两个长方形的长都是 20，又因为它们几乎补齐了正方形，所以它们的面积必定接近 225，因此，如果用 225 除以长，可以得到它们的宽。它们的长是 $20×2=40$，因此，它们的宽是 $225÷40$ 或者说是 5。现在加上角落的变成是 5 的小正方形来补齐正方形，现在所有的图形加起来的边长是 $40+5$ 即 45，乘以宽，我们发现面积是 225 平方单位。继续减，没有余数了，因此面积是 625 平方单位的正方形边长是 25 单位。

当根中有两位以上的数时，也可以使用同样的方法。用分解法和合成法解释的运算方法是一样的，这些方法给出了求平方根的通用法则。

第三种情况：数的立方根。一个数的立方根是它的三个相等因数中的一个。一个数的立方根也可以定义为：一个因数被使用三遍得到给定的数。同样，一个数的立方根也可以定义为：将其增大到三次方可以得到给定的数。这些定义虽然在概念上不同，但都是正确的。第一个定义是分解式的，思维过程是从数到其因数。第二、第三个定义也是合成式的，思维过程是从因数到数。

求解一个数的立方根是分解该数，找到它的三个相等的乘法部分中的一个。这是先求根的最高位，再用该数减去最高位的立方，然后通过求第一位数字的方法求第二位数，接着用该数减去它们的合成……一直进行下去。有很多种处理方法，其中最重要的三种方法可以区分为旧方法、新方法和霍纳方法。

旧方法——之所以叫旧方法，是因为它是一个需要用很长时间来学习和使用的方法。可以用 300 和 30 分别介绍一下旧方法中不同位数的数是怎样通过验证找出除数的。对该方法稍微进行修正后，算出结果的过程就可以被省略了，现在普遍倾向于使用这种改进后的方法，该方法的规则如下：

1. 将一个数从个位开始，三位一组。

2. 找出其包含在左边第一个三位数中立方最大的数，将这个数放在右边，并将其立方从原数前三位中减去，将下一个三位数和余数组合在一起成为一个新的被除数。

3. 取根数第一个平方数的 3 倍作为验证除数的十位，使其被被除数除，将商作为根数的第二位。

4. 取根最后一位数的 3 倍乘以前面十位上的数，将结果写在验证除数旁边，在其下面写根的最后一位数的平方数，它们的和就是完整的除数。

5. 用根的最后一位数乘完整的除数，再用被除数减去乘积，使余数和下一个三位数组成新的被除数。取这次平方根的 3 倍作为验证除数的十位数，同时像前面一样求根的第三位数，然后这样继续，直到前面的每个三位数都被分解完。

这种开三次根的过程可以用两种不同的方法说明，分别是分解法和合成法。分解法是指借助于通过反演分解法获得的乘方规则将数分解成因数。合成法是通过堆建几何立方体的方法确定根不同位上的数。

为了确定根数的位数，以及从哪一部分开始进行开方，必须先说明下面的原则：

1. **一个数的立方包含的位数是该位数的 3 倍或** $1^3 = 1$

3 倍减 2。 这个原则的证明过程如下：1 和 10 之间 $10^3 = 1000$

的任意整数包含一位数，它们的立方数即 1 和 1 000 $100^3 = 1\,000\,000$

之间的任意整数是一位数、两位数或三位数，因此，一个一位数的立方是一位、两位或三位数。10 和 100 之间的任意数是两位数，它们的立方数是 1000 和 1000000 之间的任意数即四位数、五位数或六位数，因此一个两位数的立方是 3 乘 2 位数或 3 乘 2 减 1 或减 2 位数。

2. **如果一个数从个位开始，每三位一组用"点"隔开，前三位的**

组数和最左侧不够三位一组的总数等于这个数根数的位数。

从原则 1 中很明显可以看出该原则，因为一个立方数的位数是该数位数的 3 倍或者 3 倍减 1 或 3 倍减 2。

分解法——用分解法解释求一个数立方根的过程时，我们将这个数分解成因数，通过已知的这些因数在乘方过程中的合成法则来推导开方过程。通过求解 91125 立方根的方法阐述该分解过程。

$$
\begin{array}{r}
91 \cdot 125 (40 \\
40^3 = 64\ 000 \quad\quad 5 \\
40^2 \times 3 = 4800 \mid 27125 \quad 45 \\
40 \times 5 \times 3 = \quad 600 \\
5^2 = \quad\quad 25 \\
\hline
5425 \mid 27125
\end{array}
$$

因为一个数三次方的位数是该数位数的 3 倍，或 3 倍减 1 或减 2，所以 91125 的立方根包含两位，即十位和个位，同时给定的数会包含"十位数的三次方加 3 倍十位数的平方乘以个位数，加十位数的 3 倍乘以个位数的二次方加个位数的三次方"。包含在给定数内的十位最大数是 4 个十，求 4 个十的三次方并在给定数中减去，得到 27125，这个数应该等于"3 倍十位数的平方乘以个位数"。由于 3 倍十位数的平方乘以个位数比表达式中其他部分都大得多，所以 27125 的主要部分必然是 3 倍十位数的平方乘以个位数，因此如果用 27125 除以 3 倍十位数的二次方，可以确定这个位数，3 倍十位数的二次方等于 $3 \times 40^2 = 4$ 800，除以 4800 发现个位数是 5。然后求出 3 倍的十位乘以个位等于 $40 \times 5 \times 3 = 600$，个位数的二次方等于 $5^2 = 25$。取它们的和，乘以个位得到 27125，再继续减就没有余数了。因此，91125 的立方根是 45。从这个求解过程中，很容易推导出上面给出的法则。

合成法——使用合成法解释时，需要使用立方体图形。通过创建一个体积等于给定数的立方体来推导出求立方根的方法。数被视为是一个立方体中的立方单位数，这个立方体边长的线性单位数是所求数的立方根。它之所以能恰当地使用合成法这个名称是因为从一个立方体开始，通过增加部件直到合成了所需容量的立方体。构成立方体的方法显示了求解立方根的过程。这个方法可以通过求解上面已经给过答案 91125 的立方根来阐述。

首先找出根数里包含的位数，然后这样展开求解：其十位上的三次方包含在 91125 中的最大数是 4。

用图 1 中的 A 表示边长是 40 的立方体，该立方体的容积是 $40^3 = 64000$。从 91125 中减去该立方体的容积，得到余数 27125 立方单位，由此得知立方体 A 包含不了 91125 的立方单位，其还缺少 27125 立方单位，因此，需要将 A 增加 27125 立方单位。

图 1

为此，先增加图 2 中的 3 个长方体板 B，C，D，每一个板的长和宽是 40 单位，又因为它们几乎补完整了立方体，所以它们的体积一定接近 27125 立方单位。因此，如果将 3 个板的某个面作为基础，用 27125 除以这 3 个板基础的面积之和，就可以得到它们的厚度。

图 2

一个板的面积是 $40^2 = 1600$，3 个板的面积是 $3 \times 1600 = 4800$，用 27125 除以 4800 得到的商是 5，因此增加板的厚度是 5 个单位。然后我们增加 3 个角落的块 E，F，G，它们长 40 单位，宽 5 单位，厚 5 单位，因此某个面的表面积是 $40 \times 5 = 200$ 平方单位，3 个是 $200 \times 3 = 600$ 平方单位。

图 3

$$
\begin{array}{r}
91 \cdot 125 \,(40 \\
40^3 = 64\ 000 \qquad 5 \\
40^2 \times 3 = 4800 \mid 27125 \quad 45 \\
40 \times 5 \times 3 = \ 600 \\
5^2 = \quad 25 \\
\overline{5425} \mid 27125
\end{array}
$$

如图 4，再增加角落的小立方体 H，其边长是 5 单位，一个面的表面积是 $5^2 = 25$。现在取增加部分的表面积之和，然后乘以共同的厚度 5，得到它们的实体容积等于 $(4800 + 600 + 25) \times 5 = 27\,125$。再继续减，没有余数剩下，因此包含 91125 立方单位的立方体边长是 $40 + 5$ 即 45。

图 4

当根数超过两位数时，增加图 4 中新立方体的大小，像增加第一个立方体时一样，或者让图 1 中的第一个立方体代表新的立方体，然后像前面的步骤一样继续增加立方体。

两种方法的比较——这两种解释开方根和开立方根的方法完全不同，虽然它们的实际运算一样，但却基于不同的观点。合成法是算术中通常会介绍的一种，分解法直到近期才局限使用于代数中。一直以来有个疑问，这些方法中，哪个更好一些，有一些人偏爱合成法，另一些人则偏爱分解法。就我而言，我更偏向于分解法，原因如下。

第一，该方法与算术的精髓一致。我们用算术原则解释算术观点，在使用合成法时遗弃了算术观点，而引用几何知识来解释算术。有人可能会说使用分解法我们是用代数来解析算术，但是我们应该记住的一点是代数被叫作"通用算术"，并且这里使用的代数是纯粹算术。换句话说，虽然可以用字母说明对数字的分解，但这个概念是一个纯粹算术的概念，没有依赖于代数中任何不同于算术的原则。

第二，我认为只有通过分解法才能对开方进行一个全面透彻的分解。几何法和分解法都可以说明开方过程，但是分解法展现了开方的本质，它用纯算术的方法展示了平方和立方的形成准则，比其他任何方法都更具有洞察性，一个只知道用合成法解开方的人，并不算是真正地了解开方。

第三，分解法是通用方法，它可以解释任意根的开方方法。几何法是特殊方法，只能用于开方根和立方根。平方根被视为一个正方形的边长，立方根被视为立方体的边长，但是没有几何概念可以表示四次根，也没有图形可以对应四次方，因此也就没有概念可以表示四次根以及更高阶的根。

关于两种方法难易程度，大众普遍认为合成法比分解法简单。但是我对这个观点持怀疑态度，并且我的怀疑不仅仅是基于理论，还基于尝试过两种方法的经验。我认为用分解法要比用合成法能更快、更透彻地掌握开方的知识。另外，我观察到学生们能很快地掌握几何法，但不能真正地理解它。因此，我建议将分解法引入教科书和教学系统中去。

所谓开方的合成法也可以用分解法的形式表示。因此，不是给上图的正方形 A 增加图形，而是从大的正方形开始，减去 A，然后得到长方形的宽和正方形的边长，然后相减。实际上，这种方法似乎更自然，因此该方法被美国学者所采纳。当我们用这样的形式表示开方时，将这两种方法分别叫作代数法和几何法会更好一些。

同样的，立方根也可以这样阐述。用图 1 表示一个包含 91125 立方单位数的立方体，从中取出立方体 A（$40^3 = 64000$），得到一个图 2 的实体表示 27125 立方单位，这个实体主要包含三个厚板 B，C，D，每一个长度和宽度都是 40 单位。用 27125 除以三个厚板一面的面积之和（$3 \times 40^2 = 4800$），得到它们的厚度是 5 单位，去掉厚板，剩下图 3 中的三个实体，每一个尺寸是 40 乘 5，因此这三个实体一面的表面积是 $3 \times 40 \times 5 = 600$ 平方单位。

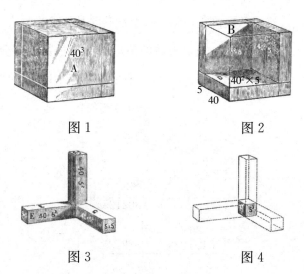

图 1　　　　　　　　　　图 2

图 3　　　　　　　　　　图 4

去掉 E，F，G，剩下图 4 中的小立方体 H，其一面的表面积是 $5^2 = 25$ 平方单位。用共同的厚度 5 乘以所有的表面积之和，得到 $(4800 + 600 + 25) \times 5 = 27125$ 立方单位。

新方法——我要介绍一种比普通方法容易求解开立方根的新方法。之所以容易是因为其找到了一个获取验证除数的通用方法,所以任何的一个除数都可以被用来求下一个除数。在这个运算中,验证除数用 t. d. 表示,真实除数用 C. D. 表示,每一项所代表的局部值通过其所处的位置区分。求解验证除数和真实除数的原因可以通过公式表达。

例如:求 14 706 125 的立方根。

求解——我们可以求出根数项的数量以及根数和立方体的第一项,减去并降低第一个阶段。

然后求出除数 12,求第一项平方的 3 倍,然后除去该结果,得到根数的第二项是 4。之后取第一项和第二项乘积的 3 倍和第二项的平方,将结果加到验证除数上修正,得到真实除数 1456。然后用 1456 乘以 4,再继续减到下一阶段。

为了求得下一个验证除数,取最后一项的平方 16,将其加到前面的真除数上,经过两次修正得到下一个试验除数 1728。

为了求得真实除数,加上根数的最后一项和根数前部分乘积的 3 倍和最后一项的平方,得到 176425 是真实除数,乘以 5 得到 882125。

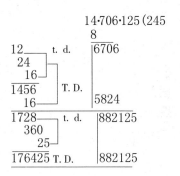

这种方法以下面的形式展示,可以展示出验证除数和真实除数的形成过程。

(1)真实除数=验证除数+乘积+平方

（2）验证除数＝平方＋真实除数＋修正

为了展示用该方法能处理数值较大的数，我们用该方法求解 145 780 276 447 的立方根。

首先找到根的第一项，第一个验证除数和真实除数。

为了求第二个验证除数，取 2 的平方，真实除数和前面修正的和，得到 8 112。通过将修正数加到验证除数上得到下一个真实除数 820 596。

接下来，取 6 的平方，前面的真实除数和修正数的和 830 028 作为第三个验证除数，像前面一样求出下一个真实除数。

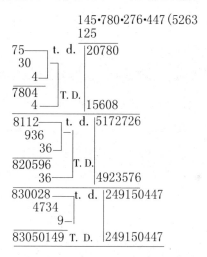

我们介绍另一种获得试验除数和完整除数的方法。这种方法的一部分很容易通过下面的公式被记住。

完整除数＝验证除数＋修正数字

验证除数＝修正数字＋组合除数＋平方

用求 14 706 125 的立方根来讲解一下这种方法。

首先，找到根数的位数以及根数中的第一项。

其次，将根数的第一项 2 写在左侧第一列的头部，将 2 的平方的三倍加两个点写在第二列的头部，2 的立方写在数字 14 706 125 最左侧数字段的下方，然后将相减后的结果附在数字的下一数字段成为被除数，用该被除数除以第二列作为试验除数的数字，得到根数的第二项数字。

然后，用 2 乘以第一项数字 2，将乘积 4 写在第一列 2 的下面，之后相加，再把根数的第二项数字加到第一列的 6 后面，得到 64，用 64 乘以 4 得到一个修正数字，写在验证除数的下方，将修正数字加到验证除数上，得到完整除数 1456。然后用 1456 乘以 4，乘积从 6706 中减去，然后附加到 14 706 125 的下一数字段中组成新的被除数。

接下来，把根数的第二项 4 的平方写在完整除数下面，再将修正数字、完整除数和平方相加得到 1728 作为下一个除数。除以验证除数，得到根数的下一项是 5。

最后，用 2 乘以根数的第二项 4，将乘积 8 写在 64 下面，与 64 相加，将根数的第三项加在和 72 后面，得到 725……

```
第一列      第二列         14·706·125(245
2          12. . t. d.          8
4        ┌─ 256           ┌─────────────
──       │ 1456 C. D.     │ 6706
64       │   16           │
8        │              ──│ 5824
──       │ 1728. . t. d.  │
725      │   3625         │ 882125
         └──────────      │
            176425 C. D.  │
                          │ 882125
                          └─────────────
```

该方法的一部分过程很容易通过下面的公式被记住，其是验证除数和完整除数的公式：

1. 验证除数＋修正数字＝完整除数

2. 修正数字＋完整除数＋平方＝验证除数

用求解 41 673 648 563 的立方根来证明该观点。

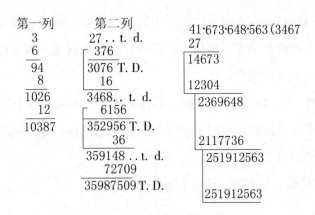

霍纳法——用霍纳法求立方根来自英国巴思的霍纳（Horner）先生，是他从自己发明的一种解决三次方程的方法中推导出来的。该方法最早发表在 1819 年的哲学学报中，名称是《通过连续逼近求解所有阶次数学方程的新方法》。它的发明者霍纳先生是巴思的一个数学老师，于 1837 年去世。该方法被认为是现代算术中最值得纪念的创作。德·摩根说第一位发现霍纳方法价值的学者是 J. R. 杨（J. R. Young），他将其引入一篇有关代数的基础文章中，并于 1826 年发表。美国最早将该方法引入算术中的人是纽约的珀金斯教授（Prof. Perkins）。

这种方法与前面解释过的两种方法不同，它具有很多优点，所以我强烈建议将其普及。它非常简单，用该方法求较大数的根时只需要用其他方法一半的计算量。这种方法的简便性源于它的一种原则，而每次我们用旧方法求新的试验除数和真实除数时都需要重新计算。换句话说，这是一种合成方法，不会有多余的运算，因为每次得到的结果都会应用到随后的求解结果中，通过它求解，计算时间将大大减少。

它的性质是完全通用化的，可以应用到所有高阶根的开方上。这种方法既可以用分解式解释也可以用合成式解释。它还出现在一些高等算术中，这里就不再讲述了。但是有一点，它比记忆另外两种方法要困难，这也许是该方法推广使用中的最大缺陷。前面求解立方根的新方法（不能用于求更高的根）比霍纳方法更受偏爱是因为其非常简便，而且更容易掌握和记忆。

近似根——发明求解二次根及其他根等不尽根的规则方法是早期算术和代数学者比较热衷的一项研究。这些规则和相对价值用代数语言表达后更容易被理解。

1. 阿拉伯人给出的规则用下面的公式表示：

$$\sqrt{(a^2+x)} = a + \frac{x}{2a}$$

这个近似值给出的根过大，为了增加准确性，可以用求到的根进行重复计算。这个规则由卢卡·帕乔利给出，然后由塔塔里亚和来自比萨伦纳德的同胞一起推导出来的。

2. 胡安·德·奥特加在 1534 年给出的规则可以通过下面的公式表示：

$$\sqrt{(a^2+x)} = a + \frac{x}{2a+1}$$

这个近似值有缺陷，但是总体来说比前面的更加准确。

3. 第三种近似值由奥龙斯·费恩提出，他是巴黎一所大学里的数学教授，因为他将意大利的数学知识传播给法国人而长期享有特殊的声誉。他求近似值的方法是将 2，4，6 或任何运算中的偶数加到要求的根数上，用于六十进制整数中，因此在求 10 的开平方根时，会得到 3.162，转化成六十进制数是 3.9′.43″.12‴。

这在小数发明之前是一个非常精确的近似值，在斯蒂文时代得到推广。如果学者在根数的第一项分解时就停止了，他将会用 3 项的数表示 10 的平方根，但是六十进制数字的应用限制了对十进制概念这种很明显的延伸，使得数字科学在这方面的改进延迟了半个多世纪。

奥龙斯·费恩的方法引起了同时期数学家们的关注，他们在采用该方法时没有将结果约简成六十进制，仅仅是分式化，用 0 和运算中涉及所有 0 中的一半作为分母，得到 $\sqrt{10}=\dfrac{3162}{1000}$。这种形式被塔塔里亚和雷科德所注意。还有奥龙斯·费恩的学生佩尔蒂埃在注意到两种近似值方法中的第二种后，他说这种方法比其他任何方法更准确，也没有那么冗长。

立方根的近似值法也有很多种，帕乔利的方法可以表示成下面的公式：

$$\sqrt[3]{(a^3+x)}=a+\frac{x}{(3a)^3}$$

塔塔里亚说这个公式是他从比萨的伦纳德（Leonard）那里得来的，而伦纳德是从阿拉伯人那里得来的。

奥龙斯·费恩的方法可以用下面的公式表示：

$$\sqrt[3]{(a^3+x)}=a+\frac{x}{3a}$$

这个公式的错误是超过了准确值，和帕乔利的公式距离准确值有欠缺一样。

卡丹的方法表示成下列方程式：

$$\sqrt[3]{(a^3+x)}=a+\frac{x}{3a^2}$$

塔塔里亚批判了这种方法，因为这种方法可能来自一个人，这个人曾经背叛了他，窃取了他解三次方程的研究成果，塔塔里亚将自己的方法表示成下面的方程：

$$\sqrt[3]{(a^3+x)}=a+\frac{x}{3a^2+3a}$$

这种方法比卡丹的更准确，其缺陷是达不到准确值，而卡丹的方法的缺陷是超过了准确值。

后来，也有其他近似值的方法被提出，比之前的任何方法都更准

确。其中最好的一种方法亚历山大·埃文斯（Alexander Evans）在
1876 年的《分析员》期刊 1 月版中给出：

$$对于平方根：\frac{N}{2r}+\frac{r}{2}$$

$$对于立方根：\frac{N}{3r^2}+\frac{2r}{3}$$

$$对于 n 次根：\frac{N}{nr^{n-1}}+\frac{n-1}{n}\cdot r$$

为了阐述这些方程式，我们求 2 的平方根和 6 的立方根。假设 2
的平方根接近 1.4，然后将 $r=1.4$ 代入公式得到：

$$\frac{N}{2r}+\frac{r}{2}=\frac{2}{2\times(\frac{14}{10})}+\frac{1}{2}\cdot\frac{14}{10}=\frac{99}{70}=1.4142+$$

这是一个到小数点后第四位都准确的根，通过代入 $\frac{99}{70}$ 得到了八位
都准确的根。

在求 6 的立方根时，假设 $r=1.8$，然后代入公式得到：

$$\frac{N}{3r^2}+\frac{2r}{3}=\frac{6}{3\times(\frac{18}{10})^2}+\frac{2\times(\frac{18}{10})}{3}=\frac{50}{81}+\frac{6}{5}=1.8172$$

上面的结果到第三项都是正确的，但不能依赖该方法给出一个很
多项都是正确的近似值。在用它求 3 的立方根时，将 1.4 视为 r，得
到结果 1.44353，只有两项是正确的。如果将 1.44 视为是 r，就会求
得近似值是 1.442253，这个数值中有四位是正确的。如果取 $r=1.5$
作为 4 的立方根，得到的第一个近似值是 1.5925，只有第一项小数位
上的值是正确的。如果取 $r=1.6$，会得到 1.5875，有三项是正确的。
因此，最好的方法是一般方法。

第三篇 比 较 法

第一章 比率和比例

第一节 比较法介绍

算术上包含 3 种运算过程：合成法、分解法和比较法。合成法和分解法是合并和分解数字的机械过程，比较法是一种思维过程，指导合成法和分解法这两种一般过程，同时揭示了在这两种过程中的内在规律。起源于比较法的主要过程是比率、比例、级数、百分数、约分和数的属性。

如果两个数互相比较，我们认为两者之间存在的明确关系，对于这种关系的衡量叫作比率。数可以按照两种方式进行比较：第一种是通过提问一个数比另一个数大或小多少；第二种是通过提问一个数等于另一个数的多少倍。因此，在比较 6 和 2 时，6 比 2 多 4，同时 6 是 2 的 3 倍。这两种关系都可以用数值表达出来，产生了数字的比率。第一种比较叫作算术比，第二种叫作几何比。术语"比率（ratio）"一般使用时是有限制性的，然而对于几何比，它可以随便使用。

比率之间的比较产生了一些不同的运算过程，叫作比例。如果两个相等的比率进行比较，产生比率的数形成了所说的几何比例或简称为比例。当比率非常简单时，得到单比例；当一个或者两个复合比率比较时，得到复合比例（也称连比）。

如果将一个数分解成若干部分，并且它们互相有一定的关系，就需要一种叫作部分比例的运算过程。如果按照一种确定的关系来合并数字，就需要一个中间比，这种合并数字的方法被称为混合法。如果比较数字使每一个后项都和相邻的前项类似，这运算过程叫作结合比例。

如果有一系列与共同比率不同的数字，通过研究这样的序列，并确定它们的规律和原则，从而产生级数的概念。如果比率是指算术学的，那么级数叫作算术级数；如果比率是指几何学的，那么级数叫作几何级数。

同样，可以把一些数作为比较的基础，并根据这个基础发展数字的关系。人们发现在商业交易中使用一百作为比较的基础非常方便，从而产生了百分数。在分数和十进制数字中，相同的量中一般有不同值的单位。通过比较这些单位，能够从一个值的单位传递到具有较大值或较小值的单位，从而可以约简运算过程。从较小值转化到较大值时，叫作向上折算。从较大值转化到较小值时，叫作向下折算。

通过对数字的比较，还可以发现属于数字本身特定的属性和原则，以及起源于阿拉伯计数法的其他属性和原则。这些原则可以放在统一标题的数字属性下探讨。因此，可以看出数字学科的一些分支，不包含在合成法和分解法这些起始过程，即加法和减法中，而是源于比较法的思维过程中。

第二节　比率的性质

比率起源于数字的比较，是对数字之间关系的数字测量。由此产生了算术中一些重要的部分，例如比例、级数等。比率的重要性以及人们对它的一些不充分和多样化的观点，使得很有必要对其进行一个非常仔细透彻的讨论。

定义——比率是两个相似准则量之间关系的测量。这个定义与通常使用的定义在某一点上有本质的不同。比率通常定义为"两个量之间的关系"，在这里关系和比率被当作是一样的，这是不正确的，或者至少不是一个精确的定义。单词"比率（ratio）"是比关系更精确的术语，这一点会在下面的阐述中体现。如果提问 8 和 2 的关系是什么，一般的回答是"8 是 2 的 4 倍"，但是如果提问 8 和 2 的比率是多少？正确的回答是"4"。这里比率 4 是测量 8 和 2 比较关系的数字。由此可以看出，比率不仅仅是两个相似准则量的关系，而是它们关系的测量。

项——比率来自两个相似准则量之间的比较。这些量叫作比率的项。第一项叫作前项，第二项叫作后项。前项与后项做比较，后项是比较标准的基础，因此，比率是把第二个量当作标准，与第一个量比较后的值。因此，比率表达了需要将后项重复多少次来得到前项，或者前项是后项的多少部分。换句话说，比率回答了问题：后项是前项的多少倍，或者前项是后项的多少分之一？这样可以看出比率等于前项除以后项。因此，6 和 3 的比率等于 2，3 和 6 的比率等于 $\frac{1}{2}$。

比率的方法——大家有一个问题，求比率的正确方法是用前项除以后项，还是后项除以前项。一位杰出的学者倡导前项除以后项，并且这种做法被一些美国数学家所采纳。求两个数比率的正确方法是用前项除以后项，被称为传统方法，后项除以前项被称为新方法，下面会给出证明这种方法正确性的过程。

1. **比率的属性**。我认为传统方法的正确性可以从比率的属性中体现出来。如果我们提问"8 和 2 的关系是什么?"一般的回答是"8 是 4 乘 2"，这里的数字 4 是关系的测量，因此 8 比 2 的比率是 4。如果问题是"2 比 8 的关系是什么"，一般的回答是"2 是 8 的 $\frac{1}{4}$"，在这种情况下，比率是 $\frac{1}{4}$。从这个观点得出决定比率的正确方法是用前项除以后项，而不是用后项除以前项。

如果问 8 比 2 的关系，回答"2 是 8 的 $\frac{1}{4}$"是不符合逻辑的，因为这并没有回答我的问题。在给出回答时，比较中用到的第一个数字应该是问题中的第一个数字，颠倒顺序是不符合逻辑的、荒谬的。如果 8 比 4 的比率是 $\frac{1}{2}$，那么当我问到"8 比 4 的关系是什么"时，他们必然会回答"4 是 8 的 $\frac{1}{2}$"，除非假设 8 比 4 等于 $\frac{1}{2}$，那么他们会说"8 是 4 的 $\frac{1}{2}$"。

这一点可以通过多德教授（Dodd）的一个阐述得到证明。A 和 B 两个人，假设 A 是父亲，B 是儿子。如果问题是"A 和 B 的关系是什么?"正确的回答是"A 是 B 的父亲"；回答"B 是 A 的儿子"会前后矛盾的，因为这个是回答"B 和 A 的关系是什么"。这和数字的比较一样，甚至更应该这样，因为科学要求要比普通对话更精确。因此，如果提出了问题"8 和 2 的关系是什么"正确的回答应该是"8 是 4 倍的 2"，从中看出比率是 4。因此，两个数的比率是第一个数和第二个数关系的测量，也就是第一个数除以第二个数。

2. **比较的法则**。求解比率的真正方法也可以从比较的本质和主体中看出。比较的法则是将未知量和已知量进行比较，因此，写作 $x=4$，而不是 $4=x$。在比率中，一个数是比较的基础，比率是通过这个基础测量另一个数。从这层意义来看，基础可以被视为已知量，另一个数则被视为未知量。单位是测量所有数的基础。只有知道了一个数和单位之间的关系后才能理解这个数。当任意数，例如 8，出现在我们脑海里时，我们用它和单位比较，而不是用单位和它比较。提出的问题会是"8 是 1 的多少倍"，因为 8 是第一个提到的数，因此是前项，比率就是前项除以后项的商。比率新方法的倡导者会需要我们用 1 比 8，测量的单位和需要测量的物体比较，已知和未知比较。这不仅不合适而且违背了思维逻辑原则。

3. **权威**——证明是用第一项除以第二项的最有力论据，就是它们经常被杰出数学家们使用。因习惯规定的科学术语不能被改变是最强大的理由。从该学科的最早期阶段，数学家们就用前项除以后项。这种方法被古代三大数学家欧几里得、毕达哥拉斯和阿基米德，以及现代三大数学家牛顿、拉普拉斯和拉格朗日所采用。英国、德国还有大部分的法国数学家，从很早就开始使用这种方法。一两个法国学者和一些美国学者已经采用了新方法，但这仅仅是几个特例，一直以来，使用比率的数学家使用的都是传统方法。

支持旧方法的权威人士不仅数量比较多，而且很多都在学术界占据显赫的地位。每个时代最伟大的数学家们都用实践的方式使用并支持旧方法。这些支持者中有欧几里得、毕达哥拉斯、阿基米德，还有丢番图、牛顿、莱布尼兹、拉普拉斯、拉格朗日、伯努利、勒让德、阿拉戈、布尔东、卡诺、巴罗、赫歇尔、鲍迪奇、皮尔斯等，为他们的国家和时代增光的数学家，他们的名字是该学科巨大成就的一种代表符号。所有伟大的作品，可以作为天才纪念碑般的杰作都站在了旧方法这一边。牛顿的《原理》，拉普拉斯的《天体力学》，拉格朗日的《天体力学》，勒让德的《数论》，皮尔斯的《分析力学》采用的都是旧方法。众多伟大数学家的一致使用，应该可以被认为是该问题的最终定论。

4. **改变的不方便性**——该学科中也有其他定义涉及比率的概念，要正确地理解这些概念需要对比率有一个精确的定义。这些定义建立在旧方法的基础上，因此，如果改变决定比率的方法，或许会对其他定义产生错误的概念，又或者是必须更改其他定义。后者几乎是不可能的，因为其他定义已经变成了科学语言的固定形式。

在这些定义中，要提到的是比重（现称相对密度）、微积分、折射率以及几何符号 π。一个物体的比重定义，是该物体的质量和另外被当作标准物体的质量的相等体积的比率。折射率是入射角的正弦值与折射角的正弦值的比率。微积分是函数值的增量与自变量的比率。几何符号 π 是圆周与直径的比率。这些定义得到了大师的权威认定，并且会保持不变。其中一两个定义被新方法的倡导者更改了，但是除了在他们自己的教科书中更改，很难再有进一步的延伸发展。

5. **符号的起源**。据说比率的符号来源于除法，也就是说比率是将符号"÷"中间的水平线省略而得来的。除法符号表示符号前的量除以符号后的量，因此如果比率符号起源的说法是正确的，表明两个数的比率是第一个数除以第二个数的商，同时这种初始方法在没有反对意见的情况下被沿用下来。

在这一点上，我注意到比率的旧方法给出了最简单的比例概念。比例是比率的等同量，这个概念可以清楚地表达成 6÷3＝8÷4。而其他方法不能展现比例最简单的概念。符号"："是否是对符号"÷"的变更，这一点大家并不确定。但是这个起源的说法看起来比较合理，而且我在早前出版的德国作品里发现除法的符号被用来表示数的比率。

法式方法——比率的新旧方法用"英式方法"和"法式方法"进行区分。旧方法叫作"英式方法",新方法叫作"法式方法"。我认为这两个名字最早由雷(Ray)教授运用,虽然之前有人认为法国数学家们使用其中一种方法,英国数学家使用另一种方法,但后来发现这都是错误的。"法式方法"并不是由法国人使用,法国数学家一般都反对这种方法。据我调查,到目前为止拉克鲁瓦(Lacroix)是卓越数学家中唯一使用过该方法的人。"英式方法"并不局限于英国人使用,实际上,它也被法国、德国和澳大利亚等各个国家的数学家使用,因此把它称为英式方法是不正确的。

据说,法国数学家采用的几乎都是旧方法,并且很多著名的数学家都这么做。其中有拉普拉斯、拉格朗日、勒让德、布尔东、韦尼耶、孔德、毕奥、卡诺、阿拉戈等。为了证明这一点,我会引用一些他们的作品内容。布尔东在他的《算术学》中写道:"举个例子,24 比 6 的比率是 $\frac{24}{6}$ 得到 4,6 比 24 的比率是 $\frac{6}{24}$,得到 $\frac{1}{4}$。"勒让德在《几何学》的第四本书命题 14 中写有"圆周与直径的比率是 $\pi = 3.1415926$",韦尼耶(Vernier)在《算术学》中也有提到过。其他学者的作品也可以引用,这些足以证明所谓的法式方法并不是法国人的方法。勒让德和布尔东的例子是可以参考证明的,因为,据猜测一些受欢迎的美国教科书,是译自那些应用新方法的学者,这促使很大一部分美国学者和老师采用新方法。

而拉克鲁瓦,他所用的方法背离了法国数学家们的普遍用法。在他所有的著作中,我只查阅了《算术学》,其中在比较数字 13 和 18 及 130 和 180 时,他讨论的是比例而不是比率本身。

拉克鲁瓦站在了该问题的对立面,并且从他的表达方式可以清楚看出他明白自己的立场与他的同胞们通用的立场不同。我认为很容易看出拉克鲁瓦是怎样出现这种错误的。拉克鲁瓦从一个有关比例的问题入手到这个主题，通过分解法解决了这个问题，然后从这个分析过程中提取出了一个看似合理的错误，似乎认为这个分析过程指示了后项除以前项的除法，他就这样定义了各项，然后发布了他的比率方法。整个讨论是不合逻辑的，就像结果不正确一样。拉克鲁瓦用比例而不是比率开始了这个主题，因此颠倒了整个问题，从而使比率的方法也颠倒了。真正的方法是从比较数字开始，决定它们的关系，然后通过比较它们的关系得到比例。第一步是真正的比率概念，第二步是比例。

对支持新方法论据的反驳——如果不尝试反驳一些支持"法式方法"的论据，这个讨论则是不完整的。在新方法的采用上，一位杰出的学者比该国其他任何学者做的工作都要多，他为该方法做了正式的辩护，他的一些论据我会在下面提到。他的第一个论据建立在比较的本质上，在前面的讨论中已经进行了反驳。他说在比较数字时比较的标准应该是第一个提到的数，因此，在理解 8 时，他会用数字的基础，即 1 和 8 比较，而不是用 8 和 1 比较（也就是数字的比较基础）。他所犯的错误是比较标准和需要测量的事物，也就是已知量和未知量比较，而真正的比较法则恰好是相反的。

这一点可以在连续量中轻易地看出，连续量只有在把它们和它们自身被假设为单位的一部分比较时才能很容易地理解。因此，假设我们要考虑一段时间，很显然通过将这段时间与一些固定单位比较时才能清楚这段时间的概念，比如和一天、一周或一年比较。在这些情况中可以看出，我们不是将单位和给定量做比较，而是像学者所主张的那样，将需要测量的量与测量单位进行比较。

学者的第二个论据是新方法可以给比例产生一个方便的规则，第四项等于第三项乘以第一项和第二项的比率。我的答复是旧方法也给出了同样方便的规则，即"第四项等于第三项除以第一项和第二项的比率"。他的第三个论据是，在几何级数中比率是任何项除以后一项的商。这好像是他倡导的论据中最可信的一个。如果这是正确的，即任何项和后一项的比率是第二项除以第一项的商，那么偏离了比率的一般方法也是正确的，但是不能就此说比率的一般方法应该改变且与特殊情况保持一致。更明智的结论是新方法应该改变以便与旧方法对应。也就是说，应该是一般方法控制特殊方法，而不是特殊方法控制一般方法，这是科学的一个固定法则。接下来，需要看一下如果几何级数的书写形式不表现成一般比例，表示方法是否有所例外。

在几何级数中，比率是对任意项和前一项关系的测量，在序列1，2，4，8……中不是将1和2比较，2和4比较……在确定比率时会考虑下面几点。为了阐述，假设要求该序列的第五项，难道不是这样推理吗？第五项对第四项一定像第四项对第三项一样的关系，又因为第四项是第三项的两倍，第五项一定是第四项的两倍，即16。这里遵循了比较的法则，通过比较未知与已知，改变这个看得见的顺序，指定8是第一个，4在其后。如果将比较以完整的形式写出，会得到"第五项：8＝8：4"。如果这是正确的，那么在几何级数中，不是用一项和后一项比较，而是和前一项比较。因此显示出，级数的比率是任意一项和前一项的比率，而不是和后一项的比。换句话说，向后比较，而不是像普通比率那样向前比较，同时我们确实是用前项除以后项来得到比率。

一些学者表示这明显偏离了比率的一般意义，这么说的话在几何级数里我们可以表示成"项的反比率"。有人说"这样相反的表达共同比率会更方便一些，因为这样只需要一个数就足够了"，另一个人说"当我们碰见'几何级数'的表达时，我们就明白是反比率"。对我来说，更清楚明白的是书写几何级数各项的顺序和思考顺序是相反的。

我们按一个方向书写，却按另一个方向思考。如果级数序列按照比率的概念口述，那么我们就从右向左书写级数数列。

然而，在几何级数中，我们考虑的是级数的比而不是各项的比率，也就是这个级数是按照什么比展开的，在连接中更偏向使用的是"比"这个术语而不是"比率"。一系列项按照共同的乘数增加或减少，虽然产生与比率相同的概念，但是表现出的并不是和比率相同的概念。

这种区别实际是由几个法国学者提出的。他们使用不同的单词"rapport"和"raison"，前者表示两个数的比值，后者表示几何级数的速率。因此布尔东在《算术学》中说"在一个持续的发展之前，有一套连续的关系，我们的关系恒定，在即时的命名之前就已经存在了"。亨克尔（Henkle）教授在这个问题上写了几篇优秀的文章，并引用比奥在几何发展中同样的理念，这样就可以看出一些法国学者对比率和级数的固定乘数进行了区分，我们如果采用了"比率"这个词，就会避免出现这个看似背离了比率通常意义的反对观点。

关于这个主题，我用了相当多的时间来讨论，因为我认为观点和实践之间应该保持一致性。一些最受欢迎的数学初级教科书已经采用了所谓的"法式方法"，并且将其教给了这个国家的学生们。被传授了这个方法的学生们很难再放弃它，但是如果他们继续学习哲学和高等数学，他们会在所有包含比率定义的知识上碰到困难。这部作品已经写了将近 12 年了，希望他们能注意到，一些采用了新方法的学者已经放弃了它，现在他们仍然采用传统方法。

第三节　比例的性质

比例是比率之间的比较。在熟悉了数字之间关系的概念后，我们开始比较数字之间的关系，当同等关系进行比较时，就会得到比例的概念。

因此，可以看出比例起源于比较，它是对前面两个比较结果的比较。一个比例包含三次比较，两次产生比率的比较和一次比例之间的比较。这三次比较都展现在了比例的表达式中，两对中的比率符号表现的是前两次比较，两对之间的等同符号表现的是第三次比较。因此，比例包含 4 个数，按一定顺序书写后，第一个数和第二个数的比率等于第三个和第四个的比率。例如，6 比 3 的比率和 8 比 4 的比率是一样的，如果按照正式的形式比较，就是 6：3＝8：4，这样就得到了比率。

符号——可以通过放置所比较的两个比例之间的等号来写一个比例，如 2：4＝3：6。一般不是使用等号而是使用冒号来表示比率的相等，比例就写成了 2：4＝3：6。然而法国和德国数学家经常使用等号符号，在介绍给其他学者时，等号符号也被偏爱。比例有不同的读法，如上面的比率可以读作"2 比 4 的比率等于 3 比 6 的比率"或"2 对于 4 相当于 3 对于 6"，后者是经常使用的方法。

定义——比例是两个相等比率的比较，或者比例是表示两个比率相等的表达式。在这个表达式中，必须是经过比较才获得该比率的数。所以可以将比例看作是一个方程。一般使用的方程表示等数的关系，比例表示相等比率的关系。一个是从数量的比较中获得，另一个是从数量的关系的比较中获得。前者是等数之间的方程，后者是两个相等比率之间的方程。

通常给出的比例定义是"比例是比率的一个等式"，这是正确的，但不足够精确，因此还不能构成一个完美的定义。不仅仅只有一个比率的相等，而是这些比率间的正式比较，才能产生一个比例。这个比较同时也显示出经过比较后产生相等比率的数。因此，6 比 3 的比率是 2，8 比 4 的比率也是 2，这是一个比率的等式，但不是比例。如果比较比率 2 和 2，会得到公式 2＝2，这也不是比例，因为它没有显示出产生相等比率的数。要想给出一个正确的比例，必须将比率进行比较，同时这些比率数产生的比较过程也要展现出来。仅仅说是比率的等式是不充分的，比例还必须显示出产生相等比率的数。那么比例就不仅仅是"比率相等"，而是相等比率的比较，即一个比率数的比较。

虽然这种观点显示所比较的数字比率在我提出的定义里没有正式陈述，但是可以从中直接推导出来。因为，如果像上面那样比较 2＝2，可以直观地看到仅仅是数字间的比较，不是比率的比较。的确，每一个比率都是一个数字，反之亦然，因此，2＝2 可以是也可以不是两个比率的比较，这种比较是不确定的。所以，为了明确清楚地表述比率的等式，必须保留被比较的数，来表示这个方程是相等比率的表达式，而不仅仅是数字间的比较。相应的这个定义被认为能足够明确地避免任何误解。如果想将这个观点包含在定义里，可以这样定义：比例是相等比率的比较，其中显示了产生该比率的数。

比例的种类——从最初的比率和比例的概念中修正和延伸出了几种类型的比例。具有相等比率的三对和三对以上数字的比较叫作连比例，表达复合比率的等式叫作复合比例，反比例是指其中两个量的比率和另外的两个量相反。协调比例是指第一项和最后一项的比等于第一项和第二项的差与最后一项和倒数第二项差的比。部分比和中间比是两个独立的定义。需要特别注意的是，比例是单比例或两个简单比率的比较。

原则——比例的原则是它本身的真相，展现了不同数字之间的关系。比例的基本原则是内项乘积等于外项乘积。从这个原则又可以推导出其他原则，通过这些原则，可以求解四个项中任何一个值。除了这个基本原则和直接推理原则外，还有许多其他一些特别的比率原则，除了这个基本的和直接的衍生词之外，它们通常不在算术中出现，但可以在代数和几何著作中发现。然而，它们同样是纯算术和几何的重要组成部分，而且都很容易得到证明。事实上，它们属于算术学，而不是几何学。因为比率本质上是数值的，因此应该在算术科学中加以处理。这些原理在这里并不能不证自明的，但承认有示范作用。记住这一点，我们可能会问，形而上学者怎么可以声称纯算术中没有推理呢？在纯粹的算术中没有推理吗。

证明——比例的基本原则可以用两种方式来证明。通常给出的证明方法是：如比例 $4 : 2 :: 6 : 3$，从这个比例中我们可以得到 $\frac{4}{2} = \frac{6}{3}$，根据分数的知识，得到 $4 \times 3 = 2 \times 6$，又因为 4 和 3 是外项，2 和 6 是内项，推论"外项乘积等于内项乘积"。这通常是代数和几何汇总使用的方法。虽然它作为证明方法十分令人满意，但是有人反对该方法，可能是因为它虽然证明了乘积是相等的，但是没有说明为什么相等。

另一种方法在算术中比较受欢迎，方法如下：根据比率和比例的基本概念，得到每一个比例汇总有第二项×比率：第二项：第四项×比率：第四项。然后外项的乘积中有第二项、比率和第四项，内项乘积中有相同的因子，因此乘积是相等的。这是一种简便的方法，不仅清楚地展示了乘积相等，而且证明了必然相等以及为什么相等。乘积之所以一样，是因为在其本质上它们有相同的因子。

也可以用更简便一些的代数语言表述该证明，比例 $a : b :: c : d$，假设 $r =$ 比率，那么 $a \div b = r$，因此 $a = b \cdot r$，同样的 $c = d \cdot r$，因此比例可以写成 $b \cdot r : b :: d \cdot r : d$。所以，在外项的因子中有 b、r、d，同时内项有相同的因子，因此两个乘积相等。

第四节 单比例的应用

单比例是用在四个量中有三个已知量，求解第四个量的情况。这些量互相关联，即要求的量与同类量的相互关系和剩余两个量的相互关系一样。我们可以形成一个比例，其中一个项是未知的，而这个未知的项可以通过比例原则找到。因此，假设问题是：如果 2 米布的价格是 8 元，那么 3 米布是多少钱？

可以看出 3 米布和 2 米布之间的价值关系与 3 米和 2 米的关系是一样的，因此得到下面的比例，从该比例中可以很容易求出未知项的值。

$$3米布的价格 = 8元 :: 3米 : 2米$$
$$3米布的价格 = \frac{8 \times 3}{2} = 12元$$

所有的这类问题都是给出三项的值来求第四项的值，因此单比例又被叫作比例法。传统学校的数学家们认为这很重要，把它叫作"3 的黄金法则"。现在它失去了昔日的光彩，分解法在很大程度上取代了它的位置。分解法的思维过程比比例法简单，在很多情况下优于比例法，特别是在初等算术中。但是单比例原则仍然不能被完全丢弃。通过比例法进行因数之间的比较为其提供了一个宝贵的原则，从教育方面考虑它应该被保存下来。此外，在一些分解法不能解决的问题上它还是很有价值的，甚至是不可或缺的。当然在代数、几何和高等算术中它也是不可缺少的。

未知量的位置——在前面的比例法求解问题的过程中可以看到，我把未知量放在第一项中。这和通常的用法不一致，因为其他学者都将未知量放在第四项。我大胆地背离了这个习惯，同时建议将这种背离推广开来，这样建议的原因我认为是必然的。这些原因是双重的：第一，建议的方法是按照逻辑法则决定的；第二，建议的方法在使用时更方便。下面简单介绍一下这两点。

首先，建议的方法是按照逻辑法则决定的。正确的推理法则是将未知量和已知量对比，而不是已知量和未知量对比。通用的比例方法从已知量开始，因此比例表达式是将已知量和未知量对比，违背了既定逻辑原理。我建议的方法是从未知量开始，因此是将未知量和已知量对比，符合思维法则。因此，旧方法在逻辑上似乎不准确，而用比例法解决问题的正确方法是将未知量放在第一项。

其次，建议的方法在使用时更方便。那些教过三角测量学的人会特别青睐这种方法，因为比例的未知项放在首位更好表达。在讲解获得所需数量的比例时，我看到学生们练习了两三次才获得正确的答案。举个例子，假设一个三角形中的未知角。如果这样推理：未知角的正弦值比给定角的正弦值，等于未知角反角的正弦值比给定角反角的正弦值，学生们会毫不犹豫地写出比例的式子。如果颠倒顺序，学生们就需要先在头脑里想一下整个推理过程，然后才能写出比例的式子，所以肯定要将未知量写在比例的最后一项。也正因为这样，人们认为陈述比例最简单的方法是将未知量放在第一项。

几位学者建议应该将未知量的放置分为不同情况，用不同的位置来测试学生对每种情况的学习程度。这是一个很有意义的建议，但是他们认为除了将未知量放在第四项之外，其他任何位置都不是通用方法，而是特殊方法。他们的规则是将未知量放在最后，其他安排都是特殊情况。我的规则是将未知量放在第一项，放在其他项都是特殊情况。这里建议老师让学生将未知量放在不同的位置上体验，然后关于该主题，学生们就会有一个清楚完整的概念了。

表示未知量的符号——一些学者在算术中采用 x 作为未知量符号。因此，前面提到求 3 米布价格的问题可以写成 $x : 8 :: 3 : 2$。这种方法最初是法国人使用的，值得推荐。有时这种方法也因为将代数引入到了算术中而遭到人们的反对，但是这种反对是无效的。代数和算术并不是两门不同的学科，应该说是同一学科的不同分支。至少前者在因素上普遍地被说成是一种算术，同时将代数学中简便通用的语言引入算术中是合适的。我认为应该用一种简短的形式表示前面的求解过程，当学生们熟悉了这种表达，就会使用符号 x 作为它的代表。

三项讲解——在陈述比例问题的求解过程中使用了四项。然而，很多学者只使用三项讲解一个比例。这是以前学者的方法，出现在被叫作算术的黑暗时期。近代的一些学者已经抛弃了传统方法，并使用四项来表述比例。其实，没必要说旧方法是不完全和不正确的，因为一个表述如果没有四项，就不是比例。传统方法仅仅是机械式的，没有给学生一个相关的概念。而对于科学和教育来说，新方法越快普及越有利。

方法论——虽然旧方法的解题过程足够用来当作求解答案的法则，但是如果让学生像解答其他问题一样，用旧方法的步骤作为解释这样求解的原因，就会使单比例求解失去科学的思维过程。这样教导学生求解单比例的后果就是，如果单比例不作为一个概念在教科书中提及，学生们根本不知道单比例是什么。整个运算就会变成"骗术"，完全没有了科学依据。相比之下，还是新方法会更好一些：将看似是正确的答案写下来，如果得出的答案偏大，乘以另外两个数中较大的数，同时除以较小的数，一直试验下去直到找到正确数字。这是一个较好的方法，因为该方法没有像其他方法一样要求是一个科学运算。这两种方法作为推理方法，用在算术中都是很荒诞的，但是后者较好一些，所以它没有表现出是一个推理过程。

那正确的方法是什么呢？我的回答是：如果一个学生不能通过问题中因素的实际比较来陈述比例，那么他就没有使用比例法的能力，那么就应该用分解法解决问题。如果他使用比例，他应该将比例作为推理的一个逻辑过程，而不是当作一个盲目求解答案的机械工具。他应该这样推理：因为 3 米的价格与 2 米的价格之间的关系和 3 米与 2 米之间的关系一样，得到的比例是 3 米的价值：8 元::3 米：2 米。

如果这种方法不容易明白，那么在学生能理解它之前，应该免去比例法，用分解法解决问题。如果未知量被放置在最后一项，应该这样推理：因为 2 米与 3 米的关系和 2 米的价格与 3 米价格的关系一样，我们得到比例，2 米：3 米::8 元：3 米的价值。

　　原因与结果——一种新解释比例的方法最近被引入算术，这种方法叫作"因果法"。据说所有的比例问题都可以被认为是两个原因和两个结果的比较。因为结果都与原因成正比，所以可以把问题描述成比例。为了阐述，以下面这个问题为例：如果两匹马一年内吃 6 吨干草，那么 3 匹马同样的时间会吃多少干草？这里马被视为原因，干草的吨数被视为结果，推理过程如下：2 匹马作为原因和 3 匹马作为原因与 6 吨作为结果和想求的结果之间的关系是一样的，据此可以得到一个比例来确定想求的项。

　　这个方法最初被罗宾逊（Robinson）教授引入算术，已经被很多学者所采用。维罗纳的一位数学家也提出过同样的概念，但是用因子（agents）和因数（patients）两个词来区分各个量。人们猜测这种方法倾向于简化主题，使得学习者采用这种方法比使用简单元素的比较方法更容易陈述比例。然而这种猜测是不正确的。这种原因和结果方法不仅没有简化主题，实际上在增加了困难性的同时也扰乱了思维。总之，它把一种不属于单比例的想法扯入算术中来解释比原因和结果的关系更明显的关系。

　　对于这种方法的另一个反对意见是，数量之间的因果关系更偏向于幻想而不是真实的。实际上，很多情况下根本没有这样的关系存在。比如问题"如果一个人 2 小时走了 6 千米，那么他 5 小时会走多远"，学生们很容易看出哪一个是原因，哪一个是结果吗？或者问题"如果 18 英镑等于 36 元，那么 54 英镑等于多少元"，难道学生在区分原因和结果时不会困惑吗？事实上在大量的这类问题中，原因和结果不一定有关系，任何努力想要建立这种关系时都会使人困惑。

　　如果需要进一步证明这种方法的不正确性，可以举一个反比例的

算术之美

问题，"如果 3 个人做一项工作需要 8 天，那么 6 个人做这项工作需要多少天"，这里 3 个人和 8 天会被视为第一组因果关系，6 个人和相应的工作天数是第二组因果关系。现在，如果构成一个比例，会得到第一个原因比第二个原因等于第二个结果比第一个结果，其中可以看出在这种情况下并不对应相应的结果，这个总结完全反驳了原因和结果关系的基本原则。

反比例——在反比例中，两个同类量之间的关系并不是直接等于另外两个量按相同顺序之间的关系，而是等于相反顺序的关系。因此，在问题"如果 3 个人用 12 天建一个围栏，那么 9 个人需要多少天建成围栏"中，要求的时间比 12 天不等于 9 个人比 3 个人，而等于 3 个人比 9 个人，也就是和第一对中每项的顺序相反。这种叫作反比例，因为量的比等于 9 和 3 的倒数之比，也就是等于 $\frac{1}{9}$ 比 $\frac{1}{3}$ 或 3 比 9。

很多反比例的问题可以按照正比例陈述。用上面求解的问题来阐述，如果 3 个人用 12 天完成一项工作，那么 1 天会完成这份工作的 $\frac{1}{12}$，同时如果一部分人用 4 天完成工作，那么 1 天则完成了工作的 $\frac{1}{4}$，如此，因为人的数量之比等于完成的工作之比，得到直接比例"需要的人数比 3 个人等于 $\frac{1}{4}$ 比 $\frac{1}{12}$"，由此可以很容易地求出所需的项。如果将该比例中的第二对乘以 48，会变成 12：4，产生了和通过反比例方法得到的比例一样的比例。因此可以看出，有一些情况下可以避免反比例，用直接比例来描述问题。

然而，如果上述问题中，给出了两种情况下的人数，要求其中一种情况下的天数，按照直接比例表述就不方便了，因为这样做需要未知量的倒数。如果这个未知量用代数符号表示，仍然可以直接地表述比例，同时能很容易地求出未知量。

明显的计算比例——比例仅仅是一个算术过程。比率是一个数字，因为比例来源于比率的比较，所以它一定是有数值的。这些比率可以从比较连续量或离散量得来，因此，可以得到比较几何量的比例。但是需要注意的是，比例的原则只在数字方面普遍正确。比如在几何比例中，比较 4 个平面或体积时可能是正确的，但是一个比例的原则在这种情况下没有任何意义。在考虑内项乘积等于外项乘积时，我们用一个平面或者一个体积乘以另一个，这是没有意义的，除非只把它们看成一个数。在几何中，两条线的乘积得到面积，但是能给两个平面的乘积或者两个立体的乘积一个什么概念呢？由此可见比例在本质上是一个数值的运算，因此是纯粹算术的一个分支。既然比例的原则可以论证，我们再验证曼塞尔所说的"纯算术不包含此原则"。

第五节　复合比例

复合比例是其中一个或两个比率都是合数的比例。它被应用在所求项是两个以上元素的求解中。在单比例中，未知量依赖于两个元素比较组成的一对相似准则量，在复合比例中，未知量依赖于几个元素比较组成的两个或两个以上的相似准则量。

复合比率被定义为两个以上单比率的乘积，其表达形式是 $\begin{cases} 2:4 \\ 5:10 \end{cases}$。如果将这样的比率和一个相等的单比率比较，或者两个复合比率互相比较，会得到复合比例。因此 $\begin{cases} 3:6 \\ 2:8 \end{cases} :: 7:56$ 和 $\begin{cases} 2:4 \\ 5:10 \end{cases} ::$ $\begin{cases} 3:6 \\ 7:14 \end{cases}$ 是复合比例的例子。在这样的表达中我们表示第一对的值等于第二对的值。因此，在第一个比例中，$\frac{3}{6} \times \frac{2}{8}$ 即 $\frac{6}{48}$ 等于 $\frac{7}{56}$；在第二个比例中，$\frac{2}{4} \times \frac{5}{10} = \frac{3}{6} \times \frac{7}{14}$。

也许，复合比例的求解甚至比单比例更不科学。我没有在任何算术著作和代数著作中看到过复合比例按照真正科学的方式展示。一般流程，以复合比例为名的问题或者通过机械式的规则解决，或者通过分解法解决，显然，这两种方法都不是复合比例。

复合比例的原则还没有发展起来，同时复合比例的引用也没有被认为是科学运算，而是求解答案的一个工具。这一点显然不是复合比例该有的定位。复合比例像单比例一样都是科学运算。我会通过这样几个比例的原则使大家明白我所要表达的意思，然后证明它的科学应用。

原则——复合比例和单比例一样，有一定的科学原则。下面描述一下其中的一些原则。

1. 平均值中所有项的乘积都等于极限值中所有项的乘积。为了证明这一点的正确性，用下图中的比例举例。按照复合比率的原则，得到 $\frac{2}{4} \times \frac{5}{10} = \frac{3}{6} \times \frac{7}{14}$，清除分数得到 $2 \times 5 \times 6 \times 14 = 3 \times 7 \times 4 \times 10$，通过检查各项，我们看到原则得以证明，从这个原则我们又可以立即得出其他两个原则。

$$\left.\begin{cases} 2 : 4 \\ 5 : 10 \end{cases}\right\} \therefore \left\{\begin{cases} 3 : 6 \\ 7 : 14 \end{cases}\right.$$

$$\frac{2}{4} \times \frac{5}{10} = \frac{3}{6} \times \frac{7}{14}$$

$$2 \times 5 \times 6 \times 14 = 3 \times 7 \times 4 \times 10$$

2. 任何一个极限的任意项都等于平均值的乘积除以前项中其他项的乘积。

3. 任何一个平均值中的任意项都等于极限值除以平均值中其他项的乘积。

还可以推导出像单比例汇总的其他原则，但是上面给出的三个原则是算术中所必需的。

应用——在复合比例解决问题的应用中，遵循在单比例中采用相同的比较原则。如果不这么做，那么运算过程就不是复合比例，也不应该被视为是复合比例。为了阐述这种正确的方法，举例说明问题"如果 4 个人 7 天挣 24 元，那么 14 个人 12 天可以挣多少钱?"。

在用复合比例解决这个问题时，应该这样推理：挣的钱的数量和人的数量与工作的时间成比例，因此 14 个人可以挣的钱比 24 元，4 个人可以挣的钱如同 14 人比 4 人，也如同 12 天比 7 天，得到了下面的复合比例，据此求得未知量是 144 元。或者可以进一步说：14 人 7

天可以挣的钱比 4 人 7 天可以挣的钱如同 14 人比 4 人，同样的 14 人 12 天可以挣的钱比他们 7 天可以挣的钱如同 12 比 7，因此，得到了下面的复合比例。

$$总和：24::\begin{cases}14：4\\12：7\end{cases}$$

$$总和=\frac{24\times14\times12}{4\times7}$$

借助分解法——对于学习算术的年轻学生来说，复合比例是困难的，事实上应该说很困难。因此应该使用分解法而不是比例法。分解法清楚简单，也很容易被理解。值得注意的是，我们常常用分解法解决问题而不是用复合比例。这一点时常会被人遗忘。

通过分析解决前面的问题，必须要从 4 个人转化到 14 个人，从 7 天转化到 12 天，挣的钱随着转换而改变。所以，需要从集合转化到个体，然后从个体再到集合。求解过程如下。

如果 4 个人 7 天挣 24 元，一个人挣 24 元的 $\frac{1}{4}$，14 个人会挣 24 元的 $14\times\frac{1}{4}$（或

$$总和=\frac{12}{7}\times\frac{14}{7}\times24\text{ 美元}$$

$\frac{14}{4}$），如果 14 个人 7 天挣 $\frac{14}{4}\times24$ 元，那么 1 天挣 $\frac{1}{7}$ 的 $\frac{14}{4}\times4$ 元，12 天挣 $\frac{1}{7}$ 的 $\frac{14}{4}\times24\times12$ 元，就是 $\frac{12}{7}\times\frac{14}{4}\times24$ 元，然后通过约分，求得结果为 144 元。将该问题放在复合分数的形式下，我们可以边解题边约分，但是在复杂问题中，优先使用现在的方法，因为相同因子的抵消可以大大缩短运算过程的时间。

区间比例

比率的概念产生了一些叫作比例的算术运算，其中有区间比例、连续比例、中间比例，几何比例等，几何比例又包含单比例、复合比例、反比例等。其他比例也通过它们特殊的名字来区分。当提到比例

时，如果没有任何描述词，一般指的是几何比例。几何比例在前面进行了介绍，下面介绍其他类型的比例。

数字的比较产生了数字的不同区间，各区间之间有给定的相互关系，这种运算叫作区间比例。区间比例是将数字分解成各个有确定关系部分的运算。为了阐述，假设需要将 24 分为两部分，其中一部分是另一部分的 2 倍。一个等价的问题是"已知两个数的和是 24，其中一个数是另一个的两倍，这两个数是多少？"

起源——区间比例是一个纯粹的算术过程，然而它起源于数字在商业交易中的应用。尽管区间比例起源于数字的应用，但是根据科学的发展，区间比例被视为纯粹的抽象过程。

案例——区间比例包含了很多种情况，来源于一个数被分解后各个部分之间多样的关系。很明显数值越大，区间比例的运算过程越复杂。最主要的几种情况如下。

（1）所有部分都一样。

（2）一部分的数字大于或小于另一部分。

（3）一部分是另一部分的倍数。

（4）一部分是另一部分的分数。

（5）两部分的比是给定整数。

（6）两部分的比是给定分数。

（7）一个数的倍数等于另一个数的倍数。

（8）一个数的分数等于另一个数的分数。

很显然，这些简单案例能互相结合产生其他更复杂的案例。对上面几种案例稍做更改和结合就会产生很多其他不一样的案例，其中一些案例很有趣。

处理方法——为了阐述某种简单情况的特征和处理方法，让我们以上面的第 8 种案例讲解一下求解过程。将 34 分为两部分，使得第一

部分的 $\frac{2}{3}$ 等于第二部分的 $\frac{3}{4}$。这个问题的求解过程如下：如果第一部分的 $\frac{2}{3}$ 等于第二部分的 $\frac{3}{4}$，第一部分的 $\frac{1}{3}$ 等于第二部分的 $\frac{3}{4}$ 的 $\frac{1}{2}$，或第二部分的 $\frac{3}{8}$，那么第一部分的 $\frac{3}{3}$ 等于第二部分的 $\frac{9}{8}$，然后第二部分的 $\frac{9}{8}$（也就是第一部分）加第二部分的 $\frac{8}{8}$，即第二部分的 $\frac{17}{8}$ 等于 34，然后继续往下求解。其他情况可以通过心算求解，没有必要在这里展示。

连续比例　数字的比较也产生了一种叫作连续比例的算术运算过程。连续比例是比较互相关联项的过程，其中这些关联项每一个后项和前项是同一种类。这种比例的性质可以从下面的具体问题中看出："如果 4 个苹果的价格是 2 个橘子，3 个橘子的价格是 6 个甜瓜，4 个甜瓜的价格是 12 元，那么 8 个苹果的价格是多少？"

一个抽象问题证明连续比例是纯算术运算，这个抽象问题如下：如果一个数的 2 倍等于另一个数的 4 倍，第二个数的 3 倍等于第三个数的 6 倍，第三个数的 4 倍等于第四个数的 2 倍，第四个数的 5 倍等于 40，第一个数是多少？

连续比例可以通过分解法求解，求解过程是分析推理方法的一个有趣的应用。这个问题可以用两个稍有不同的方法求解，也就是，可以从这个问题的后面部分开始，一步接一步地倒推求解，直到问题的开端；或者可以从问题的开端开始，然后从一个量传递到另一个量，按照常规顺序，直到根据最后一个求得第一个量的值。具体的求解过程如下。

求解方法 1：如果第四个数的 5 倍等于 40，第四个数的 1 倍就是 40 的 $\frac{1}{5}$，也就是 8。同时第四个数的 2 倍等于第三个数的 4 倍，等于 2

乘 8 即 16。第三个数的 4 倍等于 16，第三个数的 1 倍等于 16 的 $\frac{1}{4}$，

即 4，第三个数的 6 倍等于第二个数的 3 倍等于 6 乘 4 即 24，一直这

样下去直到求得一倍的第一个数。

求解方法 2：如果一个数的 2 倍等于另一个数的 4 倍，这个数的 1

倍等于 $\frac{1}{2}$ 乘 4 倍或 2 倍的第二个数，如果 3 倍的第二个数等于 6 倍的

第三个数，一倍的第二个数等于 $\frac{1}{3}$ 乘 6 倍或 2 倍的第三个数，2 倍的

第二个数或第一个数等于 2 倍的 2 乘第三个数或 4 倍的第三个数，直

到根据给定的量求得一倍的第一个数。

这两种方法都很简单也符合逻辑。第一种方法可能会因为其直接、
简便而优先被选择。同时也要注意到这些问题可以通过复合比例求解，
或许在逻辑上可以用复合比例的名义解决。

中间比例 数字间互相比较，按照一定关系组合产生的算术过程
叫作中间比例的运算。中间比例是求两个或两个以上量之间是通过什
么比率组合的一种运算过程，整个组合可能会有一个中间值或者平
均值。

起源——中间比例也起源于具体问题，也就是起源于数字的应用。
实际上，即便是现在也很难将中间比例按照一个抽象过程来展现，也
就是很难展现成纯粹的数字运算过程。它跟不同价值的事物组合密切
相关，也就是很难将其应用到抽象数的组合中。显然它仍然是一个纯
粹算术的运算过程。它的重要性及不同的性质，甚至只是作为算术的
一个应用，也使我想要谈论一下它。

这个主题给出了一些案例，其中最重要的论述如下。

（1）给出各个数值的量，求平均值。

（2）给出平均值和各个量的值，求各个比例量。

（3）给出平均值，各个的值，一个或多个相对的量，求剩余的其

他量。

（4）给出平均值，各个的值，以及一个或多个值的量，求其他量。

（5）给出平均值，各个的值，以及整个量，求每一个量。

处理方法——中间比例是算术中最机械的一种。教科书中旧的"链接运算过程"很少能被老师或学生理解。据说，纽约州立师范学校的伍德（Wood）教授，对这类问题的解法引入了一种分解法，使分解法在当时成为算术中最有趣的运算过程之一。该方法也拓展了中间比例的领域，使它包含了一些不定分析更高难度的情况，对其详细阐述请参考我的《高等算术》一书。

具体处理方法就是将一个大于平均值的数和小于平均值的数通过它们与平均值的关系进行比较，求解应该对一个数增加或减少多少单位数和另一个数的减少或增加相平衡。按照这种方式，各个量围绕平均值形成了一种平衡，整个组合的比例部分也得到了推导。

第六节　比例的历史

比例法被古代和现代算术学者们称为黄金法则，在最早有关数字科学的作品中就有记载。在《丽罗娃提》中该规则被分解了，像现代学者一样，书中将其分解成了直接和间接、简单和复合的规则，同时明确地讲述了如何执行所需要的运算。

在《丽罗娃提》中比例项是连续书写的，之间没有任何分隔符号。第一项叫作"测量或论据"，第二项叫作"结果或提出"，第三项和第一项具有相同的种类，是要求、需求、欲求或问题。当"结果"（比例中的第二项）随着要求（比例中的第三项）的增加而增加，按照正比例关系，第二项和第三项必然要相乘然后除以第一项。当"结果"像反比例一样，随着要求的增加减少，第一项和第二项必然相乘然后除以第三项。

关于该规则没有给出过证明过程，也没有文献可以参考说比例学是基于什么建立的。在复合比例下还给出了关于五项、七项、九项或者更多项的规则。在这些情况中，所有的项被分成两组，第一组属于论据，第二组属于要求。第一组中的"结果"叫作论据的"产生者"，第二组中的"结果"叫作该组的除数。它们可以在两组中互换，也就是结果可以放在第二组里，除数放在第一组里。

规则可以直接通过下面例子证明：

如果 2.5 千克藏红花可以用 $\frac{3}{7}$ 美元买到，经验丰富的商人可以立即说出 9 美元可以买多少千克藏红花？

解析：

$\frac{3}{7}$、$\frac{5}{2}$、$\frac{9}{1}$

答案：52.5 千克。

五项比的规则可以通过下面的例子阐述：如果 100 美元一个月的利息是 5 美元，那么 16 美元一年的利息是多少？

解析：

1	12		1	12
100	16	或者置换结果项	100	16
5				5

答案：较大一组的乘积是 960，较小一组的乘积是 100，商是 $\dfrac{960}{100}$ 或 $\dfrac{48}{5}$。

根据《婆罗摩笈多》和《丽罗娃提》中的例子判断利息从每月 3.5％ 到 5％ 之间，大大地超过了在古罗马支付的巨大利息。

包含十一项的比例规则可以通过下面例子阐述：两头大象长 10 英尺，宽 9 英尺，围长 36 英尺，高 7 英尺，消耗 1 斗粮食，另外 10 头大象的高度和其他尺寸是前面大象尺寸的 $\dfrac{1}{4}$，这些大象需要多少口粮？

结果和分母进行置换，答案是 $\dfrac{3125}{256}$。

2	10
10	$\dfrac{50}{4}$
9	$\dfrac{45}{4}$
36	45
7	$\dfrac{35}{4}$
1	

帕乔利告诉我们在他那个时代，学算术的学生必须记住两条规则。塔塔里亚提到了这两条，规则中的第一条和帕乔利提出的几乎一样，也给出了第三条规则，只是在表达上有所不同。这条规则成了这门学科在实际应用系统中的一部分，被那些没有足够的时间求解的人采用，

被聪明的人理解掌握并记住，被引用到分数的约简和合成中。

帕乔利陈述和解决方法可以从下面的例子看出："如果 100 磅❶细糖的价格是 24 硬币，那么 975 磅细糖的价格是多少？"

$$\dfrac{100}{1} \quad \dfrac{24}{1} \qquad \dfrac{V^a}{V^B} \qquad \dfrac{975}{1}$$

$$
\begin{array}{r}
975 \\
24 \\
\hline
3900 \\
1950 \\
\hline
23400
\end{array}
\qquad
\begin{array}{l}
0 \\
040 \\
03400 \\
23400\ (234 \\
10000 \\
100 \\
1
\end{array}
$$

下面是各个分数项相同运算过程的例子，由塔塔里亚提出："如果 $3\frac{1}{2}$ 磅食用大黄的价格是 $2\frac{1}{3}$ 硬币，那么 $23\frac{3}{4}$ 磅食用大黄的价格是多少硬币？"

$$\dfrac{7}{2} \times || \dfrac{7}{3} \quad \dfrac{|\ |\ |}{}$$

$$
\begin{array}{r}
95 \\
4 \\
3 \\
4 \\
\hline
12 \\
7 \\
\hline
84 \\
95 \\
7 \\
\hline
665 \\
2 \\
\hline
1330
\end{array}
\qquad
\begin{array}{l}
07 \\
49 \\
0590 \\
1330\ (15 \\
844 \\
8 \\
\\
000 \\
1680\ (20 \\
844 \\
8
\end{array}
$$

在帕乔利求解过程中的量按照分数形式展示，目的是为了使运算过程更通用，使其在分数和整数上都同样适用。

不同的学者展示比例中各项的方法也不同。下面会在求解问题的过程中介绍其中一些。"如果 2 个苹果的价格是 3 意大利铜币，那么 13 个苹果的价格是多少？"关于该问题，塔塔里亚描述该比例如下：

❶ 磅：英美制质量单位，1 磅合 0.4536 千克。

Se pomi 2（2个苹果）　‖　val soldi 3（3意大利铜币）　|

che valera pomi 13（13个苹果的价格）

其他意大利学者书写数字仅仅是中间留出一定空间，没有明显的标记符号，如下所示：

Pomi（苹果）　　　　Soldi（意大利铜币）　　　Pomi（苹果）

　　2　　　　　　　　　　　3　　　　　　　　　13

或这样：

1 ma　　　　　　　　2 da　　　　　　　　　3 tia

　2　　　　　　　　　3　　　　　　　　　　13

在雷科德（Recorde）和更早期英国学者的作品中，比例写成这种形式：

$$2 \diagdown \quad 3$$
$$13 \diagdown 19\frac{1}{2} \text{ 答案}$$

1562年，汉弗莱·贝克在谈论该规则时说"比例法"是所有算术规则中最重要的、最有用的、最优秀的规则，因为其贯穿于其他规则的使用中，据说因为这个原因，哲学家们才命名它为"黄金法则"。后来，因为它在运算中需要3个数，所以称为"比例法"。他这样写道：

2　　　　　3　　　　　13

在17世纪时流行的写法是用水平线分隔数字，如下：

苹果　　　　便士　　　　苹果

Apples　　Pence　　Apples

　　2 —— 3 —— 13

奥特雷德曾非常认真地考虑了比例，提出了用"::"符号表示比例相等，他似乎推导出了下面表示比例的方法。

2. 3∷13

再往后一段时期，用于分隔各项的"点"被"两个点"所取代，就像现在普遍采用的形式。

前面说过，复合比例以前被包含在了第五项、第六项……原则中，没有将复合比例分解成简单比例和复合比例的情况。举例说明："如果9个服务员8天喝12桶红酒，24个服务员30天需要喝多少桶红酒？"在解决这类问题时，塔塔里亚经常将提到的量放在倒数第二个位置上，而不是在第二个位置上，如下所示：

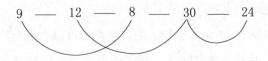

除数9×8；被除数12×30×24；商$\frac{8640}{72}=120$。

塔塔里亚举例："布雷西亚（Brescia）的20布拉恰（古意大利长度单位）等于漫图亚（Mantua）的26布拉恰，漫图亚的28布拉恰等于里米尼（Rimini）的30布拉恰，那么布雷西亚的多少布拉恰等于里米尼的39布拉恰？"求解过程如下：

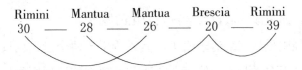

被除数30×26；除数28×20×39；商$\frac{21840}{780}=28$

再举例另一个例子："6个鸡蛋的价值与10只达纳里（某种鸟类）相等，12只达纳里的价格与4只鸫（thrushes）相等，5只鸫的价格与3只鹌鹑（quail）相等，8只鹌鹑的价格与4只鸽子相等，9只鸽子的价格与2只阉鸡相等，6只阉鸡的价格与1袋麦子相等，多少鸡蛋的价格与4袋麦子相等？"

$$\overset{\displaystyle 960}{\underset{\underset{622080}{}}{1-6-10-12-4-5-3-8-4-9-2-6-4}}\quad\underset{648}{}$$

混合法——中间比例或混合法的求解规则起源于东方国家，《丽罗娃提》中也有提及，不过是比较有限的形式。在书中叫作 suverna–

ganita，翻译过来叫作"黄金法则"，通常应用于测定不同细度的金子混合后的颗粒细密度。这个问题常归属于所谓的平均混合法。阐述混合法替代准则的唯一的问题是："两块金锭的颗粒细密度分别是 16 和 10，混合在一起后，质量变为颗粒细密度是 12 的金锭，朋友请告诉我，这两块金锭的质量分别是多少？"

求解的规则是："用数值较大的颗粒细密度减去混合后的颗粒细密度，用混合后的颗粒细密度减去数值较小的颗粒细密度，求解两块金子的质量。"用差乘以任意假设的数，会得到较低纯度和较高纯度金子分别的质量。

解析：16，10　　　混合细密度：12

如果假设的乘数是 1，质量分别是 2 千克和 4 千克；如果乘数是 2，分别是 4 千克和 8 千克；如果乘数是 $\frac{1}{2}$，质量分别是 1 千克和 2 千克，因此，通过改变假设就会得到变化的答案。

这个规则虽然完全清晰明了，但只适用于两个量，也没有记载显示它应用到更多的量上。然而，它涉及了现在使用规则的原则，可求解的问题是不受限制的，并且显示有可能获得无限个答案。这个规则的延伸并不容易，但是要比发明原始规则本身要容易得多。因此，发明该规则的主要荣誉应该归功于印度数学家。这个一般法则后来被阿拉伯人所知晓，并且被命名为"sekis"，意思是伪造的，因为它不是唯一的解决方法，但却是合理的解决方法。有时也被意大利人叫作"切卡（cecca）"，他们对这个词（cecca）似乎除了来源于阿拉伯外一无所知。这个规则也构成了现代算术学书籍里的混合替换法。

意大利早期的算术学者模仿他们的阿拉伯老师，仅仅将这个规则应用在金、银和其他金属之间相互混合相关的问题上。

为了解释塔塔里亚的方法，用下面的例子来说明："一个人有 5 种小麦，每袋的价格分别是 54，58，62，70，76 里拉（lire）❶，每种小麦需要取多少，使得混合后最终的总和是 100 袋，同时每袋混合小麦的价格是 66 里拉?"

1. 按数字 10、4、10、8 和 16 的比例计算

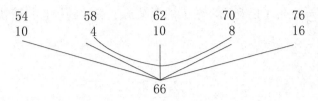

2. 按数字 14、14、14、24、24 的比例计算

$$\frac{54}{10} \qquad \frac{58}{10} \qquad \frac{62}{10} \qquad \frac{70}{12} \qquad \frac{76}{12}$$

$$\frac{4}{14} \qquad \frac{4}{14} \qquad \frac{4}{14} \qquad \frac{8}{24} \qquad \frac{8}{24}$$

$$\frac{4}{24} \qquad \frac{4}{24}$$

塔塔里亚根据连接弧线的不同安排，还给出了这个例子的其他答案。在英国学者中该方法逐渐变成了在现代教科书中经常使用的形式。对该方法的解释说明以及一些现代教科书中关于该运算的延伸，应该归功于纽约州立师范学校前校长德·沃尔森·伍德（De Volson Wood）。

早期教科书中应用比例最著名的规则是单一规则和双重规则。在美国，这些规则已经被算术分解为更简单的运算，但是仍然能在英国算术中发现。并且它也被比希尔博士更杰出的学者和数学家推荐，认为其对算术学的影响，应该保存在教科书中。

单一规则是在《丽罗娃提》中发现的，在《丽罗娃提》中它被叫作 "ishtacarman"，也就是 "假定数值运算"。下面给出一些该书中关

---

❶ 里拉：意大利、梵蒂冈、圣马力诺等国的货币单位，现已被欧元取代。1 里拉＝100 分。——译者注

于该规则的例子，不过这些例子除了表示它的特殊形式外，并没有其他值得注意的地方。

(1) 有一堆莲花，其中 $\frac{1}{3}$ 和 $\frac{1}{5}$ 和 $\frac{1}{6}$ 分别给了湿婆和毗瑟挐和太阳神，还有 $\frac{1}{4}$ 送给了巴瓦尼，余下的 6 朵给了尊敬的校长，请快速告诉我，一共有多少朵花？

解析：$\frac{1}{3}$、$\frac{1}{5}$、$\frac{1}{6}$、$\frac{1}{4}$；已知量 6。

给假设数量赋值 1，用 1 减去分数 $\frac{1}{3}$、$\frac{1}{5}$、$\frac{1}{6}$、$\frac{1}{4}$ 之和，得到 $\frac{1}{20}$，用它除 6，结果是 120，所以 120 就是要求的花朵数。

(2) 有一群蜜蜂，其中 $\frac{1}{5}$ 停留在卡丹巴花上，$\frac{1}{3}$ 停留在报春花上，前面两个数量差的 3 倍的蜜蜂飞到了卡塔加花上，剩下一只蜜蜂在空中飞舞徘徊，同时沉醉在茉莉花和露兜树迷人的香气里。请告诉我，一共有多少只蜜蜂？

解析：$\frac{1}{5}$、$\frac{1}{3}$、$\frac{2}{15}$；已知量 1，假设量 30。

假设值的 $\frac{1}{5}$ 是 6，$\frac{1}{3}$ 是 10，差是 4；乘以 3 得到 12，余下 2 只。然后已知量和假设量的乘积除以余数，得出蜜蜂的数量是 15 只。

(3) 一串珍珠项链不小心被拽断了，$\frac{1}{3}$ 掉落在地上，项链的 $\frac{1}{5}$ 掉落在沙发上，$\frac{1}{6}$ 被项链的女主人及时抓住没有掉落，$\frac{1}{10}$ 被她的朋友抓住，剩余 6 颗珍珠还在线上，请问这条项链一共有多少颗珍珠？

解析：$\frac{1}{3}$、$\frac{1}{5}$、$\frac{1}{6}$、$\frac{1}{10}$；剩余 6，答案：30 颗

阿拉伯人同时掌握了单一规则和双重规则。当我们认为阿拉伯人在这个科学中所做的贡献很小时，我们就会想当然地认为阿拉伯人有些知识来自希腊人。然而该科学的历史在塞翁（Theon）之后有一段很大的空白期，所以基本上不可能追溯和确定它们是怎么传播到阿拉伯的，甚至不能确定希腊天文学知识是通过怎样的渠道传播到印度的，所以我们只能满足于搜集 7 世纪到 12 世纪之间学者们的一些提示信息，因为他们有机会接触到很多现在已经消失了的作品。

意大利学者直接从阿拉伯人那里获得了关于这些规则的知识。帕乔利和塔塔里亚提出的问题有很大不同，包含单一和双重规则的各种情况都不同。同时因为该问题提出的规则可以通过高等代数里给出的公式得出结果。帕乔利给出了下面的问题并进行了解答。

（4）一个人用一定数目的弗罗林（一种货币）购买了一件珠宝，但是转手卖了 50 弗罗林。在进行计算时，他发现每弗罗林挣了 $3\frac{1}{3}$ 索多耳，1 弗罗林是 100 索多耳，原价是多少？

如果珠宝的价格是选定的任意金额，假设是 30 弗罗林，基于此挣了 100 索多耳，或 1 弗罗林；1 加到 30 上得到 31，同时可以知道原始价格和挣的钱加起来是 50，因此该假设不成立。如果实际价格是 31，同时仅仅按照 30 计算挣的钱，那么怎样得到 50？用 30 乘以 50，乘积是 1 500，除以 31，结果是 $48\frac{12}{31}$，珠宝的原始价格就应该是 $48\frac{12}{31}$ 弗罗林。

塔塔里亚经常把这样的问题当作娱乐消遣的"甜点"提出，同时其他问题中混杂了大量的这类问题。这类问题在某些案例中的实践可参考四五世纪或更早时期希腊数学家的作品。

帕乔利和塔塔里亚都曾试图将商业实践活动中的各种情况概括在比例法则之下，因此给出了大量的例子，并且将它们按照不同的方式分类。意大利人也是实践规则的发明者，实践规则被他们视为是比例法则的应用。塔塔里亚给出了一些有趣的实际例子，同时给出了不同的巧妙解法。这些规则在解决贸易和商业中的计算时，带来的便捷使得它们成为实践数学家们争相研究和学习的对象，同时他们也一直在追求更加简便和直接的计算形式。尽管，斯蒂文有时谈论起他们来会带着轻蔑的口气："对于使用里弗尔（Livres）、苏斯（Sous）和但尼尔（Denievs）记账的国家来说，比例法的一个普通计算就足够使用了。"约翰·梅利斯在对雷科德算术学的评论中，以一个非常简单和完整的形式介绍了实践规则，为引起注意，他将它们称为"具有令人愉快、使人感觉简便的效果，可以缩减为一个比迄今为止所有方法更简单的方法"。

一些关于合作和易物贸易的主题也用比例进行了研究，这些研究似乎起源于意大利人。他们基于商业活动进行研究，很多问题非常复杂，需要在解答中应用到更多的技巧和判断。他们对此非常感兴趣，几乎介绍了所有在现代教科书中可以发现的这一类型问题。

第二章　级　数

第一节　算术级数

在比较数量时，我们发现有一系列数量按照一个共同的法则变化，这样的系列叫作数列。其更通用的名字叫作级数，它用于各种数量的排列，不管是简单的还是复杂的，也不管是用算术表示，还是用代数表示或用超自然的项表示。术语级数更偏向用于算术中，并且只限用于算术和几何级数。

级数中两个或更多个项之间存在的固定关系叫作级数法则。在级数 1，2，4，8……中，每一项等于前一项乘以 2，这个固定的关系构成了级数的法则。很明显连接一个级数项的法则有很多，因此我们会有很多不同种类的级数。算术中通常只处理两类，即算术级数和几何级数。

算术级数是按照固定差变化的一系列项，例如 2，4，6，8……任意连续两项之间的差叫作公差。在上面给出的级数中，公差是 2。公差有时也叫作算术比例（arithmetic ratio），然而"比例（ratio）"只应用在几何比例中，所以公差还是按照实际意思，用"差（difference）"这个单词表示最好。

需要对这里介绍的算术级数多加留意，通常教科书里常见的定义是"算术级数是一系列按照共同的差值增加或者减少的数量"。在前面提到的定义里使用了单词"变化（vary）"来包含术语"增加"和"减少"两个意思，这一点被认为是对旧定义的改进。这个定义已经被两三个学者采纳了，应该将其推广到算术教科书中。

英国和美国学者按照将各项一个挨一个书写，中间用逗号隔开的方式表达算术级数。法国人专门采用了一种写法来表示级数。他们将"÷"放置在级数前面，同时各项之间用"."隔开。

÷2. 7. 12. 17. 22... 47. 52. 57. 62.

尽管目前的趋势是人们同意现在通用的表达形式，但上面的这种方法已经引入到美国少部分的教科书中，同时也可能会适时地被推广使用。

在算术级数中有五个量：第一项、公差、项的数量、最后一项以及所有项之和。如果这五项中给出了任意三项，其他两项可以通过给出的三项求出。这样就产生了20种不同的案例，每种案例下只要给出其中三项，其他两项也可以求得。这20种案例不能全都通过算术解决，因为其中一些包含一元二次方程的求解，但它们可以很容易地通过代数原则求解。算术中的两个主要情况如下：

1. 给出第一项、公差和项的数量，求最后一项。

2. 给出第一项、最后一项和项的数量，求所有项的和。

算术中对于算术级数的求解方法很简单。我们通过观察一些项的形成规律来推导出求最后一项的规则，然后总结概括这个规则。因此，我们注意到一个算术级数的第二项等于第一项加上一倍的公差，第三项等于第一项加二倍的公差……因此，我们推断最后一项等于第一项加上"项数减1所得数与公差的乘积"之和。

为了求所有项的和，我们取一个级数，然后把同样的级数倒置写在这个级数下面，然后将两个级数相加，我们看到级数的和等于极限和乘以项的数量，概括出这个我们就得到了求和的规则。

在代数中也可以按同样的方法推理，除了使用一般的符号，并使用一般级数而不是特殊级数。将这两个基本规则按照一般形式表达，我们就可以通过代数推理过程，很容易地求出这 20 种例子的剩余部分。我认为，这两种算术中的简单例子应该用代数系统中的简单语言表示，因为没有学习过代数的学生对于理解这个知识也没有困难。算术级数的两个规则可以简单地表示成：

$$1 \cdot l = a + (n-1) \cdot d; \qquad 2 \cdot s = (a+l) \cdot \frac{n}{2}.$$

关于级数的起源以及求解方法我们知之甚少。级数受到了毕达哥拉斯哲学和柏拉图哲学算术学者们的重视，他们将数字最微不足道的属性和最乏味的细微之处一起进行了扩充，指导他们的猜测。不过，指导从级数产生的问题中求解，出现在印度、阿拉伯和现代欧洲人的算术书籍里。

人们对于和级数有关的类似问题的起源知之甚少。问题"威尼斯的钟表 24 小时内敲击多少下？"可以推测威尼斯与级数的起源有关。下面相似的问题来源于比德（Bede）："一个有 100 阶的梯子，第一阶上站着一只鸽子，第二阶上 2 只，第三阶上 3 只，依此类推，每增加一个台阶就会增加 1 只鸽子，谁能说出在这个梯子上一共多少只鸽子？"著名的问题："如果一百颗石子放置在一条直线上，间隔一码❶，第一码附近有一个篮子，一个人一次捡起一颗扔进篮子里，必须走过多少码才能将石子收集完。"虽然这个问题可以在很多现代教科书中找到，但这是一个很古老的问题，其起源已经没有人知道了。

一个几何级数在经过准确计算后得出惊人的数量，足以使那些不完全知道级数项增加原则的人称奇和钦佩。早期的学者并没有想要找些例子进行研究，轻率和无知阻碍了几何级数的发展。最著名的是，印度王子按照国际象棋游戏发明者的要求进行奖励，奖品在棋盘上第

---

❶ 码：英美制长度单位，1 码合 0.9144 米。——译者注

一格是1粒小麦，第二格2粒小麦，第三格4粒，依次类推，一直加倍，直到第六十四格。

　　帕乔利求解出这个问题的答案是 18 446 744 073 709 551 615，换算成更高面额的单位等于 209 022 车小麦。他建议读者们关注这个结果，因为他们会在《无知算术》（*barbioni ignari de la arithmetica*）中找到答案。

第二节　几何级数

几何级数是一系列按照共同乘数变化的项，如 1、2、4、8、16……共同乘数叫作该级数的比率或比例，因此，上面级数的比值是 2。级数的比值等于任何一项与前一项的比率。若级数是上升的，比值大于一个单位数，若级数是下降的，比率小于一个单位数。大多数学者将比率叫作级数的比例，而这里选择比率这个术语的原因会在后面进行介绍。

符号——英国和美国学者一般采用书写几何级数的方式与算术级数一样。但是法国作者用一种特殊的记法，将几何级数与算术级数区分开。他们在几何级数前放置符号 $\div$，同时用冒号（:）将每项分隔开，如下：

$$\div\, 2 : 4 : 8 : 16 : 32 : 64 : 128$$

比率——前面说过了这个固定的乘数通常叫作级数的比例。但我认为术语"比率（rate）"更加合适、精确。对于用"比率"的反对意见是，在比较数字时，比率是第一项除以第二项的商，然而一个级数的比例等于任意一项除以前一项。因此，这与术语"比率"的意思相矛盾。但是为了避免概念的混淆，最好还是使用一个合适的、不容易被混淆的术语。"比率"似乎就是这个合适的术语，因为我们通常会很自然地说某个事物增加或减少的比，而我们所说的一个级数的比率，意思是其增加或减少的比率。

法国数学家对比率和比做了区分。他们在比例中使用单词"和谐""比率"在级数中使用单词"比例""比"。布尔东（Bourdon）说"存在于任何两项中的固定比率，并且这个比率使得计数扩充下去，叫作级数的比"。他们使用单词"和谐"可能和我们使用"比率"表示的意思是一样的，很可能来源于"生产（produce）"的概念，因为比率是除法的产物。他们的单词"比例"似乎和"比率"的意思一样，很可能来源于"原因"这个概念，因为"比率"是各项形成的法则或原因。

关于"比率"在级数中的使用引起了激烈的讨论，使一部分对其产生了误解。多德教授说，当我们说某个几何级数的比率是2时，我们指的是"级数各项按照两倍的比率产生"，简单来说是指任意一项和前一项的比率是2。其他学者也做了类似的评论。通过使用单词"比"取代"比率"，所有这些困难和误解都可以避免。所以希望术语"比"可以普遍推广在几何级数变化法则的使用中。

像算术级数一样，几何级数也需要考虑五个方面：第一项、比、项的数量、最后一项和所有项的和。给出其中任意两项，就可以求出其余三项，也就产生了20种不同的例子。这些例子不能通过算术方法解决，前15个可以通过普通代数很容易地解决，另外5个通过对数运算解决。通常算术中常见的两种情况如下：

1. 给出第一项、比率和项的数量，求最后一项。

2. 给出第一项、最后一项和项的数量，求各项的和。

对于几何级数的求解方法和算术级数通常相同，已经在算术级数中描述过，这里就不再重复了。有些情况需要使用方程，所以不能用算术方法求解。其中，还有四种情况不能用初等代数解决，需要依靠指数方程。为了求数值结果，还需要使用对数。上面说的两种基本情况可以按照代数的符号语言表示为：

$$1. l = ar^{n-1}; \qquad 2. S = \frac{lr - a}{r-1}$$

无穷级数——无穷级数是指级数中项的数量是无尽的。在下降级数中，项越来越小，因此如果减数一直延续下去，最后一项一定比任何可再分的数小，如果继续无穷下去，最后一项会变成无穷小。

在求解无穷级数时，我们将这个无穷小的量视为0，因此，求解无穷级数的和，我们使用公式 $S = \frac{a - lr}{1-r}$，认为最后一项是零，所以项

lr 没有了，得到 $S=\dfrac{a}{1-r}$，即降序无穷级数各项之和等于第一项除以

1 减去比率得到的差。

　　这种最后一项会降到零的表示方法很难解释，随之而来的问题就是，最后一项怎么会变成零？到哪一个节点时，某一项会变得如此小，当乘以比率时，乘积是零？下面举例解释这个难题：1、$\dfrac{1}{2}$、$\dfrac{1}{4}$、$\dfrac{1}{8}$ ……比率是 $\dfrac{1}{2}$。现在如果这个级数无限循环下去，最后一项猜测是无值的。谁能够设想出这样一项？谁能够一直追踪所有不同的值，直到有一项的值足够小，$\dfrac{1}{2}$ 几乎是无数值？这些当然是不能做到的，因此人们不可能求出无穷小的值。实际上，不管是无穷大还是无穷小都不能正面的构思出来；无穷大的量和无穷小的量都超出了人们大脑可以触及的范围。

　　那么，我们接下来应该怎么做呢？我们应该否认最后一项是无穷小或者零吗？当然不是，我们要假设它不是无穷小是比假设它是无穷小更困难的问题。我们固定在任何一项上看，不管它多小，我们看到它都可以被继续分解，同时只要该项可以继续被分解，分解就会持续下去，只有当项变得太小不能分解或变为零时，分解才会终止。因此，如果假设无穷项不是零，就是推测分解过程在还能进行下去的时候终止了，这一点是荒谬的，而且猜测最后一项不是零也是荒谬的。接下来，我们面对的问题就是：我们不能理解最后一项是零，而且假设它不是零也是荒谬的。我们就进入了进退两难的境地，必须在相信荒谬或者接受不能理解的东西之间做出选择。我们不能相信荒谬，那么宁愿接受不能理解的东西。因此我们被迫确信最后一项是零，尽管我们不能完全构思出怎么成为零的。我们相信不能完全理解的东西，因为不相信它的结果是荒谬的，比起荒谬来人类的大脑更能接受不能理解

的东西。我们愿意忠实地选择前者，在科学中，当原因不易说明时，我们就会选择相信。

这个问题的考虑方法极好地阐述了在很多宗教信仰问题中直觉力量的应用。无穷小是数学研究中的一个重要因素。我们将其应用在几何和微积分中，同时它又是科学基于的基本思想赖以存在的基础概念。

有一个令人满意的方法，可以消除人们对于最后一项会减少为零的这个设想的疑虑就是找一个无穷级数来解决。如果通过假设最后一项是零得到的结果与通过其他方式求得的结果一致，那么最后一项是零的结论必定能被接受，不管我们能不能构思出最后一项是否为零。下面就是这样一个问题：如果猎鹰和狐狸距离 10 竿，猎鹰想追捕狐狸，如果狐狸的速度是猎鹰的 $\frac{1}{10}$，猎鹰需要飞多远才能追上狐狸？

按照一般方式思考这个问题，当猎鹰飞过 10 竿时，狐狸跑了 1 竿，然后它们距离 1 竿，当猎鹰飞过这一竿时，狐狸跑了 $\frac{1}{10}$ 竿，它们从而差了 $\frac{1}{10}$ 竿，当猎鹰又飞过这 $\frac{1}{10}$ 竿时，它们距离 $\frac{1}{10}$ 竿的 $\frac{1}{10}$ 或 $\frac{1}{100}$ 竿，所以猎鹰追捕狐狸飞过的距离可以正确地表示为 $10 + \frac{1}{10} + \frac{1}{100} + \frac{1}{1000} + \frac{1}{10000} + \cdots$ 一直到一个无穷项，将最后一项视为零，等于 $10 \div (1 - \frac{1}{10}) = 10 \div \frac{9}{10} = 10 \times \frac{10}{9} = 11\frac{1}{9}$ 竿。因此，猎鹰要飞 $11\frac{1}{9}$ 竿才能追上狐狸。

这个问题也可以通过分析方法来解决：根据条件，10 倍的狐狸跑过的距离等于猎鹰飞过的距离，这个距离减去狐狸跑过的距离等于 9 倍狐狸跑过的距离，这是猎鹰比狐狸多跑的距离，它们距离 10 竿，狐狸跑过距离的 1 倍等于 $\frac{10}{9}$ 竿，那么狐狸跑过距离的 10 倍等于猎鹰飞

过的距离等于 $10 \times \dfrac{10}{9} = \dfrac{100}{9}$ 或 $11\dfrac{1}{9}$ 竿。或者更简单的方法：猎鹰每

飞 10 竿就多出 9 竿，因此为了多 1 竿，它需要飞 $\dfrac{10}{9}$ 竿，那么为了多

飞 10 竿追上狐狸，猎鹰需要飞 10 乘以 $\dfrac{10}{9}$ 即 $\dfrac{100}{9}=11\dfrac{1}{9}$ 竿。这个结果

和无穷级数得到的结果一致，所以级数的最后一项等于零这一点一定

是正确的。

这个问题有时被认为是一个谜题，有人说既然两者之间的距离总是十分之一，猎鹰将永远也抓不到狐狸。这个谬论在于推断，因为有无数个连续运算，所以它必须用无限长的时间来执行它们。

还有一个与此类似的问题："一个球从 8 尺高掉落到地面，反弹 4 尺高，然后降落反弹 2 尺，一直继续下去，在它停止跳动之前经过多少距离？"求解这个问题，得到答案是 24 尺。有时人们猜测这个问题中球永远也不会停止，这个观点是错误的，因为尽管理论上在静止前球会运动无数次，但是它会在一个有限的时间里停止。原因是这些无穷小的运动会在无穷小的时间里完成，这些无穷小的时间和不会超过有限的一个时间段。

一些学者仍然认为无穷级数中的结果不一定绝对准确，仅仅是近似值；因此，级数 $\dfrac{1}{2} + \dfrac{1}{4} + \dfrac{1}{8} + \cdots\cdots$ 的和不一定绝对等于 1，只是

近似于 1。换句话说，我们唯一可以确认的是，随着项数量的增加，和会越来越接近 1，但它永远达不到 1。"一"总是它接近的极限，但永远不会超过，关于这个主题的概念论述起来非常困难。

这种极限学说应用到无穷级数上，虽然看起来符合逻辑，但是也不是没有困难的。它似乎可以引导得出上面"狐狸和猎鹰问题"的结论，猎鹰永远也抓不到狐狸。除非，像一个男孩曾经评论的"它足够近，近到可以抓到它"。所以关于弹球问题，如果结果只是近似正确，

那这也是说球永远也不会停止，一直反弹吗？在这里就像许多其他情况一样，对不可理解的事物似乎比胆怯的怀疑主义更令人满意。

有趣的是，两个不同的级数 $\frac{1}{3} + \frac{1}{9} + \frac{1}{27} + \frac{1}{81}$ ……和 $\frac{1}{4} + \frac{1}{8} + \frac{1}{16} + \frac{1}{32}$ ……之和都等于同样的分数 $\frac{1}{2}$。同样很有趣的一个事实是，以 $\frac{1}{2}$ 开始，按照 $\frac{1}{2}$ 比率增加无穷级数的和正好等于 1。

第三章 百分比

第一节 百分比的性质

百分比是一个计算过程，是数字 100 比较的基础。可以用更简单的定义表示：百分数是用百分之几计数的过程。

前一个定义的算术著作中。在此之前没有人给出过百分比作为一个算术过程的定义。在教科书中，百分比仅仅定义为表示 100 中有多少。在本作品出版后不久，有一两个学者采用了一个类似上述的定义，将百分比作为该学科的一个分支，并且推测百分比迟早会被所有人定义为算术的一个计算过程。

很容易看出百分比起源于算术学科的第三个分支，即比较法。通过比较数字，然后决定它们与共同单位或者基础之间的关系。这是关于比较的第一种情况，也是最简单的情况，同时产生了比率和比例。我们也可以比较一些基准已经确定了的数，然后按照这个基准建立它们之间的关系。当这个确定的基准是 100 时，就产生了百分比的运算过程。因此可以看出上述定义中的观点是正确的。

百分比源于在十进制中用 100 来估算数字便利性的事实。百分比的重要性以及能得到如此全面的发展，很大一部分原因是来自我们使用十进制货币的事实。百分比在美国教科书中所占章节要比英国教科书中多，因为英国的货币系统不是十进制的。百分比最主要的应用是

算术之美

用在与钱有关的商业交易活动中，在这里百分比按照不同的方式被采纳应用。百分比是一个纯粹的抽象发展过程，完全独立于具体例子，因此说百分比是一个纯粹的算术运算。

量——百分比包含了四种不同的量：基础、比率、百分比、数量或差。

基数是估算百分比的数量。比率是看一个数占基数的百分之几，这个百分比是取基数占比率的结果。总数或差是指基数和占比的和或者差。

和是同一类型的量，都会以占比的形式表现，为了找到一个术语可以同时表示和这个词的意思，在若干相关词汇中有这样一类词，例如盈亏账目中的"销售价"，折扣中的"收益"等。词语"结果数值"曾被使用过，但是它用起来有点奇怪且不方便。术语"收益"这个词表示最后的结果，我有很多次考虑采用这个词，并且实际上已经在我的一部著作中采用过。在百分比中采用一些术语来代替"总量或差"有时是有必要的，因此"收益（proceeds）"这个词被推荐使用。

比率最初是用一个整数表示的，以及基于这种表达式的运算方法。后来用小数表示比率或者用小数进行比率运算成了一种习惯。这种方法使一些规则变得简单，使运算更加科学，更容易被学生理解。也可以这样说，比率的定义会根据采用形式的不同而变化，上述给出的定义是将比率看作一个小数。

这样就会发现术语"比率"和表达式"百分比"之间有些许不同。"percent"表示"百分之"的意思，"rate percent"表示百分之几；rate 表示比率。当贷款的利息是 6% 时，"百分比（rate per cent）"是6，但是"比率（rate）"是 0.06。因此，比率（rate）和"比率除以100（rate by the hundred）"在意思上是一样的。我们因此可以将比率定义为能够用来乘以基数后得到我们想要基数百分之几的数，这也是下面定义想要表达的意思——比率是基数的百分之几。

278

百分比有几种情况一直是数学家们争论的问题。百分比有四个不同的量，但如果按照一些学者的观点，将"总数和差"视为不同的量，会有五个不同的量，给出其中任意两个量，可以求出另外的量，这样可以看出会存在很多种可能。那么这些不同情况中最简单最科学的分类是怎样的呢？换句话说，百分比的一般情况有哪些？人们习惯性地将其分为六种情况，这种分类提供了一个非常实际的观点。但是，算术学者关于这六种情况的处理并没有统一的观点。我认为最好的方法是将百分比的运算方法分成三种通用情况，每种情况包含两种或三种特殊情况（随着"总量和差"是被视为一个量还是两个量变化）。将"总量和差"归纳为一个通用术语，例如"收益"，分类就变为了三种通用情况，每种包含两种特殊情况，总共六种情况；将"总量和差"视为不同的量，每种通用情况下包含三种特殊情况。

这三种通用情况可以正式解析为：

1. 已知基数和比率，求百分比和收益。

2. 已知基数和百分比或收益中的一个量，求比率。

3. 已知比率和百分比或收益中的一个量，求基数。

百分比的运算中有两种不同的方法，包括分解法和合成法。分解法是将比率约简为一个简分数，然后取该百分比基数的一个分数，其他情况也进行类似运算。这种方法在解决第二种和第三种情况时和其他方法不同，这一点可以通过具体问题看出。为了阐述分解法，举以下例子："360 的 25％是多少？"推理如下：360 的 25％是 360 的 $\dfrac{25}{100}$ 或 $\dfrac{1}{4}$，也就是 90。求基数，举例："90 是多少的 25％？"求解过程：如果 90 是某个数的 25％或 $\dfrac{1}{4}$，那么这个数的 $\dfrac{4}{4}$ 是 4×90 即 360。求解有关百分比的题就按照类似方法解答。

合成法是保留百分比中的数，然后据此进行运算。在合成法中有两种运算方式：第一种是将比率看成是一个整数；第二种是将比率看成小数，按照小数的乘除法则进行运算。多年以来，人们都倾向于使用后一种方法，现在数学家们也一般都支持这种方法。

后一种方法因为其简便性和科学性而被优先使用。可以通过一种情况的规则来展示两种方法的不同。当比率被当作一个整数使用时，求百分数的规则是：用基数乘以比率然后除以100。当比率被当作小数使用时，规则是：用基数乘以比率。在所有情况的运算规则中都会发现类似的不同。假设百分比等于基数乘以比率；可以立刻推导出基数等于百分比除以比率，或比率等于百分比除以基数。

为了阐述这个方法，假设我们有情况一中的问题"360的25％是多少"，我们会这样推理：360的25％等于25个1％乘以360或者360×0.25，通过乘法求出结果是90。

为了阐述情况二，以"90是多少的25％"为例，我们可以这样解决这个问题：如果90是某个数的25％，那么这个数乘以0.25等于90，因此这个数等于90除以0.25，根据除法求得结果是360。

为了阐述情况三，以"90是360的百分之几为例"求解如下：如果90是360的百分之几，那么360乘以这个比率等于90，因此这个比率等于90除以360，结果是0.25或25％。

对包含收益问题的解法和上述非常类似，这里就不再详细描述了。解释的具体方法可以在《高等算术》中找到。

这些合成法和规则都可以表示成通用公式，如下：

第一种情况	第二种情况	第三种情况
$1. b \times r = p$	$1. p \div r = b$	$1. p \div b = r$
$2. b \times (1+r) = A$	$2. A \div (1+r) = b$	$2. A \div b = 1+r$
$3. b \times (1-r) = D$	$3. D \div (1-r) = b$	$3. D \div b = 1-r$

每种情况的第二个和第三个公式可以被合并成一个，例如，用 P 表示"收益"，$P = b \times (1 \pm r)$；$b = P \div (1 \pm r)$；$r = P \div b - 1$ 或 $1-$

$P \div b$。

应用——百分比的应用非常广泛，因为在财务、贸易中使用 100 来计数是非常方便的。这些应用分为两类：包含时间因素和不包含时间因素。下面是这两类应用中最重要的一些情况。

第一类	第二类
1. 收益和损失	1. 单利
2. 股票和红利	2. 部分支付
3. 溢价和折扣	3. 贴现
4. 佣金	4. 储蓄
5. 回扣	5. 换汇
6. 保险	6. 分期付款
7. 税费	7. 账目结算
8. 关税和海关税	8. 复利
9. 股票投资	9. 年金

第一类中每个不同情况都按照纯粹百分数求解，同时各种情况的求解规则几乎一样，表中的术语被用来替换基数、百分数等。第二类中不同情况的求解在一定程度上因时间因素的引入而更改。这几种情况的发展要用很长的篇幅来进行介绍，并且并不构成算术哲学的一部分，因此，我们只对利息的一般特性给出一个独立章节进行介绍。

第二节　利息的性质

百分比一般包含两类问题——涉及时间因素的问题和不涉及时间因素的问题。在涉及时间因素的这一类问题中最重要的应用是利息，事实上涉及时间因素的所有百分比的应用几乎都可以包含在利息这一通用术语内。

利息可以定义为使用钱而给付或者收取的钱。它一般按照一百单位数来计算，因此被归类在百分比的一般过程中。用于计算利息的金额叫作本金，而利息或利润是附属于本金的。利息和本金的和叫作金额。

利息不是单利就是复利。单利是在整个借贷时间里只基于本金计算。复利不仅仅是在借贷的本金基础上计算，也在到期的利息基础上计算，没有给付的利息被视为是新的借贷额，这部分的借贷额也需要支付利息。

单利——在考虑单利时，主要目标是求解给定本金在给定时间和利率下的利息。人们发明了很多方法来求解单利问题。最简单的方法就是用本金乘以利率求出一年的利息，然后用这个一年的利息乘以年数。在实践使用时，这个方法的缺陷是人们存钱的时间经常是按照月或天数来计算，这样便将年分成了不方便的分数部分（比如 136 天是 $\frac{136}{365}$ 年）。这个困难引导人们对上面计算规则进行改善并发明了叫作"整除因子"的方法。

发明一种可以被简单应用到商业中的方法非常重要，驱使人们相继试验了大量的新颖想法，以便在实践中发现最简单的规则。现在一致认为最简单的方法叫作"百分之六"方法。这种方法是基于 6% 的利率，这是许多国家的常用利率，这个方法可以被表述为：半个月看作是美分数，按工作日的六分之一乘以它们的和，主要的比率和时间的利息是 1 美元。另一种描述该规则的方式是，把月当作美分和工作日的三分之一，并把它们的总和乘以本金的一半。在短时期内，对该规则的一个更正描述非常受欢迎：将美金数乘以天数然后除以 6 000。这种方式是在实际使用中最方便的，也是最常被商人使用的。除此之外还有很多计算利息的方法，这里就不再陈述了。

求解某一金额本金的利息，通用方法可以表示成百分比形式的一个通用公式。通用公式是 $i=ptr$，这个公式可以用一句话很容易记住——"我等于彼得（I equals Peter）"。关于利息的几种运算方式可以很容易地通过这个公式推导出来。这几个规则可以表示成下列的公式。

$$i=ptr, \qquad p=i\div tr, \qquad t=i\div pr, \qquad r=i\div pt.$$

它反对"百分之六方法"，认为百分之六方法给出的利息太多。因为百分之六方法将一年计算为 360 天，同时也被认为按照这种方法计算一个贷款的利息将会和借高利贷一样，在一些会导致没收贷款或者其他惩罚。为了求解准确的利息，我们先求出整年数的利息，然后用剩余的天数乘以利息，再除以 365，然后取两个结果的和。关于利息在商业应用中的全面介绍和计算利息最新的方法可以在我的《高等算术》中找到。

利率——值得注意的是，关于使用资金需要支付利息这个做法是否恰当，一直被人们质疑。事实上，这种做法在古代和现代一直都在受到谴责，认为这是不道德的，也是对社会不利的举动。一个资本家可以将资金投入到商业中然后获得一定的回报。如果他选择让别人进行投资并且管理这个投资，很显然他会因为将这个本来应该自己赚的利润让与他人的做法获得报酬。又因为，借贷者可以用借来的资本保证在商业中取得巨大的利润回报，所以借贷者不仅仅愿意为这类资金的使用支付费用，同时也有义务这样做。因此，同时借贷的利息对借款人和放贷人来说都是有利的，因此被双方需要和允许。

利率严格按照竞争原则确定。当等待投资的资本大于借贷需求时，利率会低；当借贷需求大于资本时，利率会高。利率也会随着贷款的安全性变化，例如土地抵押贷款的利率通常要比安全性和确定性稍低的财产抵押贷款的利率低。放贷人考虑到他必须要因为这个贷款的风险而获得一定金额，同时风险越高，索取的费用越高。按照这个原则高利息和低保证性是同义的。高的利息也可能是因为资本多的收益造成的。一个资本回报率很大的社区，例如在富矿区域，所有拥有资金的人都愿意进行开发投资，相应获得贷款的困难就会增加，这样就会产生更高的利率。在这种情况下，资本家获得更大利润的可能性和借贷人增长的借款需求都会刺激利率的增长。

利率通常都是由政府规定的，这么做基于多种原因。有人争论说放贷人是一部分劳动人民挣得利润的非生产性消费者。这样的概念使得借贷人排除在了生产性消费者之外，但是没有资本的话，生产是不可能实现的，同时资本的积累和使用就是为了赚取利润。也有人认为如果国家不对利率进行管控，一些无原则的放贷人将会欺诈和勒索借贷人，这是支持国家控制利率的最主要原因，同时如果没有不可辩驳的反对意见，这就是一个正当的理由。当然，保护市民不受高利贷和诈骗的危害是政府的职责。然而，大多数支持政府规定的利率都会应用到食品、土地、工资等价格上。资本投资的利率应该按照自然规律要求的利率进行已成为人们认可的一个观念，因为其他物品的价值受到管制，却不受立法控制。

借贷款需要支付利息在很早之前就是一种惯例。在欧洲，利息是在被禁止和被允许的交替过程中发展的。在意大利，用货币进行交易是被认可的，同时借贷的做法很常见。在英国，利率在1546年通过议会批准，利率固定为10%，但是在1552年又被禁止。然而以12%的利率进行借款，这是安特卫普（Antweip）在那个时期经常使用的利率。1571年，立法又恢复了10%的利率，苏格兰议会在1587年通过了稳定利率的提案。利率在 17 世纪初期普遍降低，詹姆斯一世（James I）在丹麦以 6％的利率进行了借款；1724 年降到了 5％，法定利率一直保持在这个数值，直到所有的高利贷法规被废除。在 1773 年，印度利率被限制为 12％。1660 年，苏格兰和爱尔兰的利率是 10％～12％；在法国是 7％；在意大利和荷兰是 3％；在西班牙是 10％～12％；在土耳其是 20％；虽然东印度公司的法定利率是 6％时，但仍然有按照 4％进行借贷。

术语"高利贷（usury）"，字面意思是"物品的使用"，最初应用于表示因为使用贷款或货币而获得的合法利润。不同的国家都用法律来稳定利息或高利贷的金额，有些索要超额利率来逃避这些法律的行为产生了现在"高利贷"这个用法。根据古罗马十二铜表法的法令，法律允许的利率叫作"1％利息"，严格地规定了一个月的利率是 1％，一些人认为一年累积利率是 12％，另一些人认为是 10％。罗马的反对超额高利贷的法律不断更新但是不断被钻空子，其他国家也是一样。在英国，亨利八世（Henry VIII）统治时期的利率是 10％，詹姆斯一世（James I）时是 8％，查理斯二世（Charles II）时是 8％，安妮（Anne）时期是 5％。随着后来立法的通过，高利贷法规被一些议会立法取代，并且最终在 1854 年被废除。

各国政府在尝试稳定利率和阻止高利贷方面都做了很多努力。梭伦（Solon）的立法减轻了抵押人的责任。在罗马共和国成立后的很多年，贷款的监管，利率的限制，无力偿债人的救济成了令人焦虑的话题，并最终进行了立法。在大多数的欧洲国家，管理者一直忙着稳定利率以及谴责或者禁止高利贷交易。然而，这样的立法被证明是徒劳的，因为在最严格的立法实施期间，高利贷仍然是很常见的，法律在组织逃避法规的人面前是无力的。

美国政府规定的法定利率是 6％。每个州都可以有自己固定的利率并且附上对高利贷的特殊惩罚。在一些州，高利贷法规已经被废除，常规趋势是允许一个可以进行资本投资的开放性市场。

方法的起源。利息、贴现等规则知识的重要性使得数学家们在很早就注意到了它们。利息很早被分为单利和复利。复利可以恰当的叫作高利贷（usura），很少在商人之间的交易中实行。斯蒂文给复利一个术语"有盈利的利息"，同时给相应的贴现率起了术语"可支配利息或增加资本"。

单利问题被塔塔里亚和其前辈按照比例法求解出来。在计算一定金额从一天到另一天的利息时，确定这段周期中天数的方法在一定程度上很令人尴尬，塔塔里亚给出了一个他似乎很为此感到骄傲的求解规则。这种规则在从意大利城市流传中产生了一个新的问题，就是一年开始的日期不同，威尼斯从 3 月 1 日开始，佛罗伦萨从圣母的天使报喜节开始，而意大利的很多城市则是从圣诞节开始。

塔塔里亚发现了五种求解复利金额的方法。假设问题是求 300 卢布按照 10% 的利率计算 4 年的总额，第一种方法是按照下列四个陈述步骤。

$$100 : 300 = 110 : 330$$

$$100 : 330 = 110 : 363$$

$$100 : 363 = 110 : 399 \frac{3}{10}$$

$$100 : 399 \frac{3}{10} = 110 : 439 \frac{23}{100}$$

第二种方法仅仅是用 10 和 11 代替上述比例中的 100 和 110；第三种方法是他自己的方法，用 11 相继乘 300 四次，然后用最后的乘积除以 10000；第四种方法是给本金加上 4 个连续的 $\frac{1}{10}$；最后一个方法是计算 100 卢布的数额，然后按照比例求 300 卢布的本息和或者任何其他提出金额的本息和。

随着复利贴现的需求和它在修正部分最终年金方面的应用，据说

有一些（如果有）其他关于复利的问题被塔塔里亚和一些与他同时代
的人解决了。在解决这类问题中遇到的困难是："100 存放 6 个月的利
息是多少，利率设置为每年 20%"。帕乔利和其他一些人解答出来的
结果是 10，也就是说他们的计算是只能求单利，对整个周期被分解为
几段时间，是分解成月还是半年都没有考虑。

帕乔利写了一篇关于计算利息表的文章，在文章里他谈论了利息
表的强大用途。因此，这个表在意大利被使用。现在已知的第一个复
利表由斯蒂文在其算术学中介绍，表中将 10 000 000 元从 1 到 30 年的
利息用 16 个表进行统计，另外 8 个表包含了从 1% 到 16% 的不同利
率，根据弗兰德斯的区域习俗对利息进行了不同的计算。

各种计算利息方法的起源已经不得而知。"等分法"是英国数学家
们最喜欢的方法，很有可能起源于英国。"百分之六"方法归功于亚当
斯（Adams）先生，他是一本算术学著作的作者。"百分之六"方法的
使用形式通常被解析为"用美元乘以天数除以 6 000"，这种使用形式
在引入到算术学之前被商人所使用，并且人们推测它起源于账房，但
是不知道是哪里的。

第四章　数字理论

第一节　数字理论的性质

数字理论通常是指对数字性质的分类和研究。许多杰出的数学家都曾致力于该主题的研究。将算术发展成一门学科或艺术古代学者花了大量时间，将数字的属性理论化。那时的算术科学主要靠猜测，充满了幻想的类比和神奇的属性。

毕达哥拉斯也曾提出了一些数字的特定神秘属性，似乎也是他构思了现在称为魔方的属性。在其他数值的推测中，亚里士多德发现很多国家在实践应用中都将数字按照 10 分组，因此他尝试对其原因作出一个哲学解释。对数字的正规系统性的归纳最早由欧几里得在其《几何原本》的第七至第十章中给出，尽管里面的希腊计数法和用几何法来研究数字属性稍显不足，但这本书仍然十分有趣，这几个章节展示了思维的深度和证明的正确性。

阿基米德也研究了数字的指数和性质。他的名为《数沙者》（Arenarius）的著作中包含了乘法和除法，和现在我们应用到指数中的乘法和除法大致类似，也被一些学者认为是灌输了现代对数系统的原则。然而，在代数发明之前，算术这个学科分支却少有成就，所以直到丢番图时期才有一些原则被发现。丢番图是现存关于代数主题最古老书籍的作者之一，书里展示了许多数字属性方面的有趣问题，但是因为当时使用的复杂计数法十分困难且其分析有缺陷，与现代相比，没有做出突破。

在丢番图时期，算术没有引起人们的重视，所以没有进一步的发展，直到法国的一位分析师巴切特（Bachet）将丢番图的书翻译成拉丁文。这本书出版于 1621 年，翻译者在书的边缘处做了许多注释，可以视为我们现在理论的萌芽。后来，费马将这本书进行了一定程度的补充，在他去世后的 1670 年出版其内容包含了一些最杰出的定理，但是这些定理普遍缺少证明过程，这一点他在注释中解释说他准备自己写一篇关于该主题的论文。勒让德解释这个疏漏说这符合当时的时代精神，学者们互相提出问题让对方解决。他们隐藏自己的方法，为的是给自己和自己的国家赢得胜利，也可能是在那个时期英国数学家或法国数学家中存在着特别激烈的竞争，这就是费马大多数证明失传的原因。

这些定理大多没有被证明，直到被欧拉和拉格朗日更新。欧拉在其《代数元素》和其他一些发表的作品汇总中证明了许多费马定理，同时也增加了一些自己的有趣定理。拉格朗日在费马对欧拉的代数论述和其他著作中，发现了很多新的属性，大大地补充了数字理论。然而，对数字理论做出最大贡献的人是高斯和勒让德。

勒让德的伟大著作《数论随笔》（*Lssai sur la Théorie des Nombres*），使他成了第一个将该分析方法的分支归整为一个正规系统的人。高斯在其《探讨算术》（*Disquisitions Arithmetieae*）中，将数字的属性应用到了 $x^n - 1 = 0$ 二项式方程的求解中，其求解依靠于将圆 n 等分，这一做法开辟了新的探索领域。他通过一些例子完成了这个解法，通过解低一阶的方程来决定将圆分解为质数的相等部分，当这个质数是 $2^n + 1$ 的形式时，可以在几何上对圆进行分解——这个问题在《探讨算术》这本书发表之前，人们是从没想过怎样解决的。

关于该主题最著名的英国著作，由彼得·巴洛（Peter Barlow）发表于 1811 年，书中的前言介绍了之前的大多数历史事实。该书对数字理论规则给出了清晰简明的解析，并且包含了很多原始论著的贡献，其中提到了费马的一般定理"当 n 大于 2 时，不定方程 $x^n \pm y^n = 2^n$ 不成立"的证明，然而这个证明被数学家们心照不宣地忽略了，并且法国研究所和其他学术团体仍然在继续研究其解决方案。

然而，几乎每一位杰出的现代数学家都或多或少对数学理论的发展做出过贡献。在欧拉、高斯、雅可比、柯西（Cauchy）、狄利克雷（Dirichlet）、拉格朗日（Lagrange）、艾森斯坦（Eisenstein）、普安索（Poinsot）等学者的著作中，会发现很多关于该主题的痕迹，并且最新的数学期刊和学术事物中包含了所有优秀数学家们在同样领域的研究，其中关于该主题最完整的一篇论文来自史密斯（H. J. S. Smith）教授，文章名为《关于数字理论的报告》，发表在 1859 年的《英国协会学报》里。文章包含了对数字理论关键历史的详细记载，通过大量引用原始资料而具有双重价值。

通过这个简短的概述可以看出数字理论这一课题是一个非常巨大且困难的课题，需要应用代数原则来促使其发展，因此不适合在本书中对其进行讨论研究。除了最多展示一下其与该学科一般分类的逻辑关系，并且介绍几个可以通过普通算术原则就能很容易理解的简单属性。这些对于年轻数学家来说是很有吸引力的，或许也是培养人们对该主题进行更全面透彻研究的一种手段。

第二节　偶数和奇数

通过研究数字的属性，发现其具有独特性，因此人们将数分为不同的种类。数字系列 1、2、3、4……叫作自然数。按照每个数与 2 的关系，自然数可以分为奇数和偶数，也可以按照组成分为质数和合数两类。合数又可以分为两类，完全数和不完全数，这种分类方法是基于数字与它们的因数之和的关系。不完全数也可以按照数大于还是小于它们的因数之和分为两类。如果两个数互相等于另一个数的因数之和，这两个数叫作亲和数。后面对每种分类都会进行介绍。

在数字的众多分类中，最简单、最自然的一种分类是偶数和奇数，这种分类是基于数和 2 的关系。偶数是 2 的倍数，奇数不是 2 的倍数。在自然数系列中，数字是按照单位数增加的，在偶数序列中，增长的规模是双重的。前者从单位数开始，由 1 的计数产生，后者从双位数开始，由 2 的计数产生。偶数分为单偶数和双偶数，单偶数 2、6、10、14……双偶数是 4、8、12、16……奇数分为双奇数 1、5、9、13……和单奇数 3、7、11、15……

偶数的表达式是 $2n$，奇数的表达式是 $2n+1$。在单偶数中，n 是一个奇数；在双偶数中，n 是偶数；在双奇数中，n 是偶数；在单奇数中，n 是奇数。双奇数的表达式是 $4n+1$；单奇数的表达式是 $4n+3$。

关于偶数和奇数有许多有趣的原则，其中一些原则如下：

1. 除 2 外的每一个质数都是奇数。

2. 连续平方数的差是奇数。

3. 两个奇数或两个偶数的和或差是偶数。

4. 偶数和奇数的和或差是奇数。

5. 任何一个偶数的积都是偶数，奇数与偶数的积是偶数，奇数的奇数的积是奇数。

6. 两个偶数的乘积是偶数，两个奇数的乘积是奇数，一个奇数和一个偶数的乘积是奇数。

7. 偶数除以奇数，如果能整除，商是偶数；奇数除以偶数，如果能整除，商是奇数；偶数除以偶数，如果能整除，商是偶数或者是奇数。

8. 一个奇数除以一个偶数，如果不能整除，余数是偶数。

9. 当一个偶数不能被另一个偶数整除时，余数是偶数。

10. 如果一个偶数不能被另一个奇数整除，那么当商是偶数时余数是偶数，商是奇数时余数是奇数。

11. 如果一个奇数不能被另一个偶数整除，那么当商是奇数时余数是偶数，商是偶数时余数是奇数。

12. 如果一个奇数可以整除一个偶数，那么它也可以整除该偶数的一半；如果一个偶数可以整除一个奇数，那么它也可以整除该奇数的 2 倍。

13. 一个偶数的任何幂都是偶数，相反的，如果一个偶数的根是整数，那么这个根是偶数。

14. 一个奇数的任何幂都是奇数；相反，如果一个奇数的根是整数的话，根是奇数。

15. 任何完整数及其根的和或差，结果都是偶数。

这些原则可以很容易地通过普通的算术推理方法证明。为了说明，我们拿第三个原则为例，其推理如下：两个偶数分别都是 2 的倍数，因此它们的和是 2 的两个不同倍数，一定会是一个 2 的倍数，它们的差将是两个不同数字 2 之间的差，也同样会是一个 2 的倍数。两个奇数相加，就是将一个 2 的倍数＋1 加上另一个 2 的倍数＋1，会得到 2 的倍数＋2，或者说得到一个 2 的倍数。

最简单的证明方法，就是使用通用的代数方法。因此，在上面的原则里，两个偶数可以表示为 $2n$ 和 $2n'$，它们的和是 $2n+2n'$ 或 $2(n+n')$，这其实就是 $2n$ 的形式，因此是偶数；它们的差是 $2n-2n'$ 或 $2(n-n')$，这也是 $2n$ 的形式，因此是偶数。两个奇数的表示为 $2n+1$ 和 $2n'+1$，它们的和是 $2(n+n'+1)$，是 $2n$ 的表达形式，所以是偶数；它们的差是 $2n-2n'$ 或 $2(n-n')$，也是 $2n$ 的形式，是偶数。其他所有原则也可以按照类似的方式证明。

第三节 质数和合数

数字最著名的分类是质数和合数。这个分类与形成数字的乘数或者数字是否能分解成因数有关。合数是一类可以通过其他数相乘得出的数；质数是不能通过其他数相乘得到的数。可以认为两者之间的区别在于它们存在的独立性。合数是一个可以由其他数乘法而产生的数，质数是不能由其他数乘法产生的数。

在算术里，没有比质数和合数更受数学家关注了。数学家们关注这个概念是为了发现一些通用的可以求解质数或者区分质数和合数的方法。

对于如何确认质数这个问题的讨论，最早可以追溯到埃拉托色尼（Eratosthenes）时代，他是亚历山大港的一位数学家，也因为是第一位构思测量地球方案的人而著名。他发明确认质数的方法是，通过在自然数序列中排除不是质数的数，从而找出质数。这种方法是将奇数序列写在羊皮纸上，然后剪去合数，剩下的就是质数。这张布满孔的羊皮纸看起来像是筛子，因此，这个方法被叫作"埃拉托斯特尼筛法"。下面是该方法的详细描述。

假设我们将奇数序列从 1 写到 99，因为该序列是按照 2 增加的，第三项从 3 开始是 $3+3\times2$，该数可以被 3 整除，因此每隔三项都可以被 3 整除，因此这些是合数。同样，我们发现 5 之后的数每隔五项都可以被 5 整除，因此这些是合数，7 以后的数每隔七项都可以被 7 整除，因此这些是合数。剪去这些合数的部分，就得到了 100 以内的所有质数。通过这种方法，再借助一些机械发明，维嘉（Vega）计算并发表了一个 1～400 000 的质数表。

这种方法非常不方便，因此数学家们在认真地研究了质数和合数的属性后，以比来求解确认质数。下面的原则在求解和确认质数时都是有用的。

1. 除了 2 以外的所有质数都是奇数；相反的，所有的奇数都是质数却不是正确的。

2. 除了 2 和 5 以外的所有质数，单数都是 1，3，7 或 9，剩余的其他数都是合数。质数是一系列排除个位是 5 的奇数，因为个位是 5 的任何数都可以被 5 整除而不带余数。

3. 除了 2 以外的任何质数，如果增加或者减少 1 后都可以除 4。换句话说，除了 2 以外的任何质数都可以表示成 $4n \pm 1$。这一点是可以证明的。

4. 除了 2 和 3 以外的任何质数，如果增加或者减少 1，都可以除 6。换句话说，除了 2 和 3 以外的任何质数，都可以表示成 $6n \pm 1$，这也是可以证明的。

5. 除了 2、3 和 5 以外，其他质数都是该质数减 1 后的单位组成数的因数。因此，7 是 111111 的因数，13 是 111111111111 的因数。

6. 除了 2 和 5 以外的每一个质数都包含在共同表示的余数中，质数本身有基数 9，基数小于 1。因此，3 是 99 的因数，7 是 999999 的因数，13 是 999999999999 的因数。

7. 三个质数不可能同时包含在一个算术级数里，除非它们的公差可以除 6；只有在 3 是第一个质数的情况下，一个级数里才有可能同时包含 3 个质数。任何情况下，一个算术级数中都不可能超过 3 个质数。

8. 最后这个原则在一般情况下都是正确的：一个算术级数中不可能同时包含 n 个质数，除非它们的公差可以整除 2、3、5、7、11、……、n；除了 n 是这个级数的第一项，一个级数中可能有 n 个质数，但是不会有更多个。

虽然没有求质数的通用方法，但是有很多种判断一个数是否是质数的方法。人们发现了一些值得注意的公式里包含大量的质数。这个公式是欧拉在 1772 年的柏林研究报告中提到的。对于 x^2+x+41，当 x 相继取 0、1、2、3、4……时，会得到一个序列 41、43、47、53、61、71……这个序列的前 40 项数是质数。x^2+x+17 和 $2x^2+9$，前一个式子的前 17 项是质数，后一个的前 29 项是质数。费马曾经确认了 2^m+1，当 m 取序列 1、2、4、8、16……中的任意数时，该式都是质数，但是欧拉发现 $2^{32}+1=641 \times 6\,700\,417$ 不是质数。

求解质数最著名的定理是由费马发明的，叫作费马定理，该定理为：如果 p 是一个质数，对于任何 p 是质数的数 $p-1$ 次方减 1 都可以整除 p。用代数语言表示就是，当 p 和 P 互为质数时，$P^{p-1}-1$ 是 p 的倍数。因此，25^6-1 可以被 7 整除。

虽然欧拉是第一位发表其证明方法的人，但是据说是费马找到了该定理的证明方法。欧拉的第一种证明方法非常简单，因此经常被引用到教科书里。在该定理的其他证明方法中，拉格朗日的证明方法受到了高度的重视。

拉格朗日证明各种第一项和共同的差互为质数的算术级数，都包含有限个质数。他也同样证明，如果 N 表示任意数，那么公式

$$\frac{N}{h.\log N - 1.08366}$$ 非常接近小于 N 的质数单位。

另一个著名的定理由约翰·威尔逊（John Wilson）先生发明，被叫作威尔逊定理。这个定理为：小于给定质数所有整数的连续乘积增加 1，得到的数可以被该质数整除。该定理的代数表达式是 $1+1 \times 2 \times 3 \cdots (n-1)$ 可以整除 n，n 是一个质数。因此 $1+1 \times 2 \times 3 \times 4 \times 5 \times 6=721$ 可以被 7 整除。

这个定理最早是由拉格朗日证明的，正如人们猜想的那样，他的推理过程非常巧妙。后来被欧拉以及高斯证明过，高斯延伸了该定理，通过证明"给定数 $a \pm 1$，所有小于该数并且与该数互为质数的乘积可以被 a 整除"。当 a 可以表示成 p^m 或 $2p^m$，p 是大于 2 的任意质数

时，还有当 $a=4$ 时，加号变为了减号；但是在其他情况下是加号。

在理论上，威尔逊定理给了我们一个规则，使我们在判定一个数是否是质数时绝对不会出错，它绝对适用于这些质数，因为其他数不适用于该定理。但是，在实际应用方面，该定理又是没有实用价值的，因为即使在只有几项时，该定理求出结果的数值也依然很大。

在数论的后期工作中，证明了代数公式只表示质数，也证明了质数的数量是无限的。

质数的分布并没有遵循一定的法则，但是对于一个给定的区间，我们发现区间的起点越高，这个数字段包含的质数就越少。10 000 以内的质数是 1 230 个，10 000 到 20 000 之间的质数是 1 033，20 000 到 30 000 之间的质数是 983 个，90 000 到 100 000 之间的质数是 879 个。在巴罗的著作中，人们验证出最大的质数是 $2^{31}-1=2147483647$，欧拉发现了这个数。

质数的术语也被用到了一类叫作合数的数上，最初由高斯在 1825 年提出。根据该定理，合数的形式是 $a+b\sqrt{-1}$，其中 a^2 和 b^2 表示普通的整数。合数 $a+b\sqrt{-1}$ 和其共轭合数 $a-b\sqrt{-1}$ 被称为标准，并用这些符号表示为 $N\,(a+b\sqrt{-1})$，$N\,(a-b\sqrt{-1})$。这四个关联数 $a+b\sqrt{-1}$，$a\sqrt{-1}-b$，$-a-b\sqrt{-1}$ 和 $-a\sqrt{-1}+b$，以及它们各自的共轭，具有相同的标准。当一个复合数除了自身之外，它的关联数没有除数时，被称为质数，四个单位数分别是 1，-1，$\sqrt{-1}$ 和 $-\sqrt{-1}$。

第四节　完全数和不完全数

人类在尝试将数字分解成其因数之后开始积极探索新的领域，开始将数字的因数或者除数的和与数字本身进行比较，因而发现了数字的特定关系，从而将数字分成了新的三类。数字等于除其本身外，所有因数的和，这样的数被叫作完全数；不具备这种性质的数被叫作不完全数，不完全数又被分为两类，根据数字大于或小于它的除数之和分为盈数和亏数。

进一步进行比较，人们发现一些数互相等于对方除自身外的真因数之和，这种关系十分亲密，从而将这样的数叫作亲和数。古代希腊数学家早就知道完全数和不完全数，但是它们的性质是被现代数学家研究发现的。亲和数最先由荷兰数学家范・斯霍滕（Van Schooten）（1581－1646）研究提出。

完全数是等于除其自身之外所有真因数的和，例如，$6 = 1 + 2 + 3$，$28 = 1 + 2 + 4 + 7 + 14$。不完全数是指所有真因数之和不等于自身的自然数。不完全数分为盈数和亏数，盈数是指因数之和大于数字本身的数，例如：$1 + 2 + 3 + 6 + 9 > 18$。亏数是指因数之和小于数字本身的数，例如，$1 + 2 + 4 + 8 < 16$。

任何形式是 $(2^{n-1})(2^n - 1)$ 的数字，当后一个因数是质数时，该数是完全数。至今为止发现能使 $2^n - 1$ 是质数的 n 值有 2、3、5、7、13、17、19 和 31，因此相应已知的完全数有 10 个。设定一个表达式中的 n 等于 2，我们有 $2(2^2 - 1) = 6$，这是第一个完全数；第二个是 $2^2(2^3 - 1) = 28$。前 8 个完全数分别是 6、28、496、8128、32 550 336、8 589 869 056、137 438 691 328、2 305 843 008 139 952 128，可以看出这些数都是以 6 和 28 结尾。

找完全数的困难在于找出形式是 $2^n - 1$ 的质数。根据巴罗的记载，至今可以确定的最大质数是 $2^{31}-1=2147483647$，据此，上面的完全数中的最后一个数是至今知道最大的完全数。同时巴罗注释说这有可能会是以后发现最大的完全数，因为除了人们的好奇外，求解完全数没有任何用处，所以可能不会有人尝试去求解比它大的完全数。一本算术学著作的作者给出了两个据说是完全数的数，2 417 851 639 228 158 837 784 576 和 9 903 520 314 282 971 830 448 816 128，但是我不知道是否具有权威性。

当两个数互相等于对方的因数之和时，二者互为亲和数，如 284 和 220。求解亲和数的公式是 $A=2^{n+1}d$ 和 $B=2^{n+1}bc$，其中 n 是整数，b，c，d 是质数，同时要满足以下条件：（1）$b=3\times2^n-1$；（2）$c=6\times2^n-1$，（3）$d=18\times2^{2n}-1$。如果取 $n=1$，我们发现 $b=5$，$c=11$，$d=71$，将这些值代入上述的公式，我们得到 $A=4\times71=284$，$B=4\times5\times11=220$，这是第一对亲和数，下两对分别是 17296，18416 和 936358，9437056。

第一对亲和数 220 和 284 由范·斯霍滕发现，"亲和（amicable）"一词似乎也起源于此，尽管鲁道夫斯（Rudolphus）和笛卡儿以前在某些特定的数上发现了这个性质。亲和数的公式实际上是由笛卡儿给出的，后来由欧拉等人做了总结概括。

有形数——有形数是指可以排成一定规律的数。

以下列中公差是 1 的自然数序列 A 为例，按照有形数的方法得出了序列 B 是有形数，再从 B 中按有形数方法得出序列 C，从 C 中得出的 D 也都是有形数。还可以从其他首项是 1，公差是整数的算术级数中得出的其他序列，例如，从级数 1、3、5、7、9……中得出的序列是 1、4、9、16、25……

A 1、2、3、4、5、6、7
B 1、3、6、10、15、21、28
C 1、4、10、20、35、56、84
D 1、5、15、30、70、126、210

算术之美

更普遍使用构造有形数的方法是，将这些数视为一个级数序列，该序列的每一项可以表示为：

$$\frac{n\,(n+1)\,(n+2)\,(n+3)\cdots(n+m)}{1\times2\times3\times4\cdots(m+1)}$$

其中，m 表示该级数的阶次，n 表示所需的项。

有形数可以分出阶次，当 $m=0$ 时，得出的级数是一阶，当 $m=1$ 时，级数是二阶，当 $m=2$ 时，级数是三阶……

将此公式中的 m 视为 0，分别代入连续数 1、2、3……表示 n，我们发现通用项是 n，那么一阶有形级数是自然数 1、2、3、4……n。

当 $m=1$ 时，序列的通用项变为 $\frac{n\,(n+1)}{1\times2}$，然后代入 n 的连续值 1、2、3……求得级数为 1、3、6、10、15、21、28……这是二阶有形级数。

按照相似的方式，得到三阶和四阶有形级数的通项分别是：

$$\frac{n\,(n+1)\,(n+2)}{1\times2\times3}\text{和}\frac{n\,(n+1)\,(n+2)\,(n+3)}{1\times2\times3\times4}.$$

综上，我们可以很容易地求导出相应的级数。这些求导出来的有形数和前列式中表示的一样。

有形数最值得注意的一个特性是，如果将任意阶一个序列的第 n 项加到前一阶的第 $(n+1)$ 项上，和等于给定阶级数的 $(n+1)$ 项。因此，在前面标记的 C 序列中，如果我们将第二项 4 加到 B 序列的第三项 6 上，得到 C 序列的第三项 10，C 序列的第三项加上 B 序列的第四项等于 C 序列的第四项……

如果我们从一个各项都是 1 的序列推导有形数，那么所有的有形数序列都可以按照这个原则推导出来。

有形数的阶次

数字1组成的序列	1、	1、	1、	1、	1、	1、	1、	1、	1、	1
一阶	1、	2、	3、	4、	5、	6、	7、	8、	9、	10
二阶	1、	3、	6、	10、	15、	21、	28、	36、	45、	55
三阶	1、	4、	10、	20、	35、	56、	84、	120、	165、	220
四阶	1、	5、	15、	35、	70、	126、	210、	330、	495、	715
五阶	1、	6、	21、	56、	126、	252、	462、	792、	1287、	2002
六阶	1、	7、	28、	84、	210、	462、	924、	1716、	3003、	5005
七阶	1、	8、	36、	120、	330、	792、	1716、	3432、	6435、	11440

通过研究这些序列，可以看出对角向上的数值系数按照（$a+b$）的形式和相应阶数成指数的对应关系。据说这个原则引发了对有形数的综合研究。

说到按照每个有形数的阶数来定义有形数，巴罗说，从有形数的形式来推导有形数的产生比从有形数的产生推导其形式要容易。上述展示的关于两个相邻阶数的有形数中各项之间关系的原则要归功于费马，同时这也是他自认为最有意思的推论。

多边形数是可以排列成多边形各边的有形数。有形数 1，3，6，10……的二阶有形数叫作三角形数，因为这个序列每项数字代表的单位数量可以排列成三角形。如果我们采用 1、3、5、7、9……公差是2的数列，从中推导出有形数 1、4、9、16、25……叫作四边形数，因为它们可以排列成四边形。数列 1、4、7、10……公差是3，产生数列 1、5、12、22……叫作五边形数，因为它们可以排列成五边形。同样的方式，我们可以得到六边形数、七边形数、八边形数等。可以发现，有形数表示多边形的边数总比产生该有形数序列的公差大2。

公差＝1	1、2、3、4、5、6
三角形数	1、3、6、10、15、21
公差＝2	1、3、5、7、9、11
四边形数	1、4、9、16、25、36
公差＝3	1、4、7、10、13、16

五边形数　　　　　　　1、5、12、22、35、51

当算术级数的公差是 1 时，该级数各项的累加和产生三角形数；当公差等于 2 时，各项和是四边形数；当公差等于 3 时，各项和是五边形数，依此类推。

这些数被称为多边形数，是根据同样数的圆点可以排列成相应多边形的性质得来的。因此，多边形数 5、12、22、35、51……可以分别排列成五边形。即 5 个点可以形成一个五边形，12 个点可以形成一个包含前面五边形的第二个五边形，22 个点可以形成包含前面两个五边形的第三个五边形……

费马发现了多边形数的以下特性：每个数不是三角形数就是两个或三个三角形数的和；每个数不是四边形数就是两个、三个或四个四边形数的和；每个数不是五边形数，就是两个、三个、四个或五个五边形数的和，等等。这个特性一般是正确的，但是只证明了三角形数和四边形数，尽管很多有能力的数学家对其他情况进行了尝试，但都没能证明。然而，在费马给丢番图作品的注释中似乎表明他有了证明的方法，尽管从未发表过，但这个情况使其他数学家对于该定理更有兴趣，也更渴望证明它。

金字塔数字是一些能表示可以排列在金字塔形状中的数字。它们与多边形数形成的方式和有形数形成多边形数的方式一样。三角金字塔数字是从三角形数字序列中推导出来的有形数序列。例如，从三角形数 1、3、6、10、15……我们得到三角金字塔数字 1、4、10、20……四边形金字塔数是从四边形数中推导出来的。

第五节　数的整除性

在分解合数时，我们用这个数连续除以该数的真因数，直到商是一个质数。为了知道需要除以哪个数，之前最好先做一些整除性的测试，否则就必须要试验很多个数直到除到真因数为止。除了测试真因数之外，有一定的法则可以用来分辨一个数是否是真因数，其中一些原则非常简单，应用起来也比较容易。对数的因数与数本身的关系进行的研究，叫作数的整除性。

关于数的整除性法则，包含这个数对于 2、3、4…12 的整除条件。这些法则陈述如下：

1. 当一个数个位数是 0 或者是偶数时，该数可以被 2 整除，因为这样的数肯定是偶数，而且，所有的偶数都可以被 2 整除。

2. 当一个数各位之和加起来的数能被 3 整除时，该数就可以被 3 整除。每个这样的数加上各位之和都是 9 的倍数，又因为 3 是 9 的因数，所以当各位之和可以被 3 整除时，这个数可以被 3 整除。

3. 当一个数的个位和十位上的数是零，或者当个位和十位上的数表示一个能被 4 整除的数时，该数就可以被 4 整除。如果个位和十位上的数是零，这个数等于一个"几百"的数，因为 100 能被 4 整除，所以任何表示百的数都可以被 4 整除。如果一个数的个位和十位上的数可以被 4 整除，这个数就包含一个"几百"的数加个位和十位上表示的数，因为几百和个位和十位上表示的数都可以被 4 整除，所以它们的和也就是这个数的本身可以被 4 整除。

4. 当一个数个位上的数是 0 或 5 时，这个数可以被 5 整除。如果个位上的数是 0，那么这个数是一个"几十"，因为 10 可以被 5 整除，所以该数本身可以被 5 整除。如果个位上的数是 5，整个数是"几十"

加 5，因为这两个数都可以被 5 整除，所以它们的和，也就是这个数本身，可以除 5。

5. 当一个数是偶数并且各位之和能被 3 整除时，这个数可以被 6 整除。由于这个数是偶数，所以它可以被 2 整除，又因为这个数的和能被 3 整除，所以这个数可以被 3 整除，鉴于这个数包含 2 和 3，所以它包含 2 和 3 的乘积，即 6。

6. 当一个数奇数位上的数字之和减偶数位数字之和的差能被 7 整除时，这个数就可以被 7 整除。判断一个数是否可以被 7 整除的法则可能不像其他法则那样重要，因为很少应用，但是它太具有科学趣味了，所以不能从这些法则中去掉。其证明过程会在后面的章节介绍。

7. 当一个数的个位、十位和百位上是零或者个位、十位和百位上表示的数能被 8 整除时，这个数就可以被 8 整除。如果一个数的个位、十位和百位上是零，这个数等于一个"几千"的数，因为 1000 可以被 8 整除，所以任何表示"几千"的数都可以被 8 整除。如果这个数个位、十位和百位上表示的数可以被 8 整除，整个数包含"几千"加"个位、十位和百位上"（例如 17368＝17000＋368），又因为这两项都可以被 8 整除，它们的和即这个数本身可以被 8 整除。

8. 当一个数之和能被 9 整除时，这个数就可以被 9 整除。这个法则的证明可以从证明一个数可以分解成两部分，一部分是 9 的倍数，另一部分是各位之和来入手。完整的证明在接下来的内容中介绍，读者可以参考。

9. 当数的个位是零时，这个数可以被 10 整除。因此这样的数类似于一个"几十"的数，任何"几十"的数都可以被 10 整除，因此该数可以被 10 整除。

10. 当一个数奇数位之和与偶数位之和的差可以被 11 整除或者差是零时，这个数就可以被 11 整除。这个法则可以证明一个数可以分解为两部分，一部分是 11 的倍数，另一部分包含奇数位的和减偶数位的和的差。接下来的内容会对此进行完整的证明。

11. 当一个数各位之和可以整除 3 时，并且个位和十位上表示的数可以被 4 整除，该数也可以被 12 整除。因为，一个数的各位之和能被 3 整除，所以该数就可以被 3 整除，又因为最右两位数表示的数能被 4 整除，该数就可以被 4 整除。因为这个数可以被 3 和 4 整除，所以它可以被它们的乘积，即 12 整除。

除了和数 7，9，12 有关的法则外，这些法则都很简单，也都很容易被应用。除以 9 和除以 11 的法则展示了一些有趣的观点，后面会进行介绍。通过验算算术教科书和有关数字理论的作品，可以注意到被 7 整除的法则被省略了。显然，人们曾经努力寻找过对数字 7 的整除性，因为一些学者给出了一些被 7 整除的特殊法则，但是一直没有找到一个通用法则。上面关于除 7 的法则，不通用的部分被一个简单的方法弥补了，虽然这个方法并不像其他数的方法那样简单，也没有太大的实用价值，但是该法则仍然具有科学价值。除了上面给出的法则，还有其他法则，因其展示了该主题的发展过程而吸引人，我们在这里会介绍一下。证明方法和上面使用的证明可以被 9 整除和可以被 11 整除的方法类似。实际上，这个法则是在对 7 的整除性的方法研究中发现的。因此，我应该首先介绍一个数对 9 和 11 的整除性证明，然后介绍关于数字 7 的法则。

对 9 的整除性——对 9 的整除性法则，很早之前就已经被人们熟知。关于是谁发现了这个法则现在已经不能确定了。9 的整除性被用来测试四则运算的正确性，叫作"舍九法"，该方法归功于阿拉伯人。该法则就是前面介绍过的，当一个数的各位之和能被 9 整除时，该数就可以被 9 整除。这个法则基于一个更通用的法则，下面先介绍这个通用法则，然后介绍整除法则，同时也会从中引出一些有趣的其他法则。

1. 一个数除以 9 后的余数与其各数之和除以 9 后的余数相同。

$$6854=\begin{cases} 4=\hspace{8em} 4 \\ 50=5\times10\ =5\times\ (9+1)=5\times9+\ 5 \\ 800=8\times100\ =8\times\ (99+1)=8\times99+\ 8 \\ 6000=6\times1000=6\times\ (999+1)\ =6\times999+6 \end{cases}$$

$$\therefore 6854=\underbrace{5\times9+8\times99+6\times999}_{9\text{ 的倍数}}+\underbrace{4+5+8+6}_{数的总和}$$

这个理论既可以通过算术方法也可以通过代数方法证明。我们先介绍算术证明方法。如果我们取任意数，例如 6854，然后按上面的方法一样分解该数字，会发现它包含两部分，第一部分是 9 的倍数，第二部分是各位之和。

第一部分显然可以被 9 整除，因此一个数被 9 整除所产生的唯一余数等于各位之和被 9 整除产生的余数。当各位之和正好可以被 9 整除时，显然该数本身可以被 9 整除，因此证明了该理论。根据该理论，也可以容易地推导出下面的法则。

2. 当一个数的各位之和可以被 9 整除时，该数也可以被 9 整除。

3. 任意数和其各位之和的差可以被 9 整除。

4. 一个数被 9 整除的余数与各数交换顺序后产生的数与被 9 整除的余数相同。

5. 两位数之和与两位数之差相等的数可以被 9 整除。

该基本理论也可以使用代数方法证明如下：用 a、b、c、d……表示任意数的个数，用 r 表示该数系的基数，即该数系数，那么每个数都可以用下面的表达式（1）表示。如果我们从该表达式中的一部分中减去 b、c、d……，然后将 b、c、d……加到另一部分上，将不会改变数的值，同时我们会得到表达式（2），然后通过因数分解得到表达式（3）。

（1）$N=a+br+cr^2+dr^3+er^4+\cdots$

（2）$N=br-b+cr^2-c+dr^3-d+er^4-e+\cdots+a+b+c+d+e+\cdots$

（3）$N=b\,(r-1)+c\,(r^2-1)+d\,(r^3-1)+e\,(r^4-1)+\cdots+a+b+c+d+e+\cdots$

现在，$r-1$，r^2-1，r^3-1 等，都可以被（$r-1$）整数，因此，用该数除以（$r-1$）后得到的唯一余数会从 $a+b+c+d+\cdots\cdots$ 除以（$r-1$）中得到，也就是任意数除以（$r-1$）得到的余数等于各位之和除以（$r-1$）得到的余数。在十进制数中，$r=10$，因此 $r-1=9$，也因此，任意数除以 9 的余数和该数各位之和除以 9 的余数一样。这个法则是一些法则的基础，同时也是对基础法则"舍九法"的证明。

对 11 的整除性——数对 11 的整除性法则和对 9 的整除性法则非常相似。这一点是可以预料到的，因为它们都分别和数系的基相差 1，前者是少 1，后者是多 1。如前面介绍的，该法则是指一个数的奇数位数之和减偶数位数之和的差能被 11 整除时，该数就可以被 11 整除。这个法则是基于一个更通用的法则，我们先介绍这个更通用的法则，然后再介绍这个法则，同时也会引导出其他有趣的法则。

1. 任意数都是 11 的倍数加奇数位之和减去偶数位之和。这个法则既可以通过算术方法证明也可以通过代数方法证明。我们先给出算术证明。如果取任意数，例如 65478，按照下面的过程对其分解，会发现，它包含两部分，第一部分是 11 的倍数。

$$65478=\begin{cases} 8= & & +8 \\ 70= & 7\times10= & 7\times(11-1)= & 7\times11-7 \\ 400= & 4\times100= & 4\times(99+1)= & 4\times99+4 \\ 5000= & 5\times1000=5\times(1001-1)=5\times1001-5 \\ 60000=6\times10000=6\times(9999+1)=6\times9999+6 \end{cases}$$

$$\therefore 65478 = \frac{11 \text{ 的倍数}}{7\times11+4\times99+5\times1001+6\times9999} + \frac{\text{奇数的总和}}{8+4+6} -$$

$$\frac{\text{偶数的总和}}{5+7}$$

第二部分包含奇数位数之和减去偶数位数之和。第一部分显然可以除以 11，因此，一个数除以 11 得到的唯一余数，等于奇数位数之和减偶数位数之和得到的差除以 11 的余数。当这个差能被 11 整除时，那么该数本身也可以被 11 整除。当偶数位的数之和大于奇数位的数之和时，我们用差除以 11，然后将余数从 11 中减去来求出真正的余数。这样做的原因可以从上面的证明中看出。根据该理论，可以很容易地推导出下面的法则。

2. 当一个数的奇数位之和等于偶数位之和时，该数可以被整除。

3. 当一个数的奇数位之和减偶数位之和的差等于 11 的倍数时，该数可以被 11 整除。

4. 一个数加上偶数位之和减去奇数位之和得到的数可以被 11 整除。

5. 将一个数各位之和加一个 11 的倍数，不改变该数除以 11 的余数。

这个特性的代数证明如下：取数字 9 的表达式，我们加上 b，然后减 b，加 c 然后减 $c\cdots$ 表达式就变成了（2）的形式，值仍然和第一个一样，只是形式改变了，然后进行因数分解，得到（3）。

（1）$N \quad a+br+r^2+dr+er^4+\cdots$

（2）$N=br+b+cr^2-c+dr^3+d+er^4-e+\cdots+a-b+c-d+e+\cdots$

（3）$N=b(r+1)+c(r^2-1)+d(r^3+1)+e(r^4-1)+\cdots+(a+c+e+\cdots)-(b+d+\cdots)$

现在，$r+1$，r^2-1，r^3+1 等每个都可以被（$r+1$）整除。因

此，这个数除以（$r+1$）得出的唯一余数，一定是从（$a+c+e+\cdots$）$-$（$b+d+\cdots$）除以（$r+1$）的余数中引出的，也就是用偶数位数之和减奇数位数之和得到的差除以（$r+1$）。在十进制中，$r=10$，$r+1=11$，因此，我们可以看到任何除以 11 的余数，等于该数偶数位数之和减奇数位数之和的差除以 11 的余数。当这个差可以被 11 整除时，这个数本身可以被 11 整除。这个规则也可以用于证明基本规则，但是不如数字 9 的规则方便。

第六节　7的整除性

不同的学者都分别对数的整除性进行了介绍，主要包括对于数 2，3……到 12 的整除性，其中省略了数字 7。这使我们十分好奇，是否有一个通用法则可以用于对数字 7 的整除性。一些教科书关于该主题介绍了一些特定条件下为真的法则，具体如下：

1. 当一个数的个位数是个位左边其余数的 $\frac{1}{2}$ 或 $\frac{1}{9}$ 时，该数可以被 7 整除，例如 21、42、63、126 和 91、182、273 等。

2. 当一个数的个位和十位所组成的数是左边各位组成数的 5 倍或 $\frac{1}{3}$ 时，这个数可以被 7 整除。例如 525、840、1 995 和 602、903、3 612 等。

3. 如果一个数包含不多于两个数值段时，当这几个数值段相似时，这个数可以被 7 整除。例如 45 045、235 235、506 506 等。

然而，大多数研究过数字理论的学者似乎忽视了被 7 整除的通用法则，虽然该法则的实际应用性并不大，但是从科学的观点上看还是很吸引人、很有趣的。其中最重要最简单的法则如下：

1. 当一个数是个位数的 1 倍，十位数的 3 倍，百位数的 2 倍，千位数的 6 倍，万位数的 4 倍，十万位数的 5 倍，百万位数的 1 倍，千万位数的 3 倍……的和可除以 7 时，该数可以被 7 整除。可以看到倍数组成的序列是 1、3、2、6、4、5。为了阐述该法则，取数字 7935942，按照上面的倍数，我们得到和，$1\times2+3\times4+2\times9+6\times5+4\times3+5\times9+1\times7=126$，它可以被 7 整除，没有余数。通过假设该法则，我们可以推导出其他整除性法则。

在这个法则中，我们看到倍数数列的后半部分 6、4、5 分别等于

7 减去前半部分的数 1、3、2；因此，我们不是加后半序列的数 6、4、5，而是可以减去前半个序列 1、3、2 倍相应的数，从而产生了下面的法则。

2. 一个数是个位数的 1 倍，十位数的 3 倍，百位数 2 倍的和减去相同倍数的千位、万位十万位数的和，再加接下来三位数同样倍数的和得到的数可以除以 7 时，这个数可以被 7 整除。

可以看到倍数序列是 1、3、2，第一组乘积相加，第二组乘积相减，以此类推，即奇数段相加偶数段相减。如果我们取数值 5439728，得到 $1×8＋3×2＋2×7－1×9－3×3－2×4＋1×5＝7$，该结果可以被 7 整除。通过测验，我们发现原数值也可以被 7 整除。

第二个法则也可以表示成：当一个数奇数段表示的数乘以倍数 1，3，2 的和减去偶数段相同倍数的结果可除以 7 时，这个数可以被 7 整除。

如果我们将一个 7 的准确倍数加到测试整除性的倍数上，将不会改变余数。因此，取数字 5 439 728，如果我们将 $7×2$ 加到 $3×2$ 上，得到 $10×2$ 即 20；然后将 $98×7$ 加到 $2×7$ 上，得到 $100×7$ 即 700，由此可以用 $8＋20＋700$ 或 728 来取代第一个数字段 $1×8＋3×2＋2×7$，同样的方式也可以应用在试验中的相减段，以及后面的每一段，因此根据法则二，我们可以推导出下面的法则。

3. 当一个数的奇数段各数之和减去偶数段各数之和的差能被 7 整除时，这个数就可以被 7 整除。

为了阐述，取数字 5643378762，其奇数段各数之和 $762＋643＝1405$，偶数段各数之和是 $378＋5＝383$，差是 1022，正好可以被 7 整除；如果我们用该数本身除以 7，发现同样没有余数。

如果我们按照从法则二推导法则三相同的思路应用到法则 1 上，我们会推导出如下法则。

算术之美

4. 当一个数的双倍数段表示的各数之和能被 7 整除时，这个数就可以被 7 整除。例如，对于数字 5643378762，我们得到 5643＋378762 ＝384405，可以被 7 整除，同时本身也可以被 7 整除。

我用来推导出其他三个法则的第一个法则可以通过算术方法和代数方法证明。

例如，取任意数 98765432，进行如下分解：

2=			1×2
30=	3×10=	3×(7+3)=	3×7+3×3
400=	4×100=	4×(98+2)=	4×98+2×4
5000=	5×1000=	5×(994+6)=	5×994+6×5
60000=	6×10000=	6×(9996+4)=	6×9996+4×6
700000=	7×100000=	7×(99995+5)=	7×99995+5×7
8000000=	8×1000000=	8×(999999+1)=	8×999999+1×8
90000000=	9×10000000=	9×(9999997+3)=	9×99999997+3×9

在这里，98765432＝7a 的倍数或加上一倍的第一项，加三倍的第二项，加两倍的第三项，加六倍的第四项，加四倍的第五项，加五倍的第六项，加一倍的第七项，加三倍的第八项。因此，可以产生的唯一余数一定是从各项的倍数之和除以 7 得到的，因此当这些倍数之和能被 7 整除时，这个数就可以被 7 整除，从而证明了该法则。

第一个法则中可以很容易地推导出第二个法则，可以按照下面的过程进行证明：

2=			1×2
30=	3×10=	3×(7+3)=	3×7+3×3
400=	4×100=	4×(98+2)=	4×98+2×4
5000=	5×1000=	5×(1001-1)=	5×1001-1×5
60000=	6×10000=	6×(10003-3)=	6×10003-3×6
700000=	7×100000=	7×(100002-2)=	7×100002-2×7
8000000=	8×1000000=	8×(999999+1)=	8×999999+1×8
90000000=	9×10000000=	9×(9999997+3)=	9×99999997+3×9

这里 987654327＝7a 第一位数加一倍，第二位数加三倍，第三位数加二倍，第四位数减二倍，第五位数减三倍，第六位数减二倍，第七位数减一倍，第八位数加三倍。因此，唯一可以得出的余数也就是相加项减相减项的差除以 7 得出的余数，当这个差可以被 7 整除时，该数也可以被 7 整除，这也就证明了该法则。当相减项的倍数大于相

312

加项的和时，我们将差除以 7，然后用 7 减去余数来找到真正的余数。

为了证明第三个法则，取任意数，例如 7 946 321 675，然后分解它，可以看到该数包含 7 的倍数加奇数段数减偶数段数。

$$7946321675=\begin{cases} 675= & & 675 \\ 321000= & 321\times(1001-1)= & 321\times1001-321 \\ 946000000= & 946\times(999999+1)= & 946\times999\times1001+946 \\ 7000000000=7\times(1000000001-1)= & & 7\times999001\times1001-7 \end{cases}$$

$$\underbrace{\frac{7\text{的倍数}}{321\times1001+946\times999999+7\times1000000001}}+\underbrace{\frac{\text{奇数段数}+\text{偶数段数}}{675+946-321+7}}$$

现在，1001 是 7 的一个倍数，999 999 是 999 乘以 1 001，同时 1000000001 也是 1 001 的一个倍数，如果我们继续到该数更高的数段，会发现一个 1 001 的常数倍数序列，不是该数段的段数加 1 就是减 1，因此 7 946 321 675 由 7 的三个倍数加（675＋946）－（321＋7）或者偶数段和奇数段和的差组成。第一部分显然可以被 7 整除，因此该数的整除性取决于奇数段和偶数段数之差的整除性，当这个差能被 7 整除时，这个数本身必然也可以被 7 整除，从而证明了该原则。

5. 任意数除以 7 的余数与该奇数段的各数之和减去偶数段的各数之和得到的差除以 7 的余数相同。如果偶数段各数之和较大，我们先求出差除以 7 的余数，然后用 7 减去该余数得到真正的余数。

这个研究引申出了更通用的整除性原则，根据上面证明的基础：1001 是 7 11 和 13 的乘积，因此证明对于 7 适用的也适用于 11 和 13。因而该法则更通用的形式如下。

6. 任意数除以 7，11 或 13 得到的余数和奇数段各数之和减偶数段各数之和的差除以 7，11 或 13 的余数一样。

前面已经给出了该通用法则的一种特殊情况：如果一个数不多于两个数字段，同时这两个数字段相似，那么这个可以被 7、11 或 13 整除。所有这些数经过验证后发现都是 1001 的倍数，因此完全可以被其因数整除。令人惊讶的是，那些熟悉该特殊定理的人已经接近通用法则的边缘了，竟然没有延伸到上面的通用法则。

从第一个法则中推导出来的第四个法则，也可以按照类似证明第三个法则的方法独立证明。法则 1 的代数证明方法，也是其他法则的基础，如下：采用 9 和 11 整除性中相同的通用表达式，加上减项 $3b$，3^2c，$3^3d\cdots$这个表达式很容易地化简为公式（5）。

（1）$N=a+br+cr^2+dr^3+er^4+fr^5+gr^6+hr^7+\cdots$

（2）$N=br-3b+cr^2-3^2c+dr^3-3^3d+er^4-3^4e+fr^5-3^5f+\cdots+a+3b+9c+27d+81e+243f+\cdots$

（3）$N=b\,(r-3)+c\,(r^2-3^2)+d\,(r^3-3^3)+e\,(r^4-3^4)+f\,(r^5-3^5)+g\,(r^6-3^6)+\cdots+a+3b+9c+27d+81e+243f+729g+\cdots$

（4）$N=b\,(r-3)+c\,(r^2-3^2)+d\,(r^3-3^3)+e\,(r^4-3^4)+f\,(r^5-3^5)+g\,(r^6-3^6)+\cdots+a+3b+\begin{cases}7c\\2c\end{cases}+\begin{cases}21d\\6d\end{cases}+\begin{cases}77e\\4e\end{cases}+\begin{cases}238f\\5f\end{cases}+\begin{cases}728g\\g\end{cases}+\cdots$

（5）$N=\begin{cases}b\,(r-3)+c\,(r^2-3^2)+d\,(r^3-3^3)+e\,(r^4-3^4)+f\,(r^5-\\3^5)+g\,(r^6-3^6)+\cdots+7c+21d+77e+238f+728g+\cdots\cdots\end{cases}+a+3b+2c+6d+4e+5f+1g+\cdots$

现在，这个表达式里的第一部分可以被（$r-3$）或 7 整除，因此唯一可能会产生余数的是 $a+3b+2c+6d\cdots\cdots$除以（$r-3$）或 7，也就是通过用一倍的第一个数，三倍的第二个数，二倍的第三个数，六倍的第四个数，四倍的第五个数，五倍的第六个数……按照同样的顺序进行下去的所有倍数的和除以 7。当这个和可以被 7 整除时，该数就可以整除 7。而且稍微改变公式里的各项，上面第二个形式表述的定理也可以推导出来。

法则 2 被发现的若干年后，我发现艾略特（Elliott）教授早在 1846 年就曾采用过同样的特性。但是我不能确定这一点是否被之前的数学家知晓。

其他数字的法则——用同样的方式，我们可以找到数对 13，17 等的整除性规律。对 13 的整除性法则可以表述为：当一个数一倍的第一位减去三倍的第二位、四倍的第三位、一倍的第四位和、加上接下来三项相同倍数的和，再减去接下来三项相同倍数的和……以此类推，得到的结果可以被 13 整除。

我们可以注意到，在第一项之后，所乘的数列是 3、4、1，这样易于记忆和应用。为了阐述，我们取数字 8765432，得到 2－（3×3＋4×4＋1×5）＋（3×6＋4×7＋1×8）＝26，可以被 13 整除，然后通过验证我们发现这个数本身也可以被 13 整除。

这个法则是从一个更一般的法则中推导出来的，即任意数除以 13 得到的余数与上述倍数除以 13 得到的余数相同。这个原则可以通过使用任意数来进行证明，例如：4987654，像前面的情况一样对这个数进行分解：

$$
4987654=\begin{cases}
4= & & & 1\times4\\
50= & 5\times10= & 5\times(13-3)= & 5\times13-3\times5\\
600= & 6\times100= & 6\times(104-4)= & 6\times104-4\times6\\
7000= & 7\times1000= & 7\times(1001-1)= & 7\times1001-1\times7\\
80000= & 8\times10000= & 8\times(9997+3)= & 8\times9997+3\times8\\
900000= & 9\times100000= & 9\times(99996+4)= & 9\times99996+4\times9\\
4000000= & 4\times1000000= & 4\times(999999+1)= & 4\times999999+1\times4
\end{cases}
$$

对 17，19，23 等可整除的法则也可以通过类似的方式获得。我们将其中一些展示在下面，包括前面已经给出的 7、11 和 13 也展示在下面。

$$7\dots\begin{cases}1、3、2、-1、-3、-2、1、3、2、-1、-3、-2\cdots\\ \text{或}\ 1、3、2、6、4、5.1、3、2、6、4、5\cdots\end{cases}$$

$$11\dots\begin{cases}1、-1、1、-1、1、-1、1、-1、1、-1、1、-1\cdots\\ \text{或}\ 1、10、1、10、1、10、1、10、1、10、1、10\cdots\end{cases}$$

$$13\dots\begin{cases}1、-3、-4、-1、3、4、1、-3、-4、-1、3、4\cdots\\ \text{或}\ 1、10、9、12、3、4、1、10、9、12、3、4\cdots\end{cases}$$

$$17\dots\begin{cases}1、-7、-2、-3、4、6、-8、5、-1、7、2、3\cdots\\ \text{或}\ 1、10、15、14、4、6、9、5、16、7、2、3\cdots\end{cases}$$

$$41\dots\begin{cases}1、10、18、16、-4、1、10、18、16、-3\cdots\\ \text{或}\ 1、10、18、16、37、1、10、18、16、37\cdots\end{cases}$$

$$73\dots\begin{cases}1、10、27、-22、-1、-10、-27、22、1、10、27\cdots\\ \text{或}\ 1、10、27、51、72、63、46、22、1、10、27\cdots\end{cases}$$

99…1、10、1、10、1、10、1、10、1、10、1、10…

101…

$$\begin{cases}1、10、-1、-10、1、10、-1、-10、1、10、-1、-10\cdots\\ \text{或}\ 1、10、100、91、1、10、100、91、1、10、100、91\cdots\end{cases}$$

综上可以看出，对 99 和 101 的整除性非常简单，也易于应用。

第七节　数字9的性质

在所有自然数中，数字 9 是最具有显著特性的数字。其中有许多特性在几个世纪前就被人发现，引起了数学家和普通学者的兴趣。数字 9 的一些特性十分特别，所以数字 9 被称为所有数字中"最浪漫"的数字。下面会介绍其中一些有趣的性质。

1. 这个数字第一个吸引我们的特性是，乘法表中从上到下的"9 倍"那一列数字的各项之和是 9 或 9 的倍数。从两倍的 9 即 18 开始，将每位上的数字相加，即 1 加 8 是 9。三倍的 9 是 27，2 加 7 是 9；一直往上直到 11 倍的 9 是 99，将各位数字相加，即 9 加 9 是 18，8 加 1 是 9。按照这种方式，任何倍数的 9，各位相加最终的结果都是 9。用 326 乘以 9，得到 2934，其各位数字之和是 18，18 的各位数字之和是 9。一旦数字 9 出现在任何包含乘法的计算中，不管你进行怎样的计算，肯定会再次出现。所有可以被 9 整除的数与各位之和一定是 9 或 9 的倍数。

2. 关于数字 9 另一个奇妙的特性，就是如果你取任意一行的数，然后随意交换每位上的数，得到的数除以 9 的余数与原数除以 9 的余数相同。例如数字 42378、24783、82734 等，这些数除以 9 都可以得到余数 6。其原因是这些数的各位数字不管顺序如何改变，各位之和相等。就像前面所说的那样，一个数除以 9 的余数等于各数之和除以 9 的余数。

3. 关于数字 9 的另一个有趣性质，对于很多人来说是不可思议的。取一个两位数，前后颠倒数字，然后取颠倒后的数和第一个数的差，然后告诉我余数中的一个数，我可以说出另一个数是多少。秘密就是这两个数的和会一直是 9。例如，取数字 74，颠倒十位和个位，得到 47，取这两个数的差是 27，我们可以看到 7 和 2 的和是 9。在这种情况下，假设我不知道取的数是多少，如果这个人说的是 2，我可以立即说出另一个数是 7，因为这两个数的和是 9。

产生这种现象的原因是：这两个数的组成数字一样，都是 9 的倍数加一个相同的余数，因此，它们的差是 9 的一个确切倍数，相应的这两个数字之和会是 9。当这个两位数十位和个位上的数字相同时，差是 0。当十位和个位相差单位 1 时，差是 9。

4. 关于 9 的另一个有趣的谜题，对于很多人来说非常奇妙。首先你请一个人写下一个三位或多于三位的数字，除以 9，然后说出余数，去掉这个数的一位数，然后除以 9，告诉你余数，你就会知道去掉的数是多少。

上面的谜题看起来很复杂，但是当这个原则被理解后，就会发现这很简单。如果第二个余数小于第一个余数，去掉的数是两个余数之差，但是如果第二个余数较大，去掉的数等于 9 减去两个余数的差。其原因是，一个数除以 9 的余数与这个数之和除以 9 的余数相同，因此去掉一位后的各数之和除以 9 的余数也会被去掉的数减去。如果去掉数前后都没有余数，那么去掉的数一定是 0 或者 9。

为了详细阐述，假设选中的数是 457，除以 9 余数是 7，去掉第二位数，然后除以 9，余数是 2，因此去掉的项是 7 减 2，即 5。如果数是 461，除以 9，得到余数是 2，去掉第二项数，然后除以 9，余数是 5，因此去掉的项一定是 9 减去 5 和 2 的差 3，得到 6。

5. 下面的小谜题也是从数字 9 的整除性中得来的。取任意数，除以 9，说出余数，将所取的数乘以我给出的数，将乘积除以 9，我可以说出余数是多少。为了说出余数是多少，我用我给的数乘以第一个余数，然后除以 9，这样产生的余数显然会等于前面所得到的余数。

6. 如果我们取任意一个包含 3 个连续数组成的数，然后通过改变数的位置，得到另外两个数，这三个数的和可以整除 9。这个是基于任意三个连续数之和可除 3 的法则。相应地，每一个数如果不是 9 的确切倍数就是 9 的倍数乘以 3 或 9 加 3 的倍数，因此这三个数的和是 9 的倍数加三个 3 的倍数，因此是 9 的确切倍数。如果我们改变位置，获得另外五个数，这六个数之和可以整除两倍的 9，这一点也是很容易解释的。

　　根据对 9 的整除性法则，可以推导出一些对于年轻数学家来说十分有趣的其他性质。如果我们用任意数减去该数各位之和得到的差可以整除 9；如果我们取两个各数之和相等的数，这两个数的差可以整除 9；将任意数的各位数随意安排，然后除以 9，每种安排情况下得到的余数都一样。类似这样的性质似乎超出了早期数学家们的好奇心，因而足以使数字 9 被视为魔法数字。值得注意的是，如果我们的数系是十二进制而不是十进制，所有的这些性质则属于数字 11。

第四篇　分　数

第一章　简分数

第二章　十进制分数

第一章 简分数

第一节 分数的性质

单位是算术的基本概念。从中产生了两大类数字——整数和分数。整数起源于单位的乘法，分数起源于单位的除法。一种是直接合成的结果，另一种是初步分解的结果。分数是对单位的分解，就像整数是单位的合成一样。

当单位被分解成相等的部分时，每一部分都与单位之间有着确定的关系，这些部分可以合成在一起，然后计数。这个复杂的分解、关联、集合的过程产生了分数。因此，分数的概念包含三部分：（1）对于单位的分解；（2）分解部分与单位的对比；（3）对于要考虑等量部分的集合。当一个单位分解成若干个相等部分时，分解后的部分与单位的对比产生了分数的概念，然后几个相等部分的集合产生了分数本身。这里可以清楚地看出整数和分数的区别。前者是单纯合成的过程，后者包含了除法过程、关系的概念和部分的合成。因此，分数是分解、比较和合成的结果。

如前所述，分数起源于对单位的分解，它们也可以从数字的比较中推导出。因此 1 和 2 或者 2 和 4 的比较，可以产生 $\frac{1}{2}$ 的概念，同样的方式可以得到其他的分数，这仅是分数起源的一种可能，而不是实际的起源，分数实际起源于单位的分解。

当单位分解成相等的部分时，这些相等的部分会组成不同的集合，并且标记成独立的数。因此，这些相等部分可以视为是一种特殊的单位。为了将其与单位区分开来，我们称为分数单位。这样产生了两类单位，整数单位和分数单位。整数单位就是已知的单位，当表示分数单位时，我们使用区别项分数。一个整数的确切概念需要对单位有一个明确的概念，分数的确切概念既需要对整数单位和分数单位都有明确的概念。通过上面对分数特性的简单描述，我们准备这样定义分数。

定义——分数是表示一个单位分解成相等部分的数。这个定义是通过上述关于分数的概念得出的直接推理。将单位分解成相等的部分，然后取这些相等部分中的几个，就形成了分数。和这个定义非常类似的定义是：分数是单位的几个相等部分中的一个或多个。这个定义是不正确的，使用单词"数字"会比"一个或多个"更适用。使用"数字"表达被公认为是最简便和优雅的形式，也必将会得到数学家的认可。

其他学者还曾提出过一些不同的定义，其中一些定义是正确的，而另一些有很大的争议。一位学者说"分数是单位的一部分"，这个定义只有一部分是正确的，因为一个分数有可能不只是单位的一部分而是几部分。另一位学者说"分数是对于一个或多个单位等分部分的表达"，在这个定义里，"表达（expression）"是指书写或打印出来的用来表示分数的符号，这显然是不正确的，因为分数的概念是在分数的表达形式之前存在的，是独立于表达形式的。"表达式"不是数学计算中的一个概念，因此不是分数。分数和表达式之间的区别就像数字和表达式之间的区别一样。例如：我们有数字"四"和数字符号"4"，所以我们有分数四分之三和表达式"$\frac{3}{4}$"，这是两个不同的概念。

分数的另一个定义是"未执行的分解"。一位学者曾说"分数仅仅是一个未执行的分解"，另一位学者也说过"分数可以看作是一个未执行分解的表达式"。这种定义分数的方式也是不正确的，因为分数的概念和一个数用另一个数分解的概念是完全不一样的。分数 $\frac{4}{5}$ 表示取一个单位等分成 5 份后的其中 4 份，4 除以 5 会得到表达式 $\frac{4}{5}$，但是 4 除 5 的概念完全不同于分数概念，因此"分数仅仅是一个未执行分解"的断言，完全是荒谬的。

也有学者将分数定义为表示部分与整体之间的关系，这是艾萨克·牛顿（Isaac Newton）先生的观点，虽然跟流行的定义比起来这个定义非常抽象，但它是正确的。同样观念的另一种表达形式是"分数是用来确定部分占整体的多少"。例如，如果我们将一个苹果分成两个相等的部分，其中一部分是整体的二分之一，那么这个确定的部分二分之一是一个分数。尽管这种方式的表达和牛顿的一样，但却是正确的，相对于流行定义来说，它太抽象了。

计数法——分数是单位等分部分中的一部分，所以很自然的，在分数的计数法中，我们需要用一个数表示取了其中几部分。同时也很自然的第一念头就是用单词二分、三分等来表示分数单位，例如，2 thirds（三分之二），3 fourths（四分之三）等，或者缩写成 2－3ds，$\frac{3}{4\text{ths}}$，字母最终都会被省略，表达式变成了 2－3，3－4 等。这可能就是分数最初的形式，就像一些较老的教科书中展示的，用 2－3 表示三分之二，3－4 表示四分之三。

人们发现不直接命名分解的部分，而是用所取部分的数除以单位分解的数更方便。这可以通过将一个数写在另一个数后面实现，如 2－3，其中 3 表示单位被等分的数量，2 表示被取出部分的数量。在实践应用中，人们也认可了将表示单位被等分数量的数写在另一个数的下方，用一条横线将两个数分开，就像除法那样。横线下面的数叫作分数的分母，横线上面的数叫作分数的分子。最初横线下方写数的目的不是为了命名分数单位，而是表示单位被等分的数量，但是分数单位的名字是从这里推导出来的。那么，在计数法中最重要的一点是，尽管从分母中可以推导出度量范围，但分数的分母并不是分数的度量范围。因此，分母有两个作用，一个是直接展现出单位被分解成几个相等的部分，另一个是间接地表示分数的度量范围。我们应该注意这个区别。

在整数中，会用一个词来表示数字本身，另一个词来表示它的表达式，例如，数（number）表示多少个或者事物本身，数字符号（symbol）是指数字的表达符号。事物和它的符号通过独立不同的名称来进行区分。在分数中没有这样的术语来区分分数的表达式和分数本身。我们被迫使用同一个单词"分数（fraction）"来同时表示这两者。因此，当我们想要表示分数的表达式时，使用"分数"这个单词也是合理的。但是人们经常会混淆，需要特别留意。我们有时不得不对术语分子和分母进行双重使用，但是需要格外注意避免出现混淆的情况。

当我们仔细分析时会发现，分数的表达式和分数本身之间的关系比最初出现的更复杂。为了阐述，我们首先要有一个分数，一个单位的部分，然后我们用两个数字符号表示分数，我们有这两个数字符号表示的对应数字，如果我们想对分数和其计数法的关系有一个清晰的概念，这几项需要仔细区分。如果我们用单位数和表示的分数进行比较，会发现事情变得更复杂。首先取单位数，然后是单位数等分的部分，接着是其中一些部分的表达式，该表达式由两个数组成，最后是这些数字符号表示的数。因此，学者们使用和分数有关的术语时产生困惑就不足为奇了。

历史——在介绍分数的分类和运算之前，我们先来了解一下与分数的起源和历史有关的知识。阿默士著作中关于分数的运算方法在"算术系统起源"这一章节中进行了介绍。在《丽罗娃提》中，分数的书写方式是将分子写在分母的上面，中间没有横线。横线进行分割的用法要归于阿拉伯人，因为这种方法在他们最早的段数草稿中就出现过。为了表示一个分数的分数，例如 $\frac{3}{4}$ 的 $\frac{2}{3}$，会将两个分数连续地写在一起，中间没有任何符号。当表示将一个数增加一个分数时，会将分数写在数的下方，当表示减分数时，会在分数前面加一个点，因此，

$2\frac{1}{4}$ 可以表示成 $\begin{matrix} 2 \\ 1 \\ 4 \end{matrix}$，$3-\frac{1}{4}$ 表示成 $\cdot\begin{matrix} 3 \\ 1 \\ 4 \end{matrix}$。

其他情况下，如果没有明确的解释，他们的表达方式是很难理解的。在阿拉伯学者和早期欧洲学者的作品中也一样，他们在计数法的艺术方面是非常欠缺的。在《丽罗娃提》中，当需要求解问题"一半的三分之二的四分之三的五分之一的十六分之一的四分之一"的过程时，会写成下列的形式，得到 $\frac{6}{7680}$ 或 $\frac{1}{1280}$。

$$\begin{matrix} 1 & 1 & 2 & 3 & 1 & 1 & 1 \\ 1 & 2 & 3 & 4 & 5 & 16 & 4 \end{matrix}$$

在《丽罗娃提》中有这样一个问题："当五分之一、四分之一、三分之一、二分之一和六分之一加在一起是多少"？其解决过程如下所录。

$$\begin{matrix} 1 & 1 & 1 & 1 & 1 & 29 \\ 5 & 4 & 3 & 2 & 6 & 20 \end{matrix}$$

在解决问题"3 减去这些分数的余数是多少"时，其运算过程如

327

下列式所示。如果没有解释的话，我们显然不能理解列式中数字所表达的意思。

$$\begin{array}{cccccccc} 3 & 1 & 1 & 1 & 1 & 1 & & 31 \\ 1 & 5 & 4 & 3 & 2 & 6 & & 20 \end{array}$$

《丽罗娃提》中提出了分数减法和同化的四个规则，以及它们在算术的八项基本规则中的应用。这些规则都很清楚简单，与现代实践应用中的差别很小。

不同的学者对复合分数有不同的计数法，例如，帕乔利将 $\frac{4}{5}$ 的 $\frac{2}{3}$ 或 $\frac{2}{3} \times \frac{4}{5}$ 表示成右列的形式，其中 v^a 表示乘的意思。施蒂费尔在表示 $\frac{1}{7}$ 的 $\frac{2}{3}$ 的 $\frac{3}{4}$ 时，将临近的一个分数写在另一个下面，如右列所示。赫马·弗里修斯（Gemma Frisius）对于这个例子的表达方式如下：

$$\frac{3}{4} \left| \frac{2}{3} \right| \frac{1}{7}$$

这是一个简单方便的表示方法。

在帕乔利的作品中，当两个分数需要相加或者相减时，运算相加的结果是 $\frac{17}{12}$，相减的结果是 $\frac{1}{12}$。

其中，相乘的量会用线连在一起。古代和现代教科书中对于分数的运算似乎没有太大区别。在帕乔利和塔塔里亚的作品中，运算按情况分类的数目和细分数目成倍地增多，他们过于细致的解释反而使读者不容易理解。可以这样说，早期的学者对于乘法在分数中的使用和含义方面似乎不是很理解，不理解乘积为什么会比被乘数小，他们解释表面上不一致的方法很奇怪又很巧妙。

第二节　简分数的分类

　　分数主要分为两大类——简分数和十进制分数。分数是单位等分后的其中一部分，对于分成的大小没有任何限制。小数是对十进制单位分解的数，也就是十分之几，百分之几，等等。

　　分数的这种区别源于符号上的差异，而不是源于分数本身的不同。当十进制符号延伸到个位的右边时，可以用来表示十分之几、百分之几等，同时这种表达方式有很大的优点，所以十进制分数被看作是一种不同的类别。

　　从不同的方面考虑，简分数又有很多不同的分类。最主要的分类是基于它们和单位相比较的相对值来分类。根据这种关系来分类，有真分数和假分数。真分数是指一个值小于单位的分数，也就是根据分数的基本概念来判断是不是真分数。假分数是指一个值等于或大于单位的分数，也就是根据分数的初始概念来看，它不是严格意义上的分数。

　　简分数的另一个分类来源于将分数等分的概念。分数起源于将单位分成相等的部分，现在如果我们将这个观念进行扩展得到一个分数等分后的一部分，就得到了所谓的复合分数。可以这样说，复合分数起源于产生简分数的除法初始概念的延伸。这个复合分数的概念使分数分为两类——简分数和复合分数。科学地讲，复合分数技术上可以定义为分数的分数。

　　如果再进一步延伸分数的概念，假设分子或者分母，或者分子分母同时变成分数，就得到了数学家们所说的繁分数。繁分数可以定义为一个分子，或者一个分母，或者分子分母都是分数的分数。繁分数是否符合分数的定义，是否符合分数中分子和分母的功能，会在后面进一步探究，但是其起源是将符号应用到极致的一个自然扩展的表现。需要注意的是，也有人猜测繁分数是起源于一个分数除以另一个分数写成将除数放在被除数下方而中间用横线隔开的表达，但是最有可能的是起源于第一种猜测，起源于分数概念的延伸。

因此，分数按照跟单位的比较分为真分数和假分数，按照形式分为简分数、复分数和繁分数。也有另一种表示分数关系的形式，和简分数紧密地联系在一起，所以被放在了同一个分组下。我提到的连分数就被划分为通用的简分数。

假分数——根据初始概念，分数被认为是一个单位的一部分，因此是小于一个单位的。鉴于我们可以说任何数是量的分数单位，就像我们说整数单位一样，从而产生了一种其值大于单位的分数表达式。例如，我们可以说 $\frac{5}{4}$、$\frac{7}{4}$ 等，尽管对于一个单位来说只有 $\frac{4}{4}$。这些我们叫作假分数，也就是从初始概念来看它们不是分数。假分数的一些知识点是复杂和有趣的，我们在下面会进行简单的介绍。

例如，严格来说表达式 $\frac{5}{4}$ 是一个分数吗？根据分数的定义和前面的讨论来分析，它是一个分数，那么应该怎么读它呢？如果我们读作"1元的四分之五"，有人会反对，他们会说一元里只有四分之四。如果读作"四分之五元"，有人会反对，分子的数大于分母。复数的意思是两个或更多个，但是也有人会说，在语法中"复数是指多于1个"，因为 $\frac{5}{4}$ 多于1，我们就可以使用复数，说"四分之五元"，这是一种诡辩，因为语法只注重于整数，所以当说"多于1"的时候就是指"2个或多个"，因此，严格来说"四分之五元"的读法是不正确的。

那么，应该怎样读呢？我认为正确的读法应该是"一元的四分之五"。这样的读法是指当将1元被分为4部分时，我们取其中的5部分。在1元中确实没有 $\frac{5}{4}$ ，但这种读法也没有假设说有。没有人会反对100元的 $\frac{5}{4}$ 是125元，也就等同于说1元的 $\frac{5}{4}$ 等于1元加 $\frac{1}{4}$ 元。分数单位是1元的 $\frac{1}{4}$ ，分数单位的数量是5，因此分数是"1元的 $\frac{5}{4}$ "。根据初始分数概念它不算一个分数，是一个假分数，但是从名字"假分数"来看，显然我们对这种读法是否绝对正确提出了一些反对意见。如果是 $ \frac{8}{4}$ 或 $ \frac{13}{4}$ ，那么我们可以叫作 $\frac{8}{4}$ 元或 $\frac{13}{4}$ 元，因为它们超过了1元。关于如何读假分数的问题经常被提出，人们对此问题的争辩行为引起了上面的讨论。

繁分数——根据严格的分数定义，是不可能有繁分数这种分数的。这显然是根据定义分配给分母的作用方面提出的概念。分母是表示单位被分成相等部分的数，因此，在繁分数 $\dfrac{\frac{2}{3}}{\frac{3}{4}}$ 中，分母 $\frac{3}{4}$ 表示单位被

分成了 $\frac{3}{4}$ 个相等的部分。至少从两个方面可以看出这是不可能的：第一，我们可以将一个单位分成三个或者两个相等的部分，但是不能分成一个部分，因为这根本就不存在分解。再者，如果我们不能将它分解成一个相等的部分，那么显然我们也不能将其分解成小于1的相等部分。第二，如果有人怀疑这个推理的结论，那么就让他拿一个苹果，试着将它分成 $\frac{3}{4}$ 个相等的部分。

一个看起来合理支持繁分数正确性的争论如下：在代数分数 $\frac{a}{b}$

中，分子和分母是一般表达形式，因此，既可以表示分数，也可以表示整数。如果其中 $b=\dfrac{3}{4}$，那么就是一个繁分数。这种推理方法对于算术来说缺乏严谨性，即便在代数中也很清楚地标明了分数方程 $\dfrac{ax}{b}=\dfrac{c}{d}$ 并不能说明它是个分数，因为在方程 $adx=bc$ 中，每一项都可能是个分数，表达式 $\dfrac{a}{b}$ 表示 a 除以 b，只有当其和分数的算术概念一致时，才能说是个分数。因此我们得出结论，严格来说是不存在繁分数的。它只是对于"一个分数除以另一个分数"的简单表达方式。

因此，我们要在算术中废弃掉繁分数的概念和表达方式吗？对此，我既不支持也不反对。它是对于一个分数除以另一个分数简单的表达形式，因此可以被保留。然而，使用它的人应该理解，根据分数的初始概念，它不是严格意义上的分数，只是表示一个分数除以另一个分数，或者当只有一项是分数时，只表示一个整数和一个分数之间的除法。

一个分数是一个数吗？这个问题被一些学者讨论过，也经常会有学生提出这个问题。当要测量的数是测量数的确定部分时，将牛顿对于数字的定义应用到分数，相应地可以认为分数是一个数，前提是我们承认牛顿的定义是正确的。定义"分数是单位等分后的一部分"，很清楚地表明分数是一个数。如果分数不是一个数，那么分数应该是一个什么数呢？为什么它又需要在算术这个数字学科中进行介绍处理呢？5 英寸显然是一个数，因此，与其有相同含义的 1 英尺❶的 $\dfrac{5}{12}$ 也应该是个数。数分为整数和分数，因此分数和整数一样也是数。可以注意到，

---

❶ 英尺：英美制长度单位，1 英尺合 0.3048 米。——译者注

分数包含两个概念：第一，整数单位；第二，分数单位。在整数中，我们有一个单位的概念，在分数中，我们不仅有一个单位的概念，也包括分数单位和整数单位的关系。

分数是名数吗？一些学者确认过"分数是名数的一类"。然而，这只在特殊的情况或者特定意义下才是正确的。尽管 $\frac{3}{4}$ 和 $\frac{3}{4}$ 加仑❶的值是一样的，但从整体上来说，二者不是完全一样的。后者表示的数字中，包含部分和整体的一个直接和必然的联系，前者中没有这种限定关系。为了理解 $\frac{3}{4}$ 加仑，脑海里必须有单位加仑的概念。在 $\frac{3}{4}$ 中就没有这种限定条件。换句话说，一种情况需要考虑两个单位：加仑和 $\frac{1}{4}$；另一种情况只需要考虑一个单位：$\frac{1}{4}$，而不需要考虑纯粹数字 3 和 4 本身的单位。四分之几需要参考整数单位，并且总是暗含这种关系；夸脱❷不用参考加仑，也不暗含加仑。

同样，分数 $\frac{3}{4}$ 也可以和特定的单位完全无关，在这种情况下，它是一个抽象数，不是名数。2 是 8 的 $\frac{1}{4}$，这里 $\frac{1}{4}$ 是对于这种关系的测量，只能是抽象数。因此，分数不是名数。像抽象整数和有名整数一样，分数也有抽象分数和有名分数。

---

❶ 英制容积单位，1 加仑合 4.5461 升。——译者注
❷ 英制容积单位，1 夸脱合 1.1365 升。——译者注

第三节 简分数的运算

分数被定义为是一个单位等分后的一些部分。单位被分割后的部分，叫作分数单位。因此，分数也可以定义为一定数量的分数单位。

常用分数是用分子和分母表示一定数量的分数单位，例如，三分之二，写作 $\frac{2}{3}$。分数的分母表示单位被等分的数量，分数的分子表示该分数含有多少个分数单位。常用分数通常把分子写在分母上面，中间用横线隔开。需要注意的是，不要把分母、分子定义为"横线下面的数字符号""横线上面的数字符号"。然后谈论到分子和分母相乘时，人们会猜想数字符号可以相乘，而不是它们代表的数字。但是，很多算术学学者都犯过这个错误。

分数适用于和整数一样的通用运算，因此，分数的运算可以分成和整数运算一样的基本情况。这些情况都包含在合成、分解和比较的通用运算过程中。其中，合成、分解的情况和整数中是一样的。为了进行合成和分解运算，我们需要将分数从一种形式转化成另一种形式。因此，分数运算需要大量的约简运算。分数的比较运算产生了几类情况叫作分数的关系，这在整数中没有。那么分数的几类运算分别是约简、加法、减法、乘法、除法、关联、复合、分解、公约数、公倍数、乘方和开方。

分数基本运算的一个完整过程展示在下面的图中。因为复合、分解、乘方、开方与整数中的这几个运算没有区别，在图中就省略了。其他由比较法引出的运算情况在整数和分数中的应用是相同的，这里不需要进行区分介绍。

```
                                    ┌─ 1. 数字到分数
                                    │
                                    ├─ 2. 分数到数字
                                    │
                          ┌ 1. 约简 ┤ 3. 约简为更高项
                          │         │
                          │         ├─ 4. 约简为低项
                          │         │
                          │         ├─ 5. 复合到简单
                          │         │
                          │         └─ 6. 相异到相似
                          │
                          │         ┌─ 1. 分母一样的
                          ├ 2. 加法 ┤
                          │         └─ 2. 分母不一样的
                          │
                          │         ┌─ 1. 分母一样的
  分数运算情况概括 ────────┤ 3. 减法 ┤
                          │         └─ 2. 分母不一样的
                          │
                          │         ┌─ 1. 分数乘以数字
                          │         │
                          ├ 4. 乘法 ┤ 2. 数字乘以分数
                          │         │
                          │         └─ 3. 分数乘以分数
                          │
                          │         ┌─ 1. 分数除以数字
                          │         │
                          ├ 5. 除法 ┤ 2. 数字乘以分数
                          │         │
                          │         └─ 3. 分数除以分数
                          │
                          │         ┌─ 1. 数字和数字的关系
                          │         │
                          └ 6. 关系 ┤ 2. 分数和数字的关系
                                    │
                                    └─ 3. 分数和分数的关系
```

335

运算方法——有两种方法来进行常用分数的运算，分别是归纳法和演绎法。这两种方法在原则和形式上是完全不同的，而且这种不同是最新发现的，所以值得关注。

归纳法是通过分析来推理或者归纳解决各种情况的方法。这种方法之所以叫作归纳法，是因为它可以从对个别问题的分析中找出适用于这一类问题的通用方法。可以注意到，求解的过程独立于之前建立分数的任何原则，每一个通过算术分析求解的运算情况都来源于单位。

通过举例说明该方法，"$\frac{3}{4}$ 中包含多少 $\frac{1}{20}$"。一种情况，对于这个问题，可以这样进行分析：1 等于 $\frac{20}{20}$，$\frac{1}{4}$ 等于 20 个 $\frac{1}{20}$ 的 $\frac{1}{4}$，或者等于 5 个 $\frac{1}{20}$；同时 $\frac{3}{4}$ 等于 3 乘 5 个 $\frac{1}{20}$，或者说是 15 个 $\frac{1}{20}$，因此 $\frac{3}{4}$ 等于 $\frac{15}{20}$。回顾这个解法，会发现可以将 $\frac{3}{4}$ 的分子乘以分母 4 变成分母 20 的倍数 5，也就是将 $\frac{3}{4}$ 的分子、分母乘以相同的数字 5，由此得出"如果想将一个分数约简成更高的项，就给分子分母同时乘以相同的数"。

另一种情况，正好是上述问题的反问题"$\frac{15}{20}$ 中包含多少 $\frac{1}{4}$"。解法如下：1 等于 $\frac{20}{20}$，同时 $\frac{1}{4}$ 等于 $\frac{20}{20}$ 的 $\frac{1}{4}$，也就是 $\frac{5}{20}$，因此一个数的 $\frac{1}{20}$ 等于这个数的 $\frac{1}{5}$ 的 $\frac{1}{4}$，15 的 $\frac{1}{5}$ 是 3，因此 $\frac{15}{20}$ 等于 $\frac{3}{4}$。根据这个问题的分解过程，可以总结出一个适用于所有类似问题的规则。回顾这个分解过程，我们发现对所需分数的分子 取相同的分子部分，即所需分数的分母是给定分数的分母。因此，我们推导出规则"需要将一个分数约简为较低的项，用分子和分母同时除以一个相同的数"。这个规则可以通过观察分析过程得出，也可以通过比较两个分数得到。例如，比较 $\dfrac{3}{4}$ 和 $\dfrac{15}{20}$，我们发现 3 等于 15 除以 5，同时 4 等于 20 除以 5，也就是说，分子、分母除以相同的数。我们发现这个法则在其他情况下也是正确的，由此推断出这个规则。

演绎法需要先证明一些通用法则，然后从这些法则中推导出规则或者运算方法。这个方法之所以叫作演绎法，是因为它是一般原则到特殊问题的一个过程。为了讲解这个方法，我们来解决一下相同的问题，"将 $\dfrac{3}{4}$ 约简成二十分之几"。根据一个假设已经证明过了命题"分数的分子和分母同时乘以任意数不改变分数的值"，我们可以通过将分子、分母都乘以 5 来将 $\dfrac{3}{4}$ 约简为二十分之几，这样就会得到想要的分母，所以 $\dfrac{3}{4}$ 等于 $\dfrac{15}{20}$。

接下来，我们来解决相反的问题，"将 $\dfrac{15}{20}$ 约简为四分之几"。根据一个通用命题（假设这个命题我们已经证明过），我们有原则"分数的分子和分母同时除以一个相同的数不改变分数的值"的法则。因此，我们可以通过将分子和分母同时除以一个任意数，可以使 $\dfrac{15}{20}$ 约简成分母 4。可以看到这个数是 5，因此，分子和分母同时除以 5，会得到 $\dfrac{15}{20}$ 等于 $\dfrac{3}{4}$。

下面用一个复分数的问题来进一步阐述这两种方法的区别。例如，"$\dfrac{4}{5}$ 的 $\dfrac{2}{3}$ 是多少"，分解过程如下：$\dfrac{1}{5}$ 的 $\dfrac{1}{3}$ 是 $\dfrac{1}{5}$ 可以均分三部分中的一部分，如果每个 $\dfrac{1}{5}$ 都分成 3 个相等的部分，$\dfrac{5}{5}$ 或单位 1 会被分成 5

乘 3 或是 15 个相等的部分，每一部分是 $\frac{1}{15}$，因此，$\frac{1}{5}$ 的 $\frac{1}{3}$ 是 $\frac{1}{15}$，$\frac{4}{5}$ 的 $\frac{1}{3}$ 是 4 乘以 $\frac{1}{15}$，即 $\frac{4}{15}$，同时 $\frac{4}{5}$ 的 $\frac{2}{3}$ 是 2 乘以 $\frac{4}{15}$ 等于 $\frac{8}{15}$。回顾这个分解过程，我们发现将两个分母相乘、两个分子相乘，可以推导出复合分数的约简法则。采用演绎法时，我们的推理过程如下：根据前面已经证明过的一个原则，$\frac{4}{5}$ 的 $\frac{1}{3}$ 与 $\frac{4}{5}$ 除以 3 的结果一样，是 $\frac{4}{15}$，根据另一个法则，$\frac{4}{5}$ 的 $\frac{2}{3}$ 是 $\frac{8}{15}$。可以看出演绎法比推导法简便，因为前者介绍了每一个涉及的知识点，而后者借助了以前证明过的法则。如果在演绎法中，我们需要证明应用的法则，这种方法的求解过程反而会更长。这两种方法的区别，也可以通过分数的除法和关系来阐述清楚。在《高等算术》中，每种情况都分别应用了这两种方法，而且对这两种方法都进行了全面的比较。

这两种方法的区别是广泛和显著的。推导法不需要参考之前已经建立的原则，直接解决问题；演绎法则需要借助一个假设已经证明过的通用法则。把这两种方法都应用到分数的发展中是一个值得优先考虑的问题。

推导法被认为是更简单，同时更容易被年轻学者理解的一种方法。一些初学者会偏向于采纳这种方法，因为它是按照分解过程的简单步骤，或者根据整数单位的集合比较来进行的。它遵循了年轻学生思维的发展规律——"从特殊到通用"。又因为它十分简单，而且能提供心理训练，所以十分适用于心算。

演绎法在思维方式上要比推导法更复杂。年轻学生总是觉得基于以前已经掌握的法则来推理这个过程是很困难的。而且，让这些年轻学生从一般原则来推理特殊情况是不合乎常理的。另外，这些通用法则的证明对于年轻学生来说不是很容易理解。作为一个有经验的老师，我可以说很少有学生能够很好地给出这些原则的逻辑证明过程。很多教科书中所谓的证明过程，只不过能称得上是解释或者阐述，而不是这些命题的逻辑证据。命题"增加一个分数的分母就增加了分数被分解的部分，同样比例下，它们的值则会减小"是一个缺乏科学证明不严谨的陈述。下面来介绍这个法则和它们的证明。

基本法则——在演绎法中，我们首先建立一些通用法则，然后通过它们推导出运算规则或方法。这些原则和分数的分子、分母的乘法有关。可以用两种不同的方式进行证明，一种是建立在除法原则上的，另一种是基于分数的特性和分子、分母的功能。教科书中所有不同的方法都可以归类到这两个一般方法中。

除法被大部分的算术学学者采纳。这种方法将分数看作是一种未执行的除法表达式，分子表示被除数，分母表示除数，分数的值是商。然后根据前面的一些假设建立的除法法则，因为分解被除数，商也被分解，所以分解分子，分数也被分解；因为增加除数，商被减小，所以增加分母，分数减小等。

证明这些基本法则的分数方法是基于分数本身的特性。将分数视为单位等分后的一部分，然后通过比较分数单位和单位的关系来决定这些运算的结果。因此，如果将分数的分母乘以任意数，例如 3，单位将会被分解为 3 倍原来的等分数，重分后的每一部分是原来部分的 $\frac{1}{3}$，如果提取出部分的数量仍然不变，分数的值就会是以前的 $\frac{1}{3}$。所有的原则都可以用类似的方式证明。

毫无疑问，分数方法是正确的。而除法很容易有一些反对意见，经过各方面的分析后，人们认为在教学和编写教科书时应该去掉除法。

第一，将分数的概念传递到除法概念，然后建立分数的法则是不合逻辑的。分数和除法的表达式是两个不同的事物，不应该混淆在一起。分数 $\frac{3}{4}$ 表示四分之三，不是 3 除以 4 的意思。表达式 $\frac{3}{4}$ 也确实可以表示 3 除以 4，但是当我们将其视为分数时，不应该有 3 除以 4 的除法概念。因此，将分数转化成一个数除以另一个数的除法来获得分数的法则是不合逻辑的。

第二，按照这种方法看待分数不仅是不合逻辑的，而且也没有给学者一个关于分数的真正概念。或许确实可以看到，增加分母减小了分数的值，但是很多人不会看到这个问题的本质核心，为什么会这样？可以说这种方法只是给出了关于分数的表面东西，因此是会引起反对的。如果分数本可以作为分数的简单方法运算，却将其转化成另外的概念来证明，其原则是很荒谬的。

可能一些支持除法的人会说这种方法更简单，更容易被初学者理解，但是这一点不管在理论方面还是实践经验方面都是不被赞成的。我相信对于学生来说，理解"减小分数的分子，分数的值减小"和理解"减小被除数，商减小"是一样容易的。其他法则也是同样的。有时，这个方法对于学生来说似乎更容易，因为它基于一个假定成立的法则。

第四节 连分数

每个新概念被认可后，都会成为开发新概念的起点。人们从不会止步于旧思想，而是会突破已知到达未知。人们不仅渴望发现社会世界的未知，也同样渴望发现科学世界里新的东西。给出一个新概念后，发展趋势总是将这个概念进一步往前推进，直到引领我们到达在原概念中不期而遇的观念和真理。因此，在分数的原始概念中产生了复合分数和繁分数，继续延伸原始概念，产生了连分数。

定义——连分数是指分子是 1，分母是一个整数加上一个分子是 1，分母是类似分数，以此类推。例如：

$$\frac{49}{155} = \cfrac{1}{3 + \cfrac{1}{6 + \cfrac{1}{8}}}$$

一些学者，为了方便，将连分数写成分母之间有加号的形式，例如 $\frac{1}{2} + \frac{1}{3} + \frac{1}{4} + \frac{1}{5}$。

起源——连分数最初出现在卡塔尔迪 1613 年在博洛尼亚发表的作品中。卡塔尔迪将偶数的平方根约简为连分数，然后用这些分数来求近似值，该方法的每个近似值都是从连分数的前两项中推导出来的。根据芬克的记载，丹尼尔·温特（Daniel Schwenter）是当时（1625年）第一位研究连分数特性的学者。连分数也在 1670 年被皇家协会主席布兰克（Brouncker）伯爵提出，据说为了表示圆的外切四边形和圆周的比例，他推导出了右列式所示的连分数，但是他是通过什么方法推导出这个表达式还不得而知。 $1 + \cfrac{1}{2 + \cfrac{9}{2 + \cfrac{25}{2 + \cdots}}}$

他是第一位研究连分数并且应用它们特性的学者。随后，沃利斯博士（Wallis）加入进来，并且完善发展了连分数的概念，给出了一种将各种连分数约简为简分数的通用方法。

连分数的发展以及应用到数字方程和不定分析问题的求解中，要归功于欧洲大陆的数学家们。据说惠更斯（Huygens）曾解释过用连除方法形成分数，并且证明了由此产生收敛分数的主要特性。约翰·伯努利（John Bernoulli）发现了连分数在新的一类计算中的应用，他设计这个新的计算种类来帮助比例表格的建立。关于连分数最全面的发展由欧拉提出，他引入了术语"连续的分数（fractio continua）"。

运算——连分数的运算最方便的求解方法是代数法，在一些关于高等代数的作品中有详细介绍。这里我们简单地介绍几点：（1）将简分数约简为连分数；（2）将连分数约简为简分数；（3）连分数的应用；（4）连分数的法则。

首先，介绍一个简分数怎样约简成连分数。以简分数 $\frac{68}{157}$ 为例。分子、分母同时除以 68，得到右列式中的第一个表达式；将得到分数中的分子、分母同

$$\text{（一）} \quad \cfrac{1}{2+\cfrac{2}{6\frac{1}{8}}}$$

$$\text{（二）} \quad \cfrac{1}{2+\cfrac{1}{3+\cfrac{5}{21}}}$$

$$\text{（三）} \quad \cfrac{1}{2+\cfrac{1}{3+\cfrac{1}{4+\cfrac{1}{5}}}}$$

除 21，得到右列式中的第二个表达式。然后除以 5，得到右列式中的第三个表达式，因为最后一个分数的分子是单位，所以除法过程结束。$\frac{1}{2}$，$\frac{1}{3}$，$\frac{1}{4}$ 等项分别叫第一项、第二项、第三项部分分数……

也可以按照求解最大公约数的方法，将各个商当作相继的分母来得到一样的结果。例如，对 $\frac{68}{157}$ 进行分解来找到各项的最大公约数，发现商和部分分数的分母是一样的。

$$
\begin{array}{r|r|r}
68 & 157 & \\
63 & 136 & 2 \\
\hline
5 & 21 & 3 \\
5 & 20 & 4 \\
\hline
 & 1 & 5
\end{array}
$$

因此我们得出将简分数约简为连分数的规则：找出所给分数分子和分母的最大公约数，相继商的倒数就是构成所求连分数的部分分数。

现在再来看一下连分数怎样约简为简分数。这个约简可以按照两

种方式执行：第一种，通过从最后一个分数开始，向上约简；第二种，从第一个分数开始，向下约简。

假设取下列所示的连分数，将其中最后两项组成的复合分数约简为一个简分数，会得到 $\frac{5}{21}$，将这个结果和前一个部分分数合并在一起，得到 $\frac{1}{2} + \frac{5}{21}$，然后进一步约简为 $\frac{21}{47}$，将这个结果再和前面的一项合并，得到 $\frac{1}{1} + \frac{25}{47}$，等于 $\frac{47}{68}$。最后，$\frac{1}{3} + \frac{47}{68} = \frac{68}{251}$，这就是这个分数的值。

$$\frac{1}{3} + \cfrac{1}{1 + \cfrac{1}{2 + \cfrac{1}{4 + \cfrac{1}{5}}}}$$

从第一个分数开始的话，该连分数的近似值可以通过前两项、三项或更多项部分分数约简为一个简分数来得到。因此，对于上面给出的连分数，第一个近似值是 $\frac{1}{3}$，第二个近似值是 $\frac{1}{3} + \frac{1}{1}$ 或 $\frac{1}{4}$，第三个是 $\frac{1}{3} + \frac{1}{1} + \frac{1}{2}$ 或 $\frac{3}{11}$，第四项是 $\frac{13}{48}$，第五项 $\frac{68}{251}$。

如果要按照分解的形式来展现这个计算过程，也许可以发现一个比其他方法要简单且容易求解近似值的法则。以下列中的分数举例，求解它的连续近似值，然后根据前面的近似值推导出一个近似值的法则。过程展示如下：

$$\frac{1}{2} + \cfrac{1}{3 + \cfrac{1}{5 + \cfrac{1}{4}}}$$

$$\frac{1}{2} \qquad\qquad\qquad\qquad\qquad\qquad = \frac{1}{2}\ \text{第一个近似值}$$

$$\frac{1}{2+\dfrac{1}{3}} = \frac{3}{3\times2+1} \qquad\qquad\qquad\qquad = \frac{3}{7}\ \text{第二个近似值}$$

$$\frac{1}{2+\dfrac{1}{3+\dfrac{1}{5}}} = \frac{1}{\dfrac{2+5}{3\times5+1}} = \frac{3\times5+1}{(3\times2+1)\times5+2} = \frac{3\times5+1}{7\times5+2} = \frac{16}{37}\ \text{第三个近似值}$$

$$\frac{1}{2+\dfrac{1}{3+\dfrac{1}{5+\dfrac{1}{4}}}} = \frac{1}{\dfrac{2\times5+\frac{1}{4}}{3\times(5+\frac{1}{4})+1}} = \frac{(3\times5+1)\times4+3}{\{(3\times2+1)\times5+2\}\times4+3\times2+1} =$$

$$\frac{16\times4+3}{37\times4+7} = \frac{67}{155}$$

我们取连分数的第一项 $\frac{1}{2}$ 作为第一个近似值。将连分数的前两项组成的复合分数进行约简，得到第二个近似值 $\frac{3}{7}$。继续约简，接下来得到近似值 $\frac{16}{37}$ 和 $\frac{67}{155}$。验证最后两个约简，发现第三个近似值是通过第二个近似值乘以第三部分分数的分母，然后将第一个近似值中的分子、分母加到前面这个乘积的相应项上得到的。此外，我们还发现第四个近似值等于第三个近似值的分子、分母乘以第四部分分数的分母，然后加上第二个近似值相应的项得到。因此，我们可以推导出下面的规则。

对于第一个近似值，取第一个部分的分数，对于第二个近似值，将连分数的前两项组成的复合分数约简，对于接下来的每个近似值，用最后一个近似值的分子、分母乘以连分数中的下一个分母，然后加到前一个近似值相应的项上。

下面介绍一下连分数在一些实际问题求解中的应用。

1. 在表示天数的分数中，用近似的连分数表示一个回归年和 365 天的区别。

按照旧时认知，一个回归年超出 365 天 5 小时 48 分 48 秒。约简后，我们发现这个时间等于 20 928 秒，24 小时等于 86 400 秒，所以，

该分数的正确值 $=\dfrac{20\,928}{86\,400}=\dfrac{109}{450}$。现在，将 $\dfrac{109}{450}$ 变为一个连分数，如下列所示

$$\frac{109}{450}=\cfrac{1}{4+\cfrac{1}{7\cfrac{1}{1}\cfrac{1}{1}+\cfrac{1}{3+\cfrac{1}{1+\cfrac{1}{2}}}}}$$

根据该连分数和最后一条规则，我们得到近似值是 $\dfrac{1}{4}$，$\dfrac{7}{29}$，$\dfrac{8}{33}$，$\dfrac{31}{128}$，$\dfrac{39}{161}$，$\dfrac{109}{450}$。

分数 $\dfrac{1}{4}$ 和尤利乌斯·恺撒（Julius Caesar）通过闰年引入到公历中的修正结果是一致的，分数 $\dfrac{8}{33}$ 是被波斯天文学家采用的修正值，他认为每 33 年加 8 天，在经过 7 个常规的闰年后，第 8 个闰年再经过 5 年后才是闰年。

2. 英尺和法国计量单位米（包含 39.371 英寸）之间的近似比例。

真正的比率是 $\dfrac{12000}{39371}$，约简为一个连分数，然后求得第一系列的近似值分别是 $\dfrac{1}{3}$、$\dfrac{3}{10}$、$\dfrac{4}{13}$、$\dfrac{7}{23}$、$\dfrac{25}{82}$、$\dfrac{32}{105}$。因此，英尺与米的比例近似于 3 比 10，更准确的比例是 32 比 105。

3. 求解圆周和直径的一些近似值。

取直径为 1 的圆周值，到小数点后 10 位，直径和圆周的比率可以用简分数 $\dfrac{10000000000}{31415926535}$ 表示，约简为一个连分数，其中一些第一系列近似值是 $\dfrac{1}{3}$、$\dfrac{7}{22}$、$\dfrac{106}{333}$、$\dfrac{113}{355}$。颠倒分子分母，得到圆周和直径的比

率，就是通常使用的比率。第二个近似值 $\frac{22}{7}$ 据说是由阿基米德发现

的，第四项得到近似值 $\frac{355}{113}$ 和梅蒂乌斯（Metius）计算出来的结果一

样，这个结果由 3.141592 推导得出，但是比 3.141592 更准确。

连分数还被用来求解连分数根的精确近似值，因此可以用它来求

解 $\frac{1}{2}$ 的平方根，或者正方形的边长和对角线的比率。

$\frac{1}{2}$ 的平方根或 $\sqrt{\frac{1}{2}}$，等于 $\frac{1}{\sqrt{2}}$。将分子分母除以分子得到 $\frac{1}{\sqrt{2}} =$

$\cfrac{1}{1+\cfrac{\sqrt{2-1}}{1}}$。将分数 $\frac{\sqrt{2-1}}{1}$ 的分子分母乘以 $\sqrt{2+1}$，会得到 $\frac{1}{\sqrt{2+1}} =$

$\cfrac{1}{2+\sqrt{\cfrac{2-1}{1}}}$，继续进行下去会得到下面的算式：

$$\frac{1}{\sqrt{2}} = \cfrac{1}{1+\cfrac{1}{2+\cfrac{\sqrt{2-1}}{1}}}$$

又因为，分数 $\frac{\sqrt{2-1}}{1}$ 在前面等于 $\cfrac{1}{2+\cfrac{\sqrt{2-1}}{1}}$，一直继续这样的计

算步骤，我们得到 $\frac{1}{\sqrt{2}}$ 等于下面的连分数：

$$\cfrac{1}{1}+\cfrac{1}{2+\cfrac{1}{2+\cfrac{1}{2+\cfrac{1}{2+\cdots}}}}$$

这个分数的一些近似值是 $\frac{1}{1}$、$\frac{2}{3}$、$\frac{5}{7}$、$\frac{12}{17}$、$\frac{29}{41}$、$\frac{70}{99}$、$\frac{169}{289}$ 等等。

连分数也可以用于求解一些不确定的问题，可以在巴罗的数字理论或勒让德的《数论》中看到。

在这里，介绍一些属于连分数近似值的法则。下面用正方形的边长和对角线比率的近似值来进行阐述。

1. 近似值不是太小就是太大。因此 $\frac{2}{3}$、$\frac{12}{17}$、$\frac{70}{99}$ 太小，而 $\frac{1}{1}$、$\frac{5}{7}$、$\frac{29}{41}$ 和 $\frac{168}{289}$ 太大。

2. 这些分数中任何一个分数都比连分数真正的值小，其相差的值小于分母平方的倒数。因此，$\frac{12}{17}$ 是木匠在切柱子时比较常用的比率，与真正的比率相差 $(\frac{1}{17})^2 = \frac{1}{289}$。

3. 任何两个连续的近似分数，当约简为共同的分母时，分子会相差一个单位。例如，$\frac{5}{7}$ 和 $\frac{12}{17}$，当约简为相同的分母时，变成了 $\frac{85}{119}$ 和 $\frac{84}{119}$。

4. 所有的近似分数都以最低项的形式展现。如果不是，当约简为相同的分母时，两个连续近似分数的分子相差一个单位。每一个分子乘以另一个分数的分母，因此，新推导出来的分子包含了原分子和两个分数中的一个原始分母。如果这样，必定会有一个公因数是分子差的一个因数，同时这个差一定比一个单位大，这一点与前面的原则是相反的。

连续近似值叫作分数的渐进分数。该渐进分数的分子或者分母被西尔维斯特（Sylvester）叫作累积量。当无尽连分数的商是循环数时，叫作周期连分数或者循环连分数。可以证明它的值等于一个二次方程中的一个根。也可以证明，每个二次无理数都会产生一个相等的周期连分数。

第二章　十进制分数

第一节　十进制分数的起源

十进制分数的发明像阿拉伯数系的发明一样，是天才的创作之一。常用分数的表达采用了一种和整数的表达完全不一样的计数方式，不仅仅是需要不同的运算方式，其运算过程也非常复杂。具有整数单位的十进制分数表达式以及将常用分数约简为小数形式的可能性，在算术科学中掀起了一场改革，大大地简化了分数。这种表示分数的新方法产生了更为简单的分数运算方法，并且将小数提到了一个不同的层次，为小数争取了被独立看待的机会。

在理论上，小数可能有一种或两种起源方式。一种方式有可能是在人们意识到分母是 10，100 等的分数可以表示成十进制数系后，从而产生了从常用分数到小数的转化。这是教科书里最常见到的一种表达方式。因此，当学生们熟悉了分数 $\frac{1}{10}$，$\frac{1}{100}$ 后，便说 $\frac{1}{10}$ 可以表示成 0.1；$\frac{1}{100}$ 可以表示成 0.01 等。另一种方式是小数也可能直接来源于十进制数系。因此，鉴于该数系的法则是从左到右按照 10 的比率减小，将数系延伸到个位右边的想法自然而然就出现了，而这种延伸产生了小数。因为单位是 10 的 $\frac{1}{10}$，个位右侧的第一位是个位的 $\frac{1}{10}$；第二位是个位的 $\frac{1}{10}$ 的 $\frac{1}{10}$，即 $\frac{1}{100}$，等等。这两种构成小数起源的方法是完全不同的，实际上，它们是相反的。一种例子，我们是从常用分数转化到十进制数系的表达式；另一种例子，我们是从十进制数系转化到了分数的表达式。这种区别对小数的教学是有实际影响的。我们不能确切知道小数究竟起源于哪种方式，虽然德·摩根认为是复利表启发了斯蒂文提出了小数概念。

小数的引入早先被归功于雷乔蒙塔努斯，但是后续的研究都发现这是不正确的。这个错误似乎是因为沃利斯宣称雷乔蒙塔努斯将十进制半径引入到了三角学中而不是六十进制中，使人们将二者混淆。十进制小数是逐渐进入人们生活的，不可能将其起源归为某一个特定的人。最早关于小数的表示，是在一个叫作奥龙斯·费恩的法国数学家发表于 1525 年的文章中发现的。在求 10 的开平方根时，他求了 10 000 000 的近似根，得到 3162。然后分解了 162，他并不是以分数的形式表示结果的，只是一种获取分数的手段。之后经过长久的科学习惯转化成了六十进制分数（基数是 60），因此，10 的平方根可以表示成 $39'43''12'''$，或者 $3 + \frac{9}{60} + \frac{43}{3600} + \frac{12}{216000}$。他在总结书中关于该主题的章节时说：在 162 中，1 表示 $\frac{1}{10}$，6 是 $\frac{1}{600}$。据此，可以认为他当时已经对十进制有了十分清楚的概念。

塔塔里亚在 1556 年对奥龙斯·费恩的方法做了全面的介绍，但是他偏向于使用简分数的形式 $3\frac{162}{1000}$。雷科德在 1557 年发表的《砺智石》中有同样的方法，但是他在求出平方根小数点之后的三位数，将余数写成了简分数的形式。彼得拉莫斯（Peter Ramus）在 1584 年或

1592 年于巴黎发表的《算术学》中也引用了奥龙斯·费恩的规则。

在 1585 年，斯蒂文写了一篇特殊的法语论文，叫作《通过小数，可以实现没有分数的数字运算》。该论文最早在荷兰大约于 1590 年发表，并且从每一个表达和单独术语方面都介绍了这种新算术概念的优点。十进制叫作"nombres de disme"，在下列式中第一位标记"(1)"的叫作第一，第二位标记"(2)"的叫作第二，等等。同时将所有的整数都用"(0)"来标记，放在最后一个数字符号上方。下面是斯蒂文用小数进行的一些算术运算，分别表示乘法和除法。

$$
\begin{array}{c}
\overset{(0)\,(1)\,(2)}{3\ 2\ 5\ 7} \\
\underline{8\ 9\ 4\ 6} \\
1\ 9\ 5\ 4\ 2 \\
1\ 3\ 0\ 2\ 8 \\
2\ 9\ 3\ 1\ 3 \\
\underline{2\ 6\ 0\ 5\ 6} \\
\overline{2\ 9\ 1\ 3\ 7\ 1\ 2\ 2}
\end{array}
\qquad
\begin{array}{c}
\overset{(0)\,(1)\,(2)\,(3)\,(4)\,(5)\,(1)\,(2)}{3\ 4\ 4\ 3\ 5\ 2\ (9\ 6} \\
1 \\
1\ 8\ 6 \\
5\ 1\ 1\ 4 \\
7\ 6\ 3\ 7 \quad\overset{(0)\,(1)\,(2)\,(3)}{} \\
3\ 4\ 4\ 3\ 5\ 2\ (3\ 5\ 8\ 7 \\
9\ 6\ 6\ 6\ 6 \\
9\ 9\ 9
\end{array}
$$

可以看到斯蒂文采用了除法的"消除法"。下面是斯蒂文作品中的一个除法例子：

$$\frac{4}{8} = \begin{array}{cccc} (0) & (1) & (2) & (3) \\ 1 & 3 & 3 & 3 \end{array}$$

在斯蒂文的作品中，他提议用"十进制"或"小数"取代分数。斯蒂文列举了将单位长度、面积、容积、体积和象限进行小数细分的优点，可以保持符号的一致性，增加包括分数在内算术运算的可执行性。然而，值得注意的是，斯蒂文将自己限制在自己承认小数的计算汇总中，当是小数形式时，他将其转化为整数。尽管如此，斯蒂文也被认为是小数系统真正的发明者和引入者，德·摩根说"《十进制》(Disme) 是第一本关于小数应用"的著作，皮科克博士也评论说："第一个可以称为是小数的概念出现在《论十进制》(La Disme) 这本书中。"

斯蒂文的这个著作在 1608 年被理查德・诺顿（Richard Norton）翻译成英文，题目是《十进制，有关十分之一或小数算术的艺术》（*Disme*，*Thearte of Tenths*，或 *Decimal Arithmetike*），传授如何只用整数，不涉及分数的方法，通过著名的数学家西蒙・斯特芬发明的四则运算，即加法、减法、乘法和除法，进行各种数字计算。在这本著作中，符号变成了下面的形式：

$$\begin{array}{cccc} (1) & (2) & (3) & (4) \\ 3 & 7 & 5 & 9 \end{array}$$

尽管斯蒂文已经介绍了小数，但算术著作中关于小数的引入还是很缓慢。最早应用到小数的英语书籍是理查德・维特（Richard Witt）1613 年出版的一本著作，其中包含了一些半年复利表，用于处理一千万英镑的复利，砍去了 7 个数，约简成先令或者便士时会用一个暂时的小数分隔符。因此将 100 英镑的本金，套用季度利率是 10％，计算之后，在表中可以查到数字 137 266 429 乘以 100，去掉后面 7 个数，得到下面引用的第一行。

$$\left\{ \begin{array}{l|l} \text{L} \quad 1372 & 66428 \\ \text{sh} \quad 13 & 2858 \\ \text{d} \quad 3 & 4296 \end{array} \right.$$

得出答案是 1372L. 13sh. 3d. 表中明确包含分子，100 等作为分母。纳皮尔（Napier）在 1617 年出版过一部著作，其中就有小数的文章，但除了一两种情况之外，他没使用小数点，而是按照斯蒂文的方法，用第一、第二等表示小数数字符号的位置，作者明确地将小数的起源归功于斯蒂文。

1619 年，我们发现诺顿的一部题为《十进制算术的艺术》（*The Art of Tens*）的英国著作，其中数学的艺术以一种更精确和完美的方法教授，避免了分数的错综复杂，被亨利・莱特（Henry Lyte）实践

过，同时也给英国带来了好处。这本著作是威尔士王子查尔斯
（Charles）专用的，他说，十年来他一直被要求将他关于小数算术的
实践进行发表。再将小数在算术中的优点扩展到伯爵、租户、商人、
测量员、收税官、农民等以及所有的人和事，不管是陆地上的还是海
上的。他补充道，"如果上帝再给我一次生命，我将会花费一部分时间
在我的国家中，为了国家的发展教授人们这门艺术"。这位作者是较早
使用小数的人之一。

在 1619 年，约翰·哈特曼·拜恩（Johann Hartman Beyern）在
法兰克福发表了一部关于小数算术的著作，作者在书中宣称他早在
1597 年就思考过这个主题，但是因为他没有太多的时间用于专业追
求，所以搁置了很多年。他全文没有提到过斯蒂文，仿佛小数是他自
己发明似的。虽然在小数位置处对应的每一个指数不一定都写出来，
但其可以用罗马数字的标题标出来，例如，34.1426 写成 $34^o.1^I4^{II}2^{III}6^{IV}$
或 $34^o.14^{II}26^{IV}$ 或 $34^o.1426^{IV}$。作者一定很熟悉纳皮尔的《算筹集》
（Rabdologia），因为他书里有一章是完全用来解释这些标尺的建立和
应用的，并且在那个年代受到了极大的欢迎。因此，他不可能忽略纳
皮尔的符号或者斯蒂文的著作。

阿尔伯特·吉拉德在 1625 年出版了斯蒂文的作品，通$\left. \begin{array}{r} 1,532 \\ 347 \\ -1,879 \end{array} \right\}$
过一个正弦表求解了方程 $x^3 = 3x - 1$。该方法的作者就是
阿尔伯特·吉拉德，我们得到右列式中的三个根。在另一种情况下，
阿尔伯特·吉拉德用竖线表示整数和小数的分隔。他也并不是总用这
个简便的符号，因为我们后来发现他常用 $4\frac{1}{3}$ 的平方根表示为 20816
(4)。

据说，奥特雷德对小数算术的传播和普遍应用做了很多贡献。
1631 年，在他发表的《数学之匙》（Clavis）中的第一章节里，我们

发现了关于小数符号的一种解释。他将从小数中分离出来的整数用符号 ∟ 标记，将该符号叫作分隔符，例如，在他的例子中，$0 \rfloor 56$，$48 \rfloor 5$ 分别表示 0.56 和 48.5。在进行算术的普通运算时，他将它们合并在一起适用相同的规则。其关于小数理论的观点得到了广泛采纳，在他之后 30 年的时间里，他的符号仍然被英国算术学者采纳。

虽然 1634 年还没有使用小数点，但在"关于单利的韦伯斯特表"中，小数似乎已经成为一个广泛知晓的概念。同年，法国的彼得·赫里贡（Peter Herigone）出版了一本著作，其中他用了一个章节的篇幅引用了斯蒂文的小数。小数标记在最后一个数字符号的位置，例如，当 137 里弗尔❶ 16 索多耳❷ 被存放在银行 23 年 7 个月，$1378'$ 和 $23583'''$ 的乘积是 $32497374''''$ 或者 3249 里弗尔 14 索多耳 8 但尼❸。1633 年，约翰·约翰逊（John Johnson）发表了一篇著作，其中的第二部分叫作《小数算术，将所有分数都按照整数运算》。在其小数中，约翰逊使用了最粗糙的计数形式，因为他一般将小数的位数写在数字的上面，例如，146.03817 会写成 $146 \begin{array}{|ccccc} 1. & 2. & 3. & 4. & 5. \\ 0 & 3 & 8 & 1 & 7. \end{array}$。在 1640 年，艾德里安·梅蒂斯（Adrian Metius）发表的《算术实践》中包含了六十进制分数，但不是小数。1641 年，约翰·亨尔·阿尔斯特德（Joh. Henr. Alsted）出版的一部著作中，包含一篇关于算术和代数的文章，但是没有涉及小数的知识。

在 17 世纪上叶，小数概念应该已经被人们广泛理解了。1650 年，在《摩尔算术》（*Moore's Arithemlick*）一书中，小数的概念已经很透

---

❶ 里弗尔：法国古代货币单位名称之一，1795 年停止使用。——译者注
❷ 索多耳：又称索尔或苏，法国银币。——译者注
❸ 但尼：币名源于原加林王朝的银便士。——译者注

彻地展现出来了，同时也给出了乘法和除法的简约方法。诺亚·布里奇斯（Noah Bridges）在他的《算术特性和小数》（*Arithmetick Natural and Decimal*）一书中有关于小数的论述，尽管作者对关于小数的一些用法不赞成，但是仍然断言书中的小数方法在实际应用中会方便很多。约翰·沃利斯在 1657 年之前采用旧的小数符号，例如 12⌐345，但是后来他在其代数作品中采用了常规的点。随后，小数似乎不再被视为是一个新奇的概念，并且人们将它们和其他算术中已经被接受的概念和方法放在一起介绍。

据猜测，对数表的发表和小数算术知识以及应用是有必然联系的，但是皮科克博士不这么认为。至少绝对指数的一般形式在那时还未被人们所知。而且，对数也并未被认为是基数的指数，而仅仅是一种比率的衡量而已。按照这种观点，对于布里格斯（Briggs）在其对数系统中假设的数，不管假设 10 比 1 的比率测量出来是 1，10，100，10000000 或者 10000000000 都是无关紧要的。因此，不管指数是用小数还是整数表示，它们都具有相同的特性，同时它们在计算中的应用是完全一样的。在早期的表中，对数是按照整数形式出现的，例如纳皮尔、布里格斯、开普勒等的对数表。

对于纳皮尔、布里格斯、开普勒等人在对数表的详细解说中，为什么没有提起关于小数的注意事项，上面的介绍已经足够解释了。同时我们发现在 1619 年到 1631 年的英国学者中，没有任何人提到过。此后，布里格斯的一个朋友盖利布兰德（Gellibrand）出版了《对数算术》（*Logurithmical Arithmetike*），该书要比布里格斯的《算术对数》（*Arithmetike Logurithmical*）更加详尽地解释了对数理论。该书指出 19695，$1969\frac{5}{10}$，$1969\frac{695}{1000}$ 的指数分别是 4，29435……，3，29435……，1，29435……仅仅是特征不一样。同时，$\frac{5}{10}$、$\frac{695}{1000}$ 叫作小数。

其中一小部分章节，也介绍了普通分数转化成小数的规则，书中的最后部分是关于先令、便士和法新❶转化成英镑的小数表的讲解。

小数点——在十进制算术中小数和整数的符号是相似的，十进制算术最大的改善是引入了小数点，人们曾努力尝试寻找发明小数点的学者。根据皮科克博士的说法，小数点是由著名的对数发明者纳皮尔（Napier）引入的。在小数点的书写方面，纳皮尔似乎借鉴了斯蒂文的方法，就是按照第一、第二等来标明小数点的位置，但至少有两种情况下，他采用符号来表示小数的分隔符号。一种情况是除法问题中，他写 1993,273 时使用了逗号，然后答案展现的形式却是 $1993 2'7''3'''$。另一种情况出现在一个乘法问题中，他在部分乘积的地方画了一套竖线，这应该是后期小数点的参考，但是和的结果他采用了斯蒂文范例，因此结合了两种方法，最后写成 $1994 \mid 9'1''6'''0''''$。

上述情况出现在 1617 年出版的《算筹集》中，他在书中提到斯蒂文的发明时给予了高度赞扬，并且在解释斯蒂文的符号时没有注意到自己对其进行了简化。上面提到的逗号的应用展现在 861094 除以 432 的求解过程中，我在下面展现了除法过程的一部分：

$$\cdots$$
$$118000$$
$$141$$
$$402$$
$$429$$
$$861094,000(1993,273$$
$$432$$
$$3888$$
$$3888$$
$$1296$$
$$\cdots$$

商是 1993，273 或 1993，$2'7''3'''$

竖线的应用发现在一个缩减乘法的例子中，该例子出现在下述问

---

❶ 法新，英国 1961 年以前使用的旧铜币，等于 $\frac{1}{4}$ 便士。——译者注

题的求解过程中：如果 31 416 是直径为 10 000 的周长近似值，那么直径是 635 的圆的周长数值是多少？这个求解过程据说是缩写乘法发现的第一个例子，后来其用法很快流行起来，尤其对于利用正弦表建立较大数的乘法很有帮助。

如果这不是小数点使用的原因，似乎也非常接近了。德·摩根说纳皮尔只是将逗号或者竖线作为运算过程中的一个停顿，而不是作为"最终的、永久的指示，以及一种表示出整数结束、分数开始的方式"。不得不承认这种分隔符的应用仅仅是一个偶然事件，不是纳皮尔有意的做法，但是他似乎是第一个用符号来表示这种用途的人，尽管只是偶然的。毫无疑问，即使是偶然的使用也对引导小数点的普遍采用产生了很大影响。

德·摩根认为，理查德·维特在纳皮尔之前出版的一本著作比纳皮尔要先接近小数点。他还说，"我很难承认是纳皮尔创作了小数点符号"。维特在 1613 年出版的一部作品中展现了一些关于复利的表，里面用到了小数。这些表是按照一千万英镑搭建，缩减成七位数，在简化成先令和便士时以竖线的形式作为临时的小数分隔符，这个例子会在后面看到。

尽管德·摩根在表里清楚地陈述了只包含分子、分母是单位之后统一加几个零，他使用了一个完整的且能永久表示小数分隔的指令，并且通过改变小数分隔符（一条竖线）的位置来表示乘以或者除以 10，德·摩根还是认为他建立的竖线分隔符并不是小数点的意思。德·摩根认为：如果维特被问到"他写的 123 | 456 是什么"，他会回答："它产生了 $123\frac{456}{1000}$"，而不会说"它是 $123\frac{456}{1000}$"。

布里格斯是通用对数系统的作者，他是纳皮尔的学生，人们猜测他可能采纳了纳皮尔书写小数的方法。在 1624 年时，我们发现他没有使用小数点，而是在小数部分的下面画一条横线，例如 59321。1629
年，艾伯特·吉拉德在阿姆斯特丹出版的一部著作因为在单独情况下
使用了小数点而引起了人们的注意。奥特雷德于 1631 年出版的《数学
之匙》同时采用了竖线和下划线分隔号，因此将分子封闭在了一个半
矩形中，如 23 | 456 表示 23.456。威廉·韦伯斯特在 1634 年发表的
著作中说到，小数是一个逐渐发展起来的概念，但是没有使用小数点，
而是使用分割线来隔开整数和小数。1657 年，约翰·沃利斯发表了一
部作品，其中采用了旧的计数法 12 | 345，但是他在后来的代数中采用
了小数点。1643 年，约翰逊的算术学中采用的小数点符号是
£3|$\overset{1\,2\,3\,4\,5}{2\,2\,9\,1\,9}$，3 | 2500， 34 | 625，有时也用 358 | 49411。卡瓦纳说，
现在的小数点符号第一次被清楚地提出并被介绍是在温盖特
（Wingate）1650 年的算术学中。在欧洲，采用的符号是 12⌋345 或
12⌈345，直到 18 世纪初都是采用这种符号。

下面总结了一些英格兰和欧洲大陆早期算术学者不同书写小数的
方法。

34. 1′. 4″. 2‴. 6⁗	34 1426
34. 1⁽¹⁾.4⁽²⁾.2⁽³⁾.6⁽⁴⁾	34 |1426
34. 1 .4 .2 .6	34'1426
34.1426⁗	34,1426
34. 1426⁽⁴⁾	

人们相信冈特（Gunter）（生于 1581 年）在引入小数点方面的贡
献要大于与他同时代的人。首先他采用了布里格斯的计数法，然后逐
渐地用小数点取代了这种方法。德·摩根告诉我们，在冈特的其中一
部作品中，出现了布里格斯的符号法，没有进行注释，书中 116 04 表
示 100 和 108 之间的第三个比例项。在某种情况下，点被加在了布里
格斯的符号上，如 100l，按照 8% 的利息存 20 年，最后变为

466.095l，之后不再使用布里格斯（Briggs）的符号。在这个突然出现在文章中间没有介绍的变化之后，布里格斯（Briggs）的符号不再出现在和数字有关的作品中。在之前关于扇形问题的作品中，一直使用简单的点。在解释分数时不这样写，而是按照不同的部分进行描述，例如，32.81英尺在运算中是这样写，但是在描述答案时会说32英尺81英寸。

苏克说鲁道知道十进制，他在用整数除以10的乘方时，用逗号隔开了所需的位数。他还说小数点的引入归功于开普勒。而康托尔表示，小数点是在皮蒂斯楚斯（Pitiscus）1612年发表的三角函数表中发现的。

即使在英格兰，小数点完全在各方面展开应用是在这之后的一段时间。奥特雷德的方法广泛使用在17世纪末，当时一定有大量的学校按照$23\mid456.$的符号教育学生。最终，小数点的全面应用要到18世纪初期。

令人惊讶的是，小数在科学史上的发展如此晚，然而这种延迟也是说得通的。在采用阿拉伯数字之前，对于单位的分解是没有意义的。即使是这样，小数后来的传播也是很缓慢的，虽然它们现在很简单。

小数点的优点如此明显，以至于不用详细指出。许多基于分数的运算因此得以大大简化，其他后来发展的运算完全避免了使用分数。分数的加减乘除四则运算变得和整数一样，同时分数中需要将分数约简成较低项、通分等情况也不再需要了。如果像前面讨论的，如果数系的基数是12而不是10，那么小数的优点将会更多。

第二节　小数的运算

十进制分数——是一个数十进制除法的一个单位，也可以说它是十分之几、百分之几等。一些人定义小数为分母是 10 或 10 幂的分数，还有一些人说小数是分母是 1 后面有一个或多个 0 的分数。所有的这些定义都是正确的，但是都没有第一次提出的定义令人满意。因为这些定义没有表达出分数单位的类型，而更像是通过描述分数的分母来指出它的本质。

小数有两种表达形式——常用分数和十进制分数。当用比例表达时，它和术语十进制分数的一般概念是有区别的，叫作小数。小数可以定义为用十进制符号表示的十进制分数。$\frac{5}{10}$、$\frac{45}{100}$ 是十进制分数，不是小数，而 0.5、0.45 可以叫作小数。

符号——用小数表示的十进制分数，没有写出分母，分母用数字前的一个点表示。这种符号来自整数的符号，是整数符号的一个延伸应用。通过归纳总结可以得出，数字从单位开始，按照 10 的比率，向左是增加的，向右是减少的，这个比率来源于将单位进行十等分，分别对应着相应小数的倍数。

为了区分整数项和分数项准确的定位，我们应用到了一个点或者分隔符。许多符号曾在不同的时期被应用过，但是小数点被普遍采用。小数点被用作十进制分界线的起源在前一章节讨论过。艾萨克·牛顿（Isaac Newton）认为，为了避免将其与标点符号混淆，点应该放置在接近位数上部的地方，例如 3·56。

很显然，小数运算的分类很接近整数。同时根据简分数和小数的关系，也会很自然地想到会有一个或更多新的运算过程。针对一类特殊的简分数，产生了新的符号方法，人们很自然地就会提问：其他的简分数可以表示成小数吗，怎样表示？因此，我们研究从简分数到小数的转化，同时颠覆计算过程，从小数返回到简分数。这就产生了一个计算过程叫作分数的约简，包含了从简分数到小数和从小数到简分数的两种运算情况。从简分数到小数的约简产生了一类特别的小数，叫作循环小数。其他小数的运算情况和整数是一样的。

　　小数的处理方法与整数的处理方法十分相似。实际上，因为处理方法和整数非常相似，以至于许多学者认为它们应该和整数的运算方法一起介绍。据称整数和小数的表达仅仅只有一个原则，所以其运算过程和推理过程应该也是一样的，不管数系是升序还是降序。因此，人们得出结论，小数的符号应该和整数的符号一起介绍，同时加减等基础运算在两者之间的应用是相关联的。

　　然而，这个看似可信的推论，反对理由很充分。虽然它们运算的过程是一样的，但是推理过程在两种基础运算上是不完全一样的。乘法和除法中关于小数点的确定是非常困难的，以至于不能和整数的基础运算一起介绍。另外，将一类分数概念从分数的通用概念中分出来是不合逻辑的，并且一个运算过程，比如小数的减法，只有所有的简分数都被讨论后才能被认为是通用运算的。以上这些，足够阻止一个算术学者将小数的运算方法和整数整合在一起，并且我相信它们会继续被区别对待。

　　命数法——在小数的运算中，第一个需要考虑的事情就是读和书写的方法，即小数的命数法和计数法。在这过程中，似乎有一些值得注意的点没有引起一些算术学者的注意。自从引入了十进制数系后，该数系解释了往右的第一位是十分之一位，第二位是百分之一位……，人们立刻得出，0.45 应该读作"4 个十分之一和 5 个百分之一"，但是并不是遵循这个规律读的，因为许多数学家习惯将它读作"45 个百分之一"。如果最开始人们解释是将 $\frac{4}{10}$ 写成 0.4，$\frac{45}{100}$ 写成 0.45，那么不会立刻有 0.45 读作"4 个十分之一和 5 个百分之一"。通常，展现小数的方法就是小数点往右的第一位是十分之一，第二位是百分之一……接下来会介绍小数的其他读法。假设我们有小数 0.45：其表达为 4 个十分之一和 5 个百分之一，因为 4 个十分之一等于 40 个百分之一，表达式 0.45 也可以读作 45 个百分之一。如果我们想保留运算中的逻辑思维链，就一定需要这样解释。

据此，可以看出实践中有两种读小数的方法，表述如下：

1. 从小数点开始，按照每项的值读取。

2. 将小数作为一个整数，将最右边的小数位值名字加在后面读取。

需要注意的是，在读较大的小数时，应该从小数点往后算出分母，向着小数点的方向，以确定分子。

当按照分析的方式构造小数时，即按照有多少个十分之一、多少个百分之一等构造小数时，可以用下面的规则书写小数。

1. 定小数点，将每项书写在合适的小数位值上。

如果小数是通过十进制而构成的，即作为十分之一到千分之一的一个数，或者百万分之一的数等，我们按照下面的规则书写。

2. 将分子作为一个整数，然后放置小数点，使小数点右手边的项可以表示小数的分母。

在书写小数的分子不是所占的小数位数时，不容易看出在哪里放置小数点，需要确定多少个零，这种情况下最好的方法是用下面的规则。

3. 将分子作为一个整数书写，然后从右侧向后计算，将空缺位置填补上零，直到我们达到需要的分母，对于这样得到的表达式，要预先固定小数点。

这样，在写 475 个百万分之一时，我们首先写 475，然后从 5 开始，向左计数，数出十分之一、百分之一、千分之一、万分之一（写一个零）、十万分之一（写一个零）、百万分之一（写一个零），然后放置小数点。

亨克尔教授还提出了其他几种写小数的方法。人们认为当表示小数时，十分之一位上是任意数的十倍，百分之一位上是任意数的百倍，千分之一位上是任意数的千倍等，都会落在个位上。因此，56 个十分之一是 5.6，5 个十倍的十分之一，落在个位；2 345 个百分之一是 23.45，3 个千倍的千分之一落在个位上，因此该规则如下。

从左侧开始，然后把与分母对应的一项写在个位上。

约简——两种约简情况的处理方法非常简单。将简分数约简为小数时，将分子不同的项约简为十分之一、百分之一等，然后除以分母。在将小数约简为简分数时，我们用简分数的形式表示小数，然后将其约简为更低级的项。

基础运算——小数的加法和减法的运算方法与整数的运算方法完全一致，加减法运算规则对两者都适用。小数乘除的运算过程和整数的是一样的，唯一的区别是乘积和商中小数点的放置。基于小数起源概念的不同，有两种确定乘法和除法中小数点位置的方法。一种方法是按照简分数的原则定位小数点，另一种是从纯粹的小数概念中推导出小数点的定位方法。

第三节 循环的性质

用小数表示分数的方法在数字科学中开辟了一条新思路。小数运算不涉及书写分母，同时人们经常将简分数转化成小数点的形式，然后按照整数运算规则进行运算。在将简分数转化成小数的过程中，发现了一类有趣的小数，叫作循环小数。这种新形式的小数很快引起了数学家的注意。在对其进行研究的过程中，发现其具有一些显著而有趣的性质。

起源——循环小数源于简分数转化成小数的过程。在约简过程中，我们给分子加上零，然后除以分母。这种除法有时能除尽，有时是除不尽的。当可以除尽时，简分数能够精确地表示成小数；当除不尽时，如果除法一直进行足够多次，可能会有一个数字或一组数字按照一定的顺序重复出现，这样的小数叫作循环小数或循环。

循环的起源，不是数本身的性质，而是源于表示数字的符号方法。它们是阿拉伯数字系统和基于十进制小数系统的产物。如果数系是十二进制而不是十进制，循环将会被大大更改。例如，十进制下产生循环的 $\frac{1}{3}$、$\frac{1}{6}$、$\frac{1}{9}$ 等在十二进制中就会是确定的小数，而 $\frac{1}{5}$、$\frac{1}{7}$、$\frac{1}{10}$ 等会产生循环小数。

符号——循环的重复部分叫作一个循环节。循环节可以按照在其上方放置一两个句号或者点的方式指示，例如，"$0.\dot{3}$"表示"0.333…"循环节超过一位数的会在第一位数的上方标上点，例如 6.345 表示 6.345345……有的小数在前面部分不重复，同时后面的部分也不重复，这样的小数叫作混合循环小数。循环的那一部分叫作重复或者循环部分；不循环的部分叫作非重复或者循环的有限部分。例如 $4.5\dot{3}\dot{6}$

中 5 是有限部分或不循环部分，3 和 6 是循环部分。

在一个包含整数和循环小数的表达式中，如果整数部分包含和循环节相似的部分，可以把其中一个点标在整数部分上面的方式表示成循环节，例如，假设我们有循环小数 54.234234……通常这样表示 $54.2\dot{3}\dot{4}$，但是因为小数点的前一项和循环节的最后一项一样，所以还可以表示成 $54.\dot{2}\dot{3}$，这里表示 423 是重复的，展开表达式的话应该是 54.23423……按照普通方式表达是 $54.2\dot{3}\dot{4}$。同样的，$6.\dot{0}\dot{4}$ 表示 $6.\dot{0}4\dot{6}$；$\dot{2}0.1\dot{2}$ 表示 $20.\dot{1}22\dot{0}$。

循环节的读法是经常困扰老师们的一个问题。例如，循环节 $0.\dot{3}$，因为分母是 9，我们不能说"3 个十分之一"，它也不是"3 个九分之一"的答案，那么怎么读？正确的读法是"3 个十分之一的循环"，加上循环来和小数十分之三进行区别，同时也指出它等于八分之九。

那么，应该怎样读 $0.4\dot{3}\dot{6}$？读作"混合循环千分之四百三十六"或"混合循环 4 个十分之一和 36 个千分之一"都不够明确，因为都没有准确的表达概念。正确的读法应该是"混合循环小数千分之四百三十六，其中不循环部分是十分之三，循环部分是千分之三十六"。可能也有其他等同的正确读法，这里建议的这种读法可以避免出错。

定义——循环是指一个或多个数字按照相同的顺序重复的小数。循环节是重复的那几项或者序列。循环和循环节之间的这个区别应该注意，因为人们经常不能清楚地理解这一点。一个完美的循环节包含同样多的小数点小于 1，例如，$\frac{1}{7}=0.\dot{1}4285\dot{7}$ 和 $\frac{1}{17}=0.0588235294117647$ 都是完美循环节。

相似循环节是指两个循环节的起始和终止位置相同，例如 $4\dot{2}\dot{7}$ 和 $.5\dot{3}\dot{6}$。不相似循环节的起始和终止位置不相同。对于相似循环节的这个定义需要特别注意，不能因为起始位置相同就被认为是相似循环节。更准确的应该是起始和终止位置都一样的循环节是相似循环节。如果终止位置不同，循环节一定不是非常相似的。

　　循环节的减少包括三种不同情况：因为循环起始于简分数向小数的约简过程，所以处理循环节的情况就是约简。包括：（1）简分数向循环的约简；（2）循环向小数的约简；（3）不相似循环节向相似循环节的约简。同时对于循环节，也有加减乘除运算。在我的另一部著作《高等数学》中也介绍了循环的最大公约数和最小公倍数，这是在此之前的任何算术著作中都没有讨论过的。循环和简分数的对比产生了一些有趣的真理，我会在循环的原则部分进行介绍。

　　运算方法——从简分数到循环的约简和把它们约简成普通小数是一样的。根据循环节的特性有时会采用一些缩写。将循环约简成简分数和普通小数约简成简分数，二者之间是有一定区别的。在有限小数中，分母可以理解成是 1 加上小数位数的零。在循环中，循环节的分母和循环节中数字位数一样多个 9。有三种解释这种约简的方法，会在后面的运算中进行介绍。

　　循环可以进行加减乘除，但是前提是先将其约简成简分数，或者它们可以延伸到足够远以至于结果中都可以出现重复数。这两种方法由于循环长度的原因都有异议，因此不经常采用。在循环的加法和减法中，先约简成相似循环节然后进行运算会好一些。

第四节　循环的运算

循环的运算包括约简、加法、减法、乘法、除法、最大公约数、最小公倍数以及循环的原则等。需要特别注意其中的一些运算，同时会用单独的一个章节来介绍循环的法则。

循环的约简为了方便分为四种情况：

1. 将简分数约简为循环。

2. 将纯循环约简成简分数。

3. 将混循环约简成简分数。

4. 将不相似循环节约简成相似循环节。

将简分数约简成循环——一般简分数约简成循环的方法就是对简分数的分子加零，然后除以分母，一直相除，直到循环的数字开始重复。例如，将 $\frac{5}{12}$ 约简成循环，我们在分子 5 后面加 0，除以分母 12，在重复的数字上方标记一个点表示重复，然后我们得到循环 $0.41\dot{6}$。

当循环中包含很多数字，约简的过程可以通过采用一些循环节的法则来进行简化。例如，将 $\frac{1}{29}$ 约简成一个循环节。通过除法除到第五位，我们得到 $\frac{1}{29}=0.03448\frac{8}{29}$，现在 $\frac{8}{29}$ 是 8 倍的 $\frac{1}{29}$，所以，我们有：

$\frac{1}{29}=0.0344827586\frac{6}{29}$ 然后，乘以 6，得到 $\frac{6}{29}=0.2068965517\frac{7}{29}$，代入第二个 $\frac{1}{29}$ 表达式中，得到：$\frac{1}{29}=0.03448275862068965517\frac{7}{29}$ 乘以 7，我们得到 $\frac{7}{29}=0.24137931034482758620\frac{20}{29}$，再代入到第三个 $\frac{1}{29}$ 表达式中得到 $\frac{1}{29}=0.0344827586206896551724137931034482758620\frac{20}{29}$。

因为前面有项开始循环了，没有必要继续运算。通过检查，发现循环节包含 28 个数字符号，或者比分数 $\frac{1}{29}$ 的分母少一个，因此是一个完美循环节。

将纯循环约简成简分数——已经提到过了，有三种不同的方法可以用来解释这种情况。为了阐述这些方法，我们将 $0.\dot{4}\dot{5}$ 约简成简分数。

在第一种方法中，通过实际证明了 $0.\dot{1}=\frac{1}{9}$，$0.\dot{0}\dot{1}=\frac{1}{99}$，$0\dot{0}\dot{1}=\frac{1}{999}$ 等，我们对比任一循环和已经给出的循环的关系然后推导出它的分母。为了阐述，我们将 $0.\dot{4}\dot{5}$ 约简成简分数，方法：因为实际除法已经证明 $0.\dot{0}\dot{1}=\frac{1}{99}$，45 倍的 $\frac{1}{99}$ 或 $\frac{45}{99}$，约简到最低阶，得出 $0.\dot{4}\dot{5}=\frac{45}{99}=\frac{5}{11}$。

按照第二种方法，把循环乘以 1000……（1 后面零的个数等于循环节的位数），这样将循环节所有的重复部分变为一个整数，然后将两个循环相减，差是原来循环节乘以已知的倍数关系，这样就很容易求出已给的循环节。下面用同一个问题的求解过程来进行阐述。

用 C 表示循环的简分数，那么就有 $C=0.4545……$ 乘以 100 得到重复部分的一个整数，所以 100 倍的简分数等于 45.4545……用 100 倍的简分数减去 1 倍的简分数，即 99 倍的简分数等于 45.4545……减去 0.4545……等于 45，因此一倍的简分数等于 $\frac{45}{99}$ 或 $\frac{5}{11}$。

$$\begin{aligned} C &= 0.4545\cdots\cdots \\ 100C &= 45.4545\cdots\cdots \\ \hline 99C &= 45 \\ C &= \frac{45}{99} = \frac{5}{11} \end{aligned}$$

第三种方法，循环节被视为是一个无穷级数，比率的一个分子是 1，分母是 1 且后面加上和循环节位数一样多的零。求解过程：

$$0.\dot{4}\dot{5} = \frac{45}{100} + \frac{45}{10000} + \cdots$$
$$S = \frac{a}{1-r} = \frac{45}{100} \div \frac{99}{100}$$
$$= \frac{45}{99} = \frac{5}{11}.$$

循环节 $0.\dot{4}\dot{5}$ 无限序列 $\frac{45}{100} + \frac{45}{1000} + \cdots$ 表示一个无穷级数和的公式是

$S = \frac{a}{1-r}$。代入数值 $a = \frac{45}{100}$，$r = \frac{1}{100}$，得到 $S = \frac{45}{100} \div \frac{99}{100}$，等于

$\frac{45}{99}$ 或 $\frac{5}{11}$。

将混循环简化成简分数——像前面的情况一样，有三种将混循环简化成简分数的不同方法。为了阐述这些方法，我们来解决一个问题，将 $0.3\dot{1}\dot{8}$ 简化成一个简分数。根据第一种方法，推理如下：混循环 $0.3\dot{1}\dot{8}$ 等于 $3.\dot{1}\dot{8}$ 的 $\frac{1}{10}$，根据前面的例子得知其等于 $3\frac{18}{99}$ 的 $\frac{1}{10}$，或 $3\frac{2}{11}$ 的 $\frac{1}{10}$，因此，等于 $\frac{35}{110}$ 或 $\frac{7}{22}$。

$$0.3\dot{1}\dot{8} = \frac{1}{10} \qquad 3.\dot{1}\dot{8}$$

$$= \frac{3\frac{18}{99}}{10} \qquad = \frac{3\frac{3}{11}}{10}$$

$$= \frac{35}{110}$$

$$= \frac{7}{22}$$

根据第二种方法，用 C 表示简分数，那么 $C = 0.31818\cdots\cdots$乘以 10 得到不重复部分的一个整数，10 倍的该分数等于 $3.1818\cdots\cdots$乘以 100 得到重复部分的整数，得到 1000 倍的分数等于 $318.1818\cdots\cdots$减去 10 倍的分数，得到 990 倍的分数等于 315，从而得出分数等于 $\frac{315}{990}$ 或 $\frac{7}{22}$。

$$C=\quad 0.31818\ \text{etc.}$$
$$10C=\quad 3.1818\ \text{ete.}$$
$$1000C=318.1818\ \text{etc.}$$
$$990C=315$$
$$C=\frac{315}{990}=\frac{7}{22}.$$

在前面的方法中，我们在整个循环中减去有限的部分，然后除以和循环节中重复数一样多个数的 9，附加上和循环节之前的小数位数个零，因此，通过将其总结为一个规则，我们就可以按照像列式中一样进行运算，这是实践中首选的使用方法。

$$0.3\overset{\cdot\ \cdot}{18}$$
$$\overline{0.318}$$
$$3$$
$$\overline{\frac{815}{990}}=\frac{7}{22}.$$

这种情况也可以通过把循环节看作是一个无穷级数，然后求得几何级数的和，再加在有限的部分。在下列式的求解过程中，我们可以发现将 $\frac{18}{1000}$ 视为该级数的第一项，$\frac{1}{100}$ 作为比率。

$$0.3\,\dot{1}\,\dot{8}=\frac{3}{10}+\frac{18}{1000}+\frac{18}{100000}+\cdots$$

$$S=\frac{18}{1000}\div\frac{99}{100}=\frac{18}{990}$$

$$\frac{3}{10}+\frac{18}{990}=\frac{315}{990}=\frac{7}{22}.$$

将不相似循环节约简成相似循环节——为了解决这个问题，很有必要先理解下面的法则。

(1) 任何有尽小数都可以看作是循环节为 0 的无穷小数，例如，$0.45=0.45\dot{0}$ 或 $0.45\dot{0}\dot{0}\dot{0}$ 等。

(2) 一个简单循环节可以通过重复的部分变为复合循环节，例如，$0.\dot{3}=0.\dot{3}\dot{3}=0.\dot{3}333\dot{}$ 等。

(3) 一个复合循环节可以将其长度变大，通过将右手边的点向右移动

算术之美

和循环节包含数字个数一样多的位数，例如，$0.2\dot{4}\dot{5}=0.2\dot{4}54\dot{5}$，等等。

（4）循环节的两个点可以同时向右移动相同的位数，例如，$0.5\dot{3}7\dot{8}=0.53\dot{7}8\dot{3}$ 或 $0.537\dot{8}3\dot{7}$ 等，这样得来的每一种表达形式得出的结果是一样的。

（5）不同小数的循环节可以通过将循环节的两个点都向右移动，直到它们都在同一个地方出现，这样就变为相接循环节。

（6）将不同小数的循环节右边的点向右移动每个循环节位数的位置，直到它们在同一位置终止，这样循环节就变成了相接循环节。

处理这种情况的方法可以通过例子阐述：将 $0.\dot{4}\dot{5}$，$0.4\dot{3}6\dot{2}$ 和 $0.81\dot{3}69\dot{4}$ 变为相似循环。求解过程：为了使这些循环节相似，它们开始和终止位置相同。所以，首先我们要将左边的点向右移动，使得它们开始位置一定要相同，然后将右手边的点移动一致的循环节与数字的位数，使它们终止位置相同。现在每一个循环节中数字的个数分别是 2，3 和 4，因此新的循环节中的数字个数必须是 2，3，4 的公倍数，也就是 12，因此我们将右边的点移动 12 位循环节。

$0.\dot{4}\dot{5}=0.4\dot{5}454545454\dot{5}$

$0.4\dot{3}6\dot{2}=0.4\dot{3}623623623\dot{3}$

$0.81\dot{3}69\dot{4}=0.81\dot{3}69436943\dot{4}$

除法和乘法。两个或多个小数的最大公约数是这些小数可以整除的最大小数。这样的除数可以通过将小数约简为简分数，然后使用简分数的方法找到，但是也可以保持小数的形式来找到，而且后一种方法较简短，也更加直接。为了阐述该方法，我们可以求解 $0.37\dot{5}$ 和 $0.42\dot{3}$ 的最大公约数。我们使这两种循环方式相似，然后减去有限部分，使它们重新得到共同分母的分数。然后求出它们分子的最大公约数是 1638，这就是最大公约数的分子，分母是和相似小数一样的分母，因此最大公约数是 $\dfrac{1638}{9999990}$ 或 0.0001638。

$$
\begin{array}{c|c}
0.3\dot{7}5757\dot{5} & 0.4\dot{2}3423\dot{4} \\
3 & 4 \\
\hline
3757572 & 4234230 \ \big|\ 1 \\
 & 3757572 \\
\hline
3813264 & 476658 \ \big|\ 8 \\
\hline
55692 & 501228 \ \big|\ 9 \\
49140 & 24570 \ \big|\ 2 \\
\hline
6552 & 26208 \ \big|\ 4 \\
6552 & 1638 \ \big|\ 4
\end{array}
$$

$$\frac{1638}{9999990}=0.0\dot{0}0163\dot{8}\ （最大公约数）$$

可以看出该方法包含将小数约简为共同的分母，找到分子的最大公约数，将其写在共同的分母之上，然后将结果约简为小数。

两个或多个数的最小公倍数是包含这几个小数最小的数。这样的倍数可以通过约简小数为简分数，然后采用简分数的方法找到，当然也可以用保持小数的形式找到，大家比较偏爱后一种方法，因为这种方法比较直接，需要的计算步骤也较少。

为了阐述该方法，我们求解 $0.3\dot{2}\dot{7}$，$\dot{1}.01\dot{1}$ 和 $0.0\dot{7}\dot{5}$ 的最小公倍数。用前面介绍的方法将循环约简为具有共同分母的分数。这些分子的最小公倍数是 $275\,699\,700$，这就是最小公倍数的分子，分母是各个分数的公分母，约简最小公倍数 $\dfrac{275\,699\,700}{99\,990}$ 成为整数加小数的形式，得到最小公倍数是 $2757.\dot{2}$。

$$
\begin{array}{r|ccc}
 & .3\dot{2}72\dot{7} & 1.0\dot{1}11\dot{0} & .0\dot{7}57\dot{5} \\
 & 3 & 10 & 0 \\
\hline
3 & 32724 & 101100 & 07575 \\
4 & 10908 & 33700 & 2525 \\
25 & 2727 & 8425 & 2525 \\
101 & 2727 & 337 & 101 \\
\hline
 & 27 & 337 & 1
\end{array}
$$

$$3\times4\times25\times101\times27\times337=275699700$$

$$\frac{275699700}{99990}=2757.\dot{2}72\dot{7}\ （最小公倍数）$$
$$=2757.\dot{2}$$

可以看出该方法将小数约简为共同的分母，找到分子的最小公倍数，将其写在公分母上方，然后将结果分数约简为小数。

第五节　循环的原则

对于循环形式和简分数之间关系的研究，我们发现了一些有趣的、值得注意的特性。这些特性可以看作是循环的原则和循环节的补充。

1. 一个分母除了 2 或 5 不包含其他质因数的简分数，可以简化成简单小数。2 和 5 是 10 的因数，因为分母里有多少个 2 或 5 我们就给分子附加多少个零，所以这个分子最终可以整除分母。

2. 在简单的小数中，一个简分数可以约简到的位数，等于分母中 2 或 5 的最大数。因为，为了使分子包含分母，我们必须为分母中 2 或 5 添加一个零，同时商的位数，也就是小数的位数，等于附加零的数量。

3. 每一个简分数，当在最低项时，如果分母除了 2 或 5 外还包含其他质因数，那么这个分数会产生无尽小数。鉴于 2 和 5 是 10 唯一的因数，如果分母包含其他质因数，分子附加上零就不能整除分母，因此除法不会终止，除法的结果就是无尽小数。

4. 每一个不能产生简单小数的简分数都会产生循环。因为，在将简分数简化成小数时，不能超过分母上的单位数，因此，如果除法继续，余数必然会出现已经使用过的数，也因此会出现一系列商和除数重复之前使用过的数，因此商的各项会重复。

5. 一个循环节的位数不能超过产生简分数分母的单位数，小于 1。因为，在将一个简分数约简为小数时，当小数的位数等于分母的单位数小于 1 时，所有可能产生的不同余数都已经被使用过，除数也是同样的，因此构成循环的商开始重复。很多情况下，余数在达到分母小于 1 之前就已经开始重复了。

6. 当产生循环简分数的分母是一个质数时，循环节中的位数总是等于分母中的单位数，小于1，或者等于这个数的某个因数。因为，当循环节产生分数到达点的分母单位数小于1时，循环节必然会终止。因此，如果它在此之前终止，循环节的位数一定会是分母小于1的一个确定部分，或者会在分母小于1的位数时终止。分母是复数时这种情况也总是正确的，例如 $\frac{1}{21}$，$\frac{1}{33}$，$\frac{1}{39}$，$\frac{1}{49}$ 等。

7. 一个简分数的分母包含2或5的主要因数会产生混合循环，同时不重复部分的位数等于分母中包含2或5的最大数。首先除以2和5，我们会得到一个小数分子，小数的位数和原分子中包含2或5的最大数一样多（法则2）。如果现在除以其他因数，由小数分子组成的被除数进行除法得到的余数将和被除数后面附加零后进行除法得到的余数不一样，因此，循环会在这些小数项的最后一位之后产生。例如，取 $\frac{1}{350}$，然后分解分母，得到 $\frac{1}{350} = \frac{1}{2 \times 5 \times 5 \times 7}$。

除去其中的2和5，得到 $\frac{\cdot 02}{7}$，显然循环会在第三个小数位开始，和 $\frac{2}{7}$ 从第一个小数位开始的循环一样。

8. 当一个质数的倒数生成完美的循环节时，循环节最后一位的余数是1。因为，鉴于分数到循环的简化是通过除以1加一个或多个零实现的，所以当商重复时，我们也会从相同的除数重复开始，因此最后一位余数一定是1。

9. 任意质数的倒数转化成循环节时，当小数的位数小于质数时会产生余数1。鉴于循环节中分母的小数位小于1，或者是分母的一个因数小于1，一个重复周期结束时分母位数小于1，重复周期会有一个确定的数，所以余数是1。

10. 如果一个由9组成的任意数和质数组成的数小于1，那么这个数可以被该质数整除。如果我们用 1 后面加 0 除以一个质数，在余数是 1，因此 1 后面加同样多的 0 减去 1 后得到的数可以整除这个质数，但是这个余数会是一个 9 的级数，因此，这样一个 9 的级数可以被该质数整除，例如 999 999 可以被 7 整除。

11. 任何质数（3 除外）和 1 组成的单位数小于 1，都可以被这个质数整除。因为该质数是一个由 9 组成级数的除数（原则 10），因为 9 和质数是相对质数，又因为质数是 1 级数的除数，它也必须是 1 级数的除数，例如 111 111 可以被 7 整除，1 111 111 111 也可以被 11 整除。

12. 一个质数（3 除外）包含许多项任意数组成的单位数小于 1，都可以被该质数整除。因为，鉴于一个这样的 1 组成的数可以被该质数整除，任意数乘以这样由 1 组成的数也会被该质数整除，例如 222 222，333 333，444 444 等都能被 7 整除。

13. 同一个完美循环节按照不同位置开始循环时，可以表示同一个质数所有的真分数值。例如，$\frac{1}{7} = 0.14285714285\cdots\cdots$但是$\frac{1}{7} = 0.1\frac{3}{7}$，因此$\frac{1}{7}$的循环节里 1 后面的部分是$\frac{3}{7}$的循环节，也就是$\frac{3}{7} = 0.\dot{4}2857\dot{1}$。又因为$\frac{1}{7} = 0.14\frac{2}{7}$，因此$\frac{1}{7}$中在"0.14"后循环的部分和$\frac{2}{7}$的循环节一样，也就是$\frac{2}{7} = 0.28571\dot{4}$。同样，我们发现$\frac{6}{7} = 0.\dot{8}5714\dot{2}$，$\frac{4}{7} = 0.\dot{5}7142\dot{8}$，类似的表达一般也是正确的。

14. 在将一个质数的倒数约简成小数时，如果得到一个比该质数小 1 的余数，已经求出了循环节的一半，剩余的一半可以通过用 9 分别减前一半的项得到。拿$\frac{1}{7}$举例，假设已经求到了余数 6，那么接下来的部分应该是$\frac{6}{7}$的循环节，同时$\frac{6}{7}$的循环节加到$\frac{1}{7}$的循环节上一定等于 1，因为 $\frac{6}{7}+\frac{1}{7}=1$，因此这两个循环节的和一定是 0.999999 ……又因为 0.999999……等于 1。现在将这两个循环节的项相加，和应该是一系列 9 组成的数，6 之前的位数和之后的位数一定相等，因此，当我们求解到该循环的一半时，余数会是 6。

又因为后半个循环节和前半个循环节每项的和等于 9 的级数，9 减去前半个循环节的各项，会得到后半个循环节相应的项。

所有的完美循环节都拥有该特性，这样的循环节被称为互补循环节，但是还有一大部分拥有该特性的循环节不是完美的。在将简分数约简为循环节时，最后两个特性有很大的实际应用价值。

15. 任何质数都是 10 的循环节位数次幂减 1 的确切除数。因为根据法则 6，循环节中的位数必须等于质数的单位数或该数的某个因数，因此用来获得一个循环节的被除数一定是等于 10 循环节同样项的幂数，因为这个循环节的余数是 1，这个质数将会被 10 整除，其幂等于周期内的项数小于 1。

这个法则和法则 6 都是基于费马原则，"当 p 和 P 互为质数时，$P^{p-1}-1$ 可以被 P 整除"。对于 10 这个十进制数系的基数，它是除 2，5 外的任意质数，当 P 是除 2 和 5 之外的任何质数时，因此 $10^{p-1}-1$ 总是可以被 P 整除。因此得出在对于 1 加零的分解中，当商的位数等于质数中的单位数时，余数总是 1。据此我们可以很容易地推导出法则 6 的第二部分以及法则 15。

16. 任何质数都是一个数的精确除数时，该质数可以被该数整除。我们用一个质数的倒数产生三位循环节的例子进行证明。数字 47685672856 可以写成 $856+672×10^3+685×10^6+47×10^9$ 或 $672×（10^3-1）+685×（10^6-1）+47×（10^9-1）+856+672+685+47$，但是这些关于 10 的不同幂减 1，都可以整除任何倒数产生三位循环节的数，例如 37，因此如果各组的和 47＋685＋672＋856 能被 37 整除，整个数就可以被 37 整除。其他数也可以对其进行阐述，因此这个原则是一般原则。这个原则也可以进行一般证明。

从这个一般命题中，我们可以推导出包含在该命题下的一些特殊特性法则。

（1）因为 3 和 9 的倒数会生成一位循环节，所以当它们能除以各数之和时，可以被该数整除。

（2）因为 11、33 和 99 的倒数生成两位的循环节，所以，当它可以被二个位数组成的数字之和整除时，就可以被相应的数整除。

（3）因为 27、37 和 111 的倒数生成三位循环节，当它们可以被三个位数组成的数字之和整除时，就可以被相应的数整除。

（4）因为 101 的倒数生成四位循环节，被四个位数组成的数字之和整除时，就可以被相应的数整除。

（5）因为 41 和 271 的倒数生成五位的循环节，被五个位数组成的数字之和整除时，就可以被相应的数整除。

（6）因为 7、13、21 和 39 的倒数生成六位的循环节，被六个位数组成的数字之和整除时，就可以被相应的数整除。

第六节　互补循环节

互补循环节是指循环节中前一半数分别等于 9 减去相对应的后一半数。例如，由 $\frac{1}{7}$ 生成的循环节 $.\dot{1}4285\dot{7}$ 中，从 9 中减去第一项 1 后得到第四项 8，从 9 中减去第二项的 4 后得到第五项 5，等等。互补循环节包含所有的完美循环节和一些不完美循环节。根据前面章节介绍的法则，下面这些关于互补循环节的奇特性质就比较容易理解了。

1. 如果一个完美循环节的后半段数按顺序写在前半段下面，然后后半段的每项加到前半段的对应项上，和会是一个系列 9 组成的数。例如，分数 $\frac{1}{23}=0.\dot{0}434782608695652173913$，那么这个循环节按照上述规则的方式书写，会得到一系列 9，如右列所示。

$$\frac{\begin{array}{r} 04347826086 \\ 95652173913 \end{array}}{99999999999}$$

2. 如果把简分数约简为循环节过程中的余数按照相同的方式书写，然后相加，每一个和会是这个简分数的分母。如下所示，约简 $\frac{1}{23}$ 时，上面两行的数相加会得到最下面一行的数。

$$\frac{\begin{array}{rrrrrrrrrrr} 10, & 8, & 11, & 18, & 19, & 6, & 14, & 2, & 20, & 16, & 22, \\ 13, & 15, & 12, & 5, & 4, & 17, & 9, & 21, & 3, & 7, & 1, \end{array}}{\begin{array}{rrrrrrrrrrr} 23, & 23, & 23, & 23, & 23, & 23, & 23, & 23, & 23, & 23, & 23, \end{array}}$$

3. 如果用 10 减去简分数分母中的单位项，然后用余数乘以循环节中的任意项，乘积的单位项将是相应余数的单位项。例如，在分数 $\frac{1}{23}$ 中，下列中的第一行数是循环节中的项，第二行数是乘积和余数的单位项。

$$10 - 3 = \frac{\begin{array}{l} 0.0,\ 4,\ 3,\ 4,\ 7,\ 8,\ 2,\ \cdots \\ 7 \end{array}}{0,\ 8,\ 1,\ 8,\ 9,\ 6,\ 4,\ \cdots}$$

4. 当一个互补循环节从不同的点开始循环时，会生成和该互补循环节相同分母适当分数的一个循环节。例如，$\frac{1}{23}=0.\dot{0}43478208\cdots\cdots$ $\frac{10}{23}=0.\dot{4}3478\cdots\cdots$ 该循环节是从 $\frac{1}{23}$ 循环的第二个小数位置开始循环。

又比如，$\frac{8}{23}=0.\dot{3}4782\cdots\cdots$ 该循环节是从 $\frac{1}{23}$ 循环的第三个小数位置开始循环。

5. 如果一个分数的循环节等于一个互补循环节在任意位置开始后的循环节，那么这个分数的分母是该循环节前几项求出后的余数。例如，在 $\frac{1}{23}$ 的循环中，得出了循环的前四项，8 是余数，同时 8 是循环 $0.\dot{3}4782\cdots\cdots$ 分数的分子。

下列是所有分母小于 100 的完美循环节。

$$\frac{1}{7}=0.\dot{1}4285\dot{7}$$

$$\frac{1}{17}=0.\dot{0}58823529411764\dot{7}$$

$$\frac{1}{19}=0.\dot{0}5263157894736842\dot{1}$$

$$\frac{1}{23}=0.\dot{0}434782608695652173913$$

$$\frac{1}{29}=0.\dot{0}344827586206896551724137931$$

$$\frac{1}{47}=0.\dot{0}212765957446808510638297872340425531914893617$$

$$\frac{1}{59}=\begin{cases}0.\dot{0}16949152542372881355932203389830508474576271186 \\ 4406779661\end{cases}$$

$$\frac{1}{61}=\begin{cases}0.0\dot{1}63934426229508196721311475409836065573770491803\\327868852459\end{cases}$$

$$\frac{1}{97}=\begin{cases}0.0\dot{1}0309278350515463917525773195876288659793814432\\989690721649484536082474226804123711340206185567\end{cases}$$

下列循环节通过测试互补循环节的方法可以看出是互补的，但不是完美循环节：

$$\frac{1}{11}=0.0\dot{9}\qquad\qquad\left|\qquad \frac{1}{89}=0.0\dot{1}12359550561797752808\text{（一半的循环）}\right.$$

$$\frac{1}{13}=0.0\dot{7}692\dot{3}\qquad\left|\qquad \frac{1}{101}=0.0\dot{0}9\dot{9}\right.$$

$$\frac{1}{73}=0.0\dot{1}36986\dot{3}\quad\left|\qquad \frac{1}{103}=0.0\dot{0}970873786407766\text{（一半的循环）}\right.$$

下列简分数生成的循环节位数是偶数，但是循环节不是互补循环节，这一点可以通过采用互补循环节的测试看出来。

$$\frac{1}{21}=0.0\dot{4}761\dot{9}\qquad\left|\qquad \frac{1}{49}=0.0\dot{2}04081\cdots\cdots\text{（到 42 位）}\right.$$

$$\frac{1}{33}=0.0\dot{3}\qquad\qquad\left|\qquad \frac{1}{51}=0.0\dot{1}9607843137254\dot{9}\right.$$

$$\frac{1}{39}=0.0\dot{2}564\dot{1}$$

下列循环节不是互补循环节，但是每一个循环节的位数是生成简分数分母中小于 1 的单位数。

$$\frac{1}{31}=0.0\dot{3}225806451612\dot{9}$$

$$\frac{1}{41}=0.0\dot{2}43\dot{9}$$

$$\frac{1}{43}=0.0\dot{2}325581395348837209\dot{3}$$

$$\frac{1}{53}=0.\overset{.}{0}188679245283$$

$$\frac{1}{67}=0.\overset{.}{0}149253431343283582089552238805\overset{.}{9}7$$

$$\frac{1}{71}=0.\overset{.}{0}1408450704225352112676056338028169$$

$$\frac{1}{79}=0.\overset{.}{0}126582278481$$

$$\frac{1}{83}=0.\overset{.}{0}12048192771084337349397590361445783132\overset{.}{5}3$$

$$\frac{1}{107}=0.\overset{.}{0}09345794392523364485981308411214953271028037383177\overset{.}{5}7$$

珀金斯（Perkins）教授很巧妙地证明了循环节的一些特性，其证明采用的方法是将一个循环节的各项和求各项时相应的余数放置在一个同心圆中。

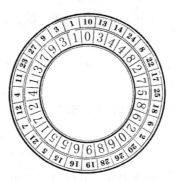

在上图中，图形中内圆的数字从 0 开始，向右手边数，是 $\frac{1}{29}$ 的循环数。

外圆的数字从同样的位置开始，按照相同的方向开始数，是将 $\frac{1}{29}$ 转化为循环过程中会得到的余数。

在余数的这个圆里，所有从 1 到 28（包含在内）的数都会出现，但是不一定是按照数字顺序出现。

根据前面的解释，推断出下面所有完美循环节的共同属性。

1. 在小数圆中任意两个完全相反项之和是 9。

2. 在余数圆中任意完全相反的两项之和等于分母 29。

3. 如果用 10 减去分母的右项，然后用余数乘以内圆中的任意数，乘积右边的数等于相应外圆右边的数。

4. 从小数圆的任意一点开始数完整圆，可以得到一个完美循环节，其分数的分母等于第一种情况下的分母，但是分子是外圆中向左一位的那个余数。

5. 如果用任意两个余数的乘积除以 29，余数等于外圆中这两个数位置之和的数代表相应位置上的余数。

根据第 4 条特性，得出这个小数圆表示的小数值，是所有分母为 29 分数的小数值，根据分数 $\frac{1}{23}$ 形成的完美循环节构成的相似圆，拥有和上面提到的一样特性，所有的完美循环节都可以形成类似的圆。

如果将分数 $\frac{1}{211}$ 生成的互补循环节按照完美循环节的方式一样放置成一个圆，会看出互补循环节拥有之前提到的所有完美循环节的特性，除了第 4 条。

第七节　新的循环形式

在《标准书面算术》中，展示了两三个奇妙的循环形式，老师们围绕着这些循环形式展开了讨论。这些循环形式是 $.0\frac{\dot{1}}{2}$ 和 $.\dot{0}\frac{1}{2}0\frac{\dot{1}}{3}$，它们都表示纯循环。在混循环中也有类似的形式，例如 $.0\frac{1}{2}0\frac{\dot{1}}{3}$ 和 $.0\frac{1}{2}0\frac{1}{3}0\frac{\dot{1}}{4}$。关于这种表达形式，人们提出过两个问题：第一，它们表示什么？第二，它们是合理的算术表达形式吗？对于它们的含义、起源和表达的数值我想要说几点。

在讨论这种循环形式之前，我们先关注一下十进制表达式 $.2\frac{1}{2}$ 的意义。在这个表达式中，$\frac{1}{2}$ 是表示十分之一位还是百分之一位？$\frac{1}{2}$ 被当作十进制中的一位还是算作十分之一位的一部分？有观点认为 $\frac{1}{2}$ 占的是百分之一位，但是稍微考虑一下，就能够看出 $\frac{1}{2}$ 是十分之一位的一半，而不是百分之一位的一半。在整数和分数中，分数总是表示其右边项单位数的一部分，例如，在 $2\frac{1}{2}$ 中，2 表示个位，$\frac{1}{2}$ 表示一个单位数的 $\frac{1}{2}$，如果我们用 $2\frac{1}{2}$ 除以 10，得到 $02\frac{1}{2}$，其中 02 表示十分之一位，根据前面的观点，$\frac{1}{2}$ 应该是十分一位的 $\frac{1}{2}$。相反地，如果我们取表达式 $02\frac{1}{2}$，将其乘以 10，得到 $02\frac{1}{2}\times10=2\frac{1}{2}$，并不是 2

个单位数和 $\frac{1}{2}$ 个十分之一。当将 $\frac{1}{2}$ 看作十分之一位的 $\frac{1}{2}$ 时会得到同样的结果，我们将其约简为 5 个百分之一位，这样表达式就变成了 0.25，再乘以 10，得到 $0.25 \times 10 = 2.5$ 或 $2\frac{1}{2}$，如果上述对于 $0.2\frac{1}{2}$ 是正确的，那么对于 $0.1\frac{1}{2}$ 或 $0.0\frac{1}{2}$ 也同样正确。据此，我们看到表达式 $0.0\frac{1}{2}$ 中的 $\frac{1}{2}$ 属于十分之一位，不应该被认为是属于百分之一位。

这些表达式可能实际产生于一项研究中。假设我们需要从 $\$25.62\frac{1}{2}$ 中减去 $\$12.62$，显然差是 $\$13.00\frac{1}{2}$。同样，从 $6.4\frac{1}{2}$ 中减去 3.4 则等于 $3.0\frac{1}{2}$。在前一种情况中，很明显 $\frac{1}{2}$ 是百分之一的一半；后一种情况中，$\frac{1}{2}$ 是十分之一的一半。综上所述，很难像有些人猜测的那样，认为 $3.\frac{1}{2}$ 不表示 3 和十分之一的 $\frac{1}{2}$，同样这种表达式也是一种不合理的表达式，表示的含义除了和 $3\frac{1}{2}.00$ 一样的含义外，没有其他任何含义。下面让我们讨论一下上面提到的表达式。

这些循环形式起源于混合整数向混合小数的延伸，然后小数向小数循环的进一步延伸，然而，它们也可以从简分数向小数的简化过程中直接得出。为了阐述，我们将 $\frac{1}{18}$ 转化成一个小数。按照一般规则，我们给分子附加 0，然后除以分母。18 包含在 10 个十分之一中 $\frac{1}{2}$ 个十分之一遍，余数是 1 个十分之一或者 10 个百分之一；18 包含在 10

个百分之一中 $\frac{1}{2}$ 个百分之一遍，余数是 1 个百分之一。至此，我们观察到商开始重复，$\frac{1}{18}$ 可以视为等于 $0.0\frac{1}{2}0\frac{1}{2}0\frac{1}{2}\cdots\cdots$ 或 $0.0\frac{\dot{1}}{2}$。

$$18)\,1.00\,(.0\tfrac{1}{2}0\tfrac{1}{2},\cdots \quad \text{或} \quad .0\tfrac{\dot{1}}{2}$$
$$\frac{9}{10}$$
$$\frac{9}{1}$$

下面，将 $\frac{16}{297}$ 约简成一个循环小数。给分子附加 0，然后除以分母：297 包含在 160 个十分之一中十分之一位的 $\frac{1}{2}$ 遍，余数是 115 个百分之一；297 包含在 115 个百分之一中 $\frac{1}{3}$ 个百分之一遍，16 个百分之一作为余数，余数开始重复，因此商的位数开始重复，得到 $\frac{16}{297}=.\dot{0}\frac{1}{2}0\frac{\dot{1}}{3}$。

$$297)\,16.00\,(.\dot{0}\tfrac{1}{2}0\tfrac{\dot{1}}{3}$$
$$\frac{14\ 85}{115}$$
$$\frac{99}{16}$$

继续将 $\frac{7}{180}$ 约简为循环小数。我们用分子除以分母：180 包含在 70 个十分之一中 $\frac{1}{3}$ 个十分之一遍，余数是 10 个十分之一或 100 个百分之一；180 包含在 100 个百分之一中 $\frac{1}{2}$ 个百分之一遍，余数是 10 个百分之一，从这里开始，我们观察到最后一个余数和前面的一样，因此推论 $\frac{1}{2}$ 会重复，然后我们得出 $\frac{7}{180}=.0\frac{\dot{1}}{3}0\frac{\dot{1}}{2}$。

$$180)\ 7.00\,(.\overset{.}{0}\tfrac{1}{3}0\tfrac{1}{2}$$
$$\underline{6\,0}$$
$$100$$
$$\underline{90}$$
$$10$$

那么，循环 $0\frac{1}{2}$ 表示多少？

第一，有人认为因为 $\frac{1}{2}$ 个十分之一等于 5 个百分之一，也就是 5 是循环节，同时循环项首次出现在百分之一位上，或者换句话说，循环 $0\frac{1}{2}$ 和混循环节 $.0$ 循环 $\overset{.}{5}$ 循环是一样的。这个观点建立在分数和其左边一项错误关系的概念之上，这个错误关系前面已经进行过解释，同时也展示了一个错误的循环节概念。一个循环节仅仅指重复的项，与自身位置或顺序没有关系。因此，表达式 $\overset{.}{3}$ 循环并不是表示 3 个十分之一重复，仅仅是指 3 这一项重复，因此，循环 $0\frac{1}{2}$ 不是指十分之一的 $\frac{1}{2}$ 或 5 个百分之一重复，仅仅是 $0\frac{1}{2}$ 重复。$0\frac{1}{2}$ 等于 $0.0\overset{.}{5}$ 是正确的，但是它们表示的不是同一事物，同样的，在约简形式的过程中获得的任何事物。这一点会在接下来的一些表达式中体现。

第二，有人说表达式 $0.0\frac{1}{2}$ 是一个谬论。这是不可能的，除非分数出现在小数位置上时没有重复，但其实这种情况也是荒谬的。可以承认的是 $0.2\frac{1}{2}$ 是一个不合理的表达式，如果这个表达式是正确的，那么也可以想象这种表达式会重复。这样理解的话，这种概念当然就不荒谬了，因此这个概念下的表达式，或 $0.2\frac{1}{2}2\frac{1}{2}2\frac{1}{2}$……似乎也就完全合理了。这样就产生了表达式 $0.2\frac{1}{2}$，同时如果表达式 $0.2\frac{1}{2}$ 是合理的，

表达式 $0.0\frac{1}{2}0\frac{1}{2}0\frac{1}{2}$……也是合理的，因此其缩写形式 $0.0\frac{\dot{1}}{2}$ 也就不是荒谬的。

在确认该概念的正确性后，是否有一个点表示整个表达式 $0.0\frac{\dot{1}}{2}$ 是重复的呢？首先可以确定的是，采用两个点是行不通的，因为那样表示小数部位有两个位置被占据了，是不可能的，除了这种表达式，例如 $2\frac{1}{2}$，$4\frac{1}{3}$ 被认为占据了十位和个位，这一点没有人会反对。然而，有人可能会问点是应该放置在 0 之上还是 $\frac{1}{2}$ 之上，例如，是 $0.\dot{0}\frac{1}{2}$ 还是 $0.0\frac{\dot{1}}{2}$，这很难抉择。两个位数都占据十分之一位，所以当放置在任何一个符号上面时，似乎表示的都是同一个意思。有一种考虑方式倾向于将点放置在分数之上。如果我们将其放置在 0 之上，可以被理解为是 0 进行重复而不是 $\frac{1}{2}$，但是如果放置在 $\frac{1}{2}$ 之上，一定表示这两个位置上的数都重复，因为如果没有 0 定位的话，$\frac{1}{2}$ 就没办法进行重复。为了防止歧义，可能在两个位置上都标记点会比较好，或者放置在它们之间的位置，例如 $0.\dot{0}\frac{1}{2}$。在点占据的位置超过一个位置表达式的情况中，将点放置在首位和最后一位，含义就会比较明确，例如：$0.\dot{0}\frac{1}{2}0\frac{\dot{1}}{3}$。

值——这些可以很容易地约简为简分数形式，然后可以用简分数表示它们的值。例如，将 $0.0\frac{\dot{1}}{2}$ 约简为

$$F=.0\frac{1}{2}0\frac{1}{2}\cdots$$
$$10F=\frac{1}{2}.0\frac{1}{2}\cdots$$
$$\overline{\quad 9F=\frac{1}{2}\quad}$$
$$F=\frac{\frac{1}{2}}{9}=\frac{1}{18}.$$

简分数。让 F 表示等于 $0.0\frac{1}{2}$。将方程式乘以 10，得到 $10F=\frac{1}{2}$ 个单

位数加循环数 $0\frac{\dot{1}}{2}$。用第二个减去第一个，得到 $9F=\frac{1}{2}$，由此 $F=\frac{\frac{1}{2}}{9}$

或 $\frac{1}{18}$。

将 $0.\dot{0}\frac{1}{2}0\frac{\dot{1}}{3}$ 约简为简分数。让 F 表示等于 $0.\dot{0}\frac{1}{2}0\frac{\dot{1}}{3}$ 的分数。

乘以 100，得到 $100F$ 等于 $\frac{1}{2}$ 个十，$\frac{1}{3}$ 个一，加上循环数 $0.\dot{0}\frac{1}{2}0\frac{\dot{1}}{3}$，

从第二个方程中减去第一个，得到 $99F$ 等于 $\frac{1}{2}$ 个十，$\frac{1}{3}$ 个一，由此，

F 等于 $\frac{1}{2}$ 个十加 $\frac{1}{3}$ 个一然后除以 99，将分子和分母同时乘以 6，得到

$\frac{32}{594}$，因为 6 乘以 $\frac{1}{3}$ 个单位数等于 2 个单位数，6 乘以 $\frac{1}{2}$ 个位十等于 3

个十位。

$$
\begin{aligned}
F &= 0\tfrac{1}{2}0\tfrac{1}{3}0\tfrac{1}{2}0\tfrac{1}{3}\cdots \\
100F &= 0\tfrac{1}{2}0\tfrac{1}{3}\ 0\tfrac{1}{2}0\tfrac{1}{3}\cdots \\
\hline
99F &= 0\tfrac{1}{2}0\tfrac{1}{3} \\
F &= \frac{0\tfrac{1}{2}0\tfrac{1}{3}}{99} \times \frac{6}{6} = \frac{32}{594} \\
&= \frac{16}{297}.
\end{aligned}
$$

接下来，将 $0.0\frac{1}{2}0\frac{\dot{1}}{3}0\frac{\dot{1}}{5}$ 约简为简分数。让 $F=0.0\frac{1}{2}0\frac{\dot{1}}{3}0\frac{\dot{1}}{5}$。

两边乘以 10，得到 $10F$ 等于 $\frac{1}{2}$ 个单位数，加 $0.0\frac{\dot{1}}{3}0\frac{\dot{1}}{5}$，然后乘以

100，得到 $1000F$ 等于 $\frac{1}{2}$ 个百，加 $\frac{1}{3}$ 个十，加 $\frac{1}{5}$ 个一，加循环 $0\frac{\dot{1}}{3}$

$0\frac{\dot{1}}{5}$。用 $1000F$ 减 $10F$，即用 $\frac{1}{2}$ 个百，加 $\frac{1}{3}$ 个十，加 $\frac{1}{5}$ 个一减去 $\frac{1}{2}$ 个

一，或者将 $\frac{1}{3}$ 个十约简为相应个一，然后减去 $\frac{1}{2}$ 个一，得到 $990F$ 等

于 $\frac{1}{2}$ 个百加 $3\frac{1}{30}$ 个一；由此，$F = \dfrac{0\frac{1}{2}03\frac{1}{30}}{990}$ ，将分子分母同时乘以

30，得到 $\dfrac{1591}{29700}$ ，因为 30 乘以 $3\frac{1}{30}$ 等于 91，同时 30 乘以 $\frac{1}{2}$ 个百等于

15 个百。

$$F = .0\tfrac{1}{2}\dot{0}\tfrac{1}{3}0\dot{\tfrac{1}{5}}$$
$$10F = 0\tfrac{1}{2}.\dot{0}\tfrac{1}{3}0\dot{\tfrac{1}{5}}$$
$$1000F = 0\tfrac{1}{2}0\tfrac{1}{3}0\tfrac{1}{5}.\dot{0}\tfrac{1}{3}0\dot{\tfrac{1}{5}}$$
$$\overline{990F = 0\tfrac{1}{2}0\tfrac{1}{3}0\tfrac{1}{5} - 0\tfrac{1}{2} = 0\tfrac{1}{2}03\tfrac{1}{30}}$$
$$F = \frac{0\tfrac{1}{2}03\frac{1}{30}}{990} \times \frac{30}{30} = \frac{1591}{29700}$$

这些形式没有太大的实际用处，只是人们好奇的产物，起初仅仅是作为一个谜题被介绍。这里的讨论是由于人们对其正确性的质疑。

第五篇 名 数

第一章　名数的性质

数字实际上是两个因素的产物——概念和物质。我们最开始是对物质计数，即具体数字，然后从这些实物里抽出数字概念，得到了纯粹或者抽象的数字。孩子们认识的第一个数字一定是具体数字，他们从这些具体数字过渡到抽象数字。相应的，在将数字概念应用到不是个体形式存在的量上时，就产生了第三类数字，叫作名数。这些数字的属性似乎没有被数学家们深刻理解，这里会进行详细的讨论。

属性被认为是关于多少（how many）和多少（how much）的一个概念，从而产生了两种量——单位大小的量和数量大小的量，也叫作离散量和连续量。这两类量完全不同，这一点可以从它们最初的估算方式看出。离散量是即刻估计出多少，连续量是初始估计为多少。例如，我们说多少（how many）个苹果，多少（how many）棵树，多少（how many）只鸟等，而不是多少（how much）苹果，多少（how much）树，多少（how much）鸟等。另一方面我们说有多少（how much）钱，有多少亩（how much）土地，有多长（how much）时间，你的体重是多少（how much）等，而不是多少（how many）钱，多少（how many）土地等。然而，当我们固定好测量单位时，后者这些量可以数字化的表示，例如，我们可以说你有多少（how many）元，有多少（how many）公顷土地，你有多少（how many）英镑等，按照这种方式，表示单位大小的量，即多少（how much）可以明确地理解为有多少（how many）。我们固定一个测量单位，然后将测量单位作为基准，通过比较一个量与该测量单位的关系来估计连续量。这种比较引导出对于要考虑量的数字化理解。我们将其说成是多少个测量单位。表示尺寸大小的量就这样估计成了数量大小的量。多少转化成了有多少。在这种方式下产生了一类不同的数，叫作名数。

因此，名数可以认为是对大小量的表达形式。表示多少的量最初是以单位的形式存在，在表示大小的量里，我们固定将该量的一个特定部分固定为测量单位，然后根据该量包含多少个测量单位来估计这个量。根据这个原始概念和名数的属性，我们准备给名数一个科学性的定义。

定义——名数是一个数量级的表达方式；或者名数是一个连续量的表达式，或者名数是表示大小量单位的数量；或者名数是数量级的一个单位；或者名数是指一个数字单位是一个测量单位的数字。在使用名数最后一个定义时，我们需要给测量这个术语赋予一个特殊的含义。需要注意的是，在每一个定义里，连续量这个表达方式可以用多少量来代替。

这样考虑的量有时间、重量、价值、长度等，这些都叫作表示大小的量。术语"大小"的字面意思是尺寸、维度的大小，最初是用在占据空间的量上，也就是用在长度、宽度和厚度的量上。在这个初始意义上，它不包含重量、价值和时间，因为这几个量没有尺寸或者维度大小——没有长度、宽度或厚度。随着这个术语的含义在不断扩大，又包含了所有种类的连续量。我认为早在欧几里得时期，它就已经按照这个意义在使用了。

测量单位——通过将一个量与同一种类作为基准的量进行比较后，表示大小的量可以用数字表示。这个比较的基准被称为测量单位。测量单位是要考虑的特殊量的一个确定部分。因此，在重量中，取一些具体的重量作为单位，然后用数字表示整体重量与单位重量的关系。时间、价值、长度等也一样。因此，测量单位变成了这些量的基础，只有对于单位有了一个明确的概念之后，才能清晰地构思出这些量。

用来估计这些量的测量单位在自然界中是不存在的，它们是由人类商定的，因此是人为的。它们包含不同种类的具体单位类别，然后产生了不同种类的具体数字。因此可以看出，有两种具体数字：一种单位是自然的，另一种单位是人为的。例如，4 棵树，单位树在自然界中是能找到的，因此是一个自然单位；在 4 英镑里，单位英镑是不能在自然界中找到的，而是由人指定的，因此是人为的单位。这样考虑就出现了另外一种名数的定义，例如：名数是指单位是人为构造的具体数字。

这里使用的术语自然和人为，适用于可以被视为单位而不仅仅是物体的量。例如，4 把刀子，刀子作为物体，不能在自然事物里发现，它是一件人类制造的物品，所以是人为的。虽然作为物品是人为的，但是作为测量单位是自然的。因此，人为自然单位这种说法是完全正确的，相应地将名数定义为一定数量的人为单位也是正确的。然而也有人认为前面给出的定义更好。

量——表示大小的量或者连续量产生的名数有几种不同的类型。对于这些量有一个科学分类：价值；重量；空间；时间。术语扩大（extension）要比空间（space）使用更频繁。我们通常说的量指的是扩大的测量单位，而不是空间的测量单位。空间包含几个不同形式的扩大，如长度、表面积、体积等；因此一个较受欢迎的、在实际应用中更方便的分类如下：（1）价值；（2）重量；（3）长度；（4）表面积；（5）体积；（6）容积；（7）角度；（8）时间。

名数不科学的表达形式导致了很多关于它们的错误概念。一些学者已经对"重量和测量"的标题进行了分析，似乎不知道重力的测量和长度的测量是一样重要。一位学者说它们可以被分为三个种类：货币、测量和重量。这位学者似乎不明白货币是对价值的一种测量，重量是对重力的一种测量。希望这个观点可以引导算术家和学者们对于这个问题有一个正确的哲学概念。

同时拥有抽象和具体含义似乎是名数的一个特性。名数指的是时间、重量和价值等，这些事物不是有形的物质事物。时间不是一个你可以触摸或者看到的事物，价值和重量也一样。长度、表面积及体积是几何的抽象量。具体事物拥有价值和重量，但是和长度、表面积和体积相比，价值和重量不再是具体事物。因此，在单位是物质事物的情况下，名数不再是具体数。然后在数字和一些特定单位相关联的情况下，名数是具体数。具体这个词是"con"和"cresco"的结合，我认为字面意思是表示成长或组合在一起。当一个数字可以被计数的事物关联在一起时，尽管事物本身在本质上可能是抽象的，但这个数字很可能是具体数。具体不是被计数事物的特征，而是和其关联的数字一起使得这个数字变得具体不再抽象。因此，当数字4脱离事物单独使用时是抽象的，但是和一些事物关联在一起时，例如男孩、院子、英镑等，就得到了4个男孩、4个院子等具体数字。

标准单位——测量单位有许多不同的类别，因为有不同种类的连续量需要被测量。逻辑上有四种不同的连续量，相应的有四种不同的测量单位。这些单位是偶然产生的，因此是不确定的、可变化的，并且随着时间的推移，有些被发现不再适用于逐渐文明开化的人类民族。于是科学界开始着手建立一些标准单位，从自然界不变的元素中衍生而来确定的值，如果被毁坏，我们可以重新建立。这些标准单位互相之间是关联的，确定其中一个之后，其他的可以从中推导得出。大家一致同意的这个基础单位是长度，那么现在的问题是怎样得到一个标准的长度单位。法国人尝试测量赤道到两极的距离，然后取这段距离的一个确定部分来确定这个标准长度。

这项研究被德朗布尔（Delambre）和梅尚（Mechain）完成，经过测量敦刻尔克和巴塞罗那之间的子午线，给出了长度的标准单位，叫作米。英国人通过测量钟摆摆过的长度来确定了它们的长度单位。在实际应用中，后一种方法被认为是最方便的，尽管法国人批判这种方法依赖于除长度以外的两个元素——也就是重力和时间。根据长度的单位可以推导出除了时间之外的所有其他单位。需要注意的是，在英式方法中，时间是单位系统的基础。

标准的时间单位是天。这是根据地球在其轴心上的旋转所决定的。

在美国，价值的标准单位是美元。它是根据货币所用的金属重量决定的。在英国钱币中，单位是英镑，其根据和美国的方式相同。

重量的标准单位是金衡磅❶，它是由在一定温度下取一定立方英寸的蒸馏水，气压处于一定高度时来确定的。常衡❷磅是从金衡磅中推导出来的，通过取 7 000 金衡磅的谷物，认可常衡磅和金衡磅重量等同。

长度的标准单位是码❸。它是根据钟摆在伦敦纬度的海平面上在真空中摆动几秒的长度决定的。这样的钟摆分成了 391 393 个相等的部分，其中 360 000 个部分被用来作为码。

面积的标准单位对于一般测量来说是平方码❹，对于土地是公顷。体积的标准单位对于一般测量来说是立方码❺，对于木材来说是考得❻。这些都是根据长度单位推导而来的。

---

❶ 金衡磅：最古老的英国重量体制之一，1 金衡磅合 28.345 克。——译者注
❷ 常衡，英美制质量单位，用于金银、药物以外的一般物品（区别于"金衡""药衡"）。盎司（常衡制）合 28.350 克。——译者注
❸ 码：英美制长度单位，1 码合 0.9144 米。——译者注
❹ 平方码：英美制面积单位，1 平方码合 0.8361 平方米。——译者注
❺ 立方码：英美制体积单位，1 立方码合 0.7646 立方米。——译者注
❻ 考得：木材堆的体积单位，1 考得合 128 立方英尺。——译者注

容积的标准单位对于液体来说是加仑❶，对于干性物质是蒲式耳❷。这些也是根据长度单位来决定的，每个单位都由一定数量的立方英尺决定❸。

角度测量的标准单位是直角，或者是圆的一度。

上述标准单位互相关联，只要确定了其中一个后，其他所有的都可以通过它推导。时间是英国单位系统的基础。首先从天体的自转中找到时间单位，然后将其分解到足够小，得到秒。有了秒，可以通过钟摆一秒摆过的距离，取其中一个确定的部分确定出长度单位。得到长度单位，很容易确定面积、体积和容积的单位。重量的标准单位通过取一定立方英尺的水确定。价值的单位是金子和银子的重量，因而也可以追溯到它在时间中的起源。

这些标准单位分解成较小的单位，每一个单位都有一个名字，然后用来作为测量单位，然后这些单位又按照相似的方式进一步分解。标准单位的倍数也可以用作新的测量单位，然后将倍数再按照相似的方式加倍，这样的单位序列可以按照使用的方便性一直持续下去。这样对于同一种类的量就出现了一系列的测量单位，形成了数字的比例。这个比例中的两个或两个以上的术语表示的数字就构成了所谓的复名数。因此，一个复名数包含同一个种类量的几个名数。

因为比较的标准不同，它们的加倍和分解又起源于不同的时期和不同环境，所以这些比例是不规则的，没有形成系统。有时候比例的增长按照每 2 个、每 4 个等增长，有时是每 4 个、每 12 个等，也有按照 12，3， $5\frac{1}{2}$ 等增长的。这种不规则性可以通过将任意复名数和十

---

❶ 加仑：英美制容积单位，1 加仑合 4.5461 升（英）；1 加仑合 3.7854 升（美）。——译者注

❷ 蒲式耳：英制容积单位，1 蒲式耳合 36.3688 升。——译者注

❸ 立方英尺：英美制体积单位，1 立方英尺合 0.0283 立方米。——译者注

进制比较而清楚地看到。例如，英国钱币的比例写在十进制旁边。

$$\frac{\text{T.}}{1} \quad \frac{\text{h.}}{1} \quad \frac{\text{t.}}{1} \quad \frac{\text{u.}}{1} \quad \frac{\pounds}{1} \quad \frac{\text{s.}}{1} \quad \frac{\text{d.}}{1} \quad \frac{\text{qr.}}{1.}$$

在十进制中，第二个单位是第一个单位的十倍，第三个是第二个的十倍，等等。在英国货币的比例中，第二个单位是第一个的四倍，第三个是第二个的十二倍，第四个是第三个的二十倍。在其他所有种类的复名数比例中都存在同样的不规则性。

比例的不规则性是价值、重量等测量单位的一个严重缺陷，不管是从科学观点还是实际应用的角度来看。科学规定标准单位的倍数或分解应该保持一致，并与符号的比例相对应，这样就把比例变成十进制。这样我们就能像对抽象数一样，对复名数进行加减乘除。法国已经将该方法应用到了其各种测量单位中，美国应用在了货币中。这个方法有很多优点，但其唯一的缺点来自记数系统的十进制基数，因为简单的分数部分，如 $\frac{1}{3}$、$\frac{1}{4}$ 和 $\frac{1}{6}$ 不是 10 的整除部分。如果是基数为 12 的记数系统，这种方法在实践中会更方便。

第二章　长度测量

　　测量的扩张有三种类型，长度的测量、面积的测量和体积或容积的测量。这个分类是因为扩张仅仅拥有三个元素：长度、宽度和厚度。在这些基础上，还要加入角度和弧度的测量，它们表示两条线的发散程度或者圆周中用来表示这个发散圆弧的长度。

　　这个测量的标准单位最初来自物质世界的自然物体。它们的起源遵循了从具体到抽象的精神和科学发展的一般规律，因此就产生了脚、腕尺、跨距、英寻❶、大麦粒、发际宽，或者其他取自人类身体的一部分，或自然对象具有一些特定平均值，足够用于得出测量单位的物体。名数中的测量单位也是同样的。在重力的测量中我们有单位"格令"❷，最初来源于一粒大麦；本尼威特❸是英国便士的重量，等等。对于价值的测量，一些国家使用牛，其他的国家使用猪；冰岛人使用鱼干；美洲印第安人使用动物的皮肤。时间的第一个测量单位来自天体的自转，例如，月来自合成词语"moon－eth"，最初是测量的月球自转时间。这个主题非常有趣，我们会在一定程度上详细介绍。用于参考的权威是斯宾塞（Spencer）和最受欢迎的百科全书。

　　几乎所有的原始长度测量单位都来自人类身体的某个部分。"希伯来肘"是从肘部到中指的这段前臂距离。"古埃及肘"也是由类似的方式推导出的，然后按照指宽分解成数字，同时每个指宽被认为等于放

---

❶ 英寻：英美制中计量水深的单位，1 英寻合 1.8288 米。
❷ 格令：英美制质量单位，1 格令合 64.7989 毫克。——译者注
❸ 本尼威特：英美制质量单位，1 本尼威特合 1.5551 克。——译者注

置在指宽上的四粒大麦。其他古代测量单位有手臂、步、手掌等，这些自然测量单位在东方国家使用是如此的普遍和持久，不过现在一些阿拉伯部落开始使用长度等于前臂加上另一个手宽度的布来测量，这标志着之前测量方式的结束。英国的布匹商习惯性地将拇指的宽度加在一码的后面，并且经常能看到这个国家的妇女们在购买布匹时用从下巴到手指末端的距离来测量其米数。罗马人使用脚来测量长度，很长时间在欧洲和美国仍然是一种测量标准，它的长度在不同地方的变化并不比男士们脚的变化大多少。马的高度用手掌衡量，水的深度用英寻（两臂的延伸长度）表示；英寸似乎是拇指末端关节的长度，因为法语中的法寸表示拇指和英寸的长度。我们又将英寸用大麦粒表示，一英寸等于三个大麦粒。

事实上，这些自然尺寸都曾经做过所有测量法的基础，也只有通过它们我们才能对古代的距离作出一些判断。例如，阿拉伯天文学家在哈伦·拉希德（Haroun—al—Raschid）去世不久后确定地球表面的一个（经，纬）度的长度是他们 56 英里。这些整体长度完成的近似测量不仅仅满足了未开化时代人类的需求，而且也辅助了后期的标准测量。在亨利一世统治时期，为了纠正当时盛行的不规则测量，即要求尺骨或者厄尔（和现代的码类似）要和自己的手臂一样长。

随着人类文明的进步。人们逐渐发现用脚步、腕尺等这些变量测量方法的不准确性。因此，采用更精确的标准来进行测量变得越来越重要。于是必须在自然界中寻找一个不变化的物质，一个能被所有人类利用完美且确定的测量标准。地球是一个旋转的固体，它的构成和绝对大小被认为是一直保持不变的；因此从赤道到两极的距离是一个不变量，同时如果准确获取这个长度的某一确定部分，可以作为长度的一个标准单位。地球表面的重力在任意给定地是保持不变的，同时在相同的平行纬度的所有地方，当海拔一样时，重力几乎都是一样的，因此钟摆在给定时间摆动的次数时划过的长度是一定的，可以用来确定一个长度的基本单位。

这两个元素，子午线的长度和钟摆划过的长度，是自然界提供唯一的至今仍被用来做测量基础的元素。还有另外两三个元素也曾被建议用作测量基础，例如，物体在一秒中掉落的高度，气压计水银柱下降一个确定部分时的垂直高度。但是这些距离不能像子午线长度或钟摆划过长度那样准确。大约在 1670 年，里昂的一位天文学家穆顿（Mouton）提出了几何英尺的标准，其大约是地球圆周的 600000 分之一，同时提出这么长的钟摆在半小时内会摆动 $3959\frac{1}{5}$ 的长度。1671 年，皮卡尔提出了一个类似的方法。同时，惠更斯首次建议以钟摆作为测量单位或者标准。在法国大革命之前没人尝试过建立一个正规的测量系统，直到法国大革命时期，一个参考地球经度并且适应我们算术数系的重量和测量系统在法国开始被采用。

英国标准测量——英国标准的长度单位是码，这个单位在亨利一世统治时期由国王的手臂长度确定。1324 年，爱德华二世（Edward II）颁布的一个法案提出用 3 个圆润干燥大麦粒的长度表示 1 英寸，12 英寸是一英尺。很难决定需要将大麦粒的末端减掉多少才能判定这个大麦粒足够"圆润"，这使得这个标准具有不确定性。然而，没有关于大麦粒的标准单位系统实际是如何搭建起来的相关记录。最后，为了确保每种普通测量的一致性，制定了一定的标准，所有的测量方式都需要和这些标准比较后盖章才能成为合法的测量单位。现存最早的标准要追溯到亨利七世统治时期，但是这个标准已经很久不用了。同一时期有另一个类似的测量标准，叫作厄尔❶，虽然它不是作为一个

---

❶ 厄尔：古斯堪的纳维亚长度单位，为 12 米。在英国则为 45 英寸。

合法测量单位构建的，但是通常被认为等于一码的四分之一码。直到
1824 年，合法的标准单位是一块宽度和厚度大约为半英寸的铜棒，存
在于伊丽莎白（Elizabeth）时期，这个标准并不完全适合设计的目的，
"一根普通的厨房拨火棍，工人用粗鲁的方式在末端锉平，也可以成为
一个很好的标准，它已经断成两截重新接合在一起，但是接口处松得
和一对钳子一样"。

　　1742 年，皇家学会的一些研究员和巴黎科学院的成员，提议仔细
审阅后确定一些国家通用的"测量和重量"的标准单位，从而能使英
国和法国的科学实验结果可以正确地进行对比。负责此事的委员会发
现，除了国家权威部门认可的一些标准外，还有其他一些被认为不错，
只是没有得到同等权威认可的标准。例如，他们在市政厅发现两个长
度标准，这两个长度标准仅仅是两个矩形形状的东西，一个 1 码长，
另一个 1 厄尔长，像财政部制作标准那样，用黄铜棒沿着边缘裁出。

一个保存在伦敦塔里，是一个实心的铜棒，大概是一平方英寸的 $\frac{7}{10}$
宽，41 英寸长，其中一边的一码被分成了英寸。另一个属于一个钟表
制造公司，于 1671 年从财政部发掘而来，是一个八边的铜棒，其中一
码的长度用两个针孔或者小格之间的长度表示。委员会选择了伦敦塔
里的标准，著名的钟表匠乔治·格拉汉姆先生，在 1742 年小心地把码
的长度放在两根铜棒上，然后送到巴黎科学院，在这些地方，同样也
取消了半突阿斯❶的测量。这两个铜棒的其中一个保存在了巴黎，另
一个归还给了皇家协会，但遗憾的是，没有说明突阿斯是在什么温度
下设定的，所以没有与现在的度量标准对比的价值。

　　由于受到法国哲学家科学成果的刺激，英国也将注意力转向了建

---

　　❶ 突阿斯：法国古时长度单位，约合 2 米。

立一个不变的长度标准单位，并选择了伦敦的第二个钟摆作为基准。钟摆的长度早在 1742 年就已经被乔治·格拉汉姆（George Graham）确定了，是 99.36 厘米，并且被用于标准码的建立。基于实验结果和比较的报告分别在 1816 年、1818 年和 1820 年提交给下议院，这些报告里沃拉斯顿、杨博士（Dr. Young）、卡特尔上尉和普莱费尔发挥了杰出的作用。该报告使乔治四世统治时期的皇家测量标准在 1826 年 1 月 1 日生效。这些标准被 1836 年 1 月 1 日生效的威廉四世时期的法令所替换。在这些皇家测量标准中，拷贝 1760 年的标准得来的码是由铜在 16.67 摄氏度时制作而成，并且进一步限制了其长度：在指定的温度下，在海平面的真空中，在伦敦的纬度上，钟摆每秒的平均跳动时间应为上述标准的 99.413 厘米。根据这个长度的标准测量，重量、容积等的测量也就都能建立了。

在这些标准建立后不久，它们被 1834 年英国国会大厦发生的大火烧毁了，但是幸运的是，天文协会曾经仔细地制作了皇家标准码的复制品，并且铸币厂拥有英镑的一个准确副本，所以能够对丢失的标准以最大准确度进行重新建造。为此，人们在 1833 年成立了一个委员会，艾里（Airy）、贝利（Baily）、赫歇尔（Herschel）、卢伯克（Lubbock）和谢泼德（Shepherd）是其中的成员，他们对这件事进行非常透彻的研究后，在 1841 年作了报告。自从乔治四世法案通过以来，钟摆实验的一些规定被发现是可疑的或错误的。卡特尔上尉使用的钟摆玛瑙面上有缺陷，而且在求解其具体重力时有错误，同时在减少空气的浮力和决定高于海平面的海拔时也有错误。他们得出结论：法案中记录的指导过程不能制造出原来的码，在法案里的记录里，码是一个黄铜棒，估计这是唯一能拿来用的了，在天文学会的帮助下以及其他一些已知高度复制品的帮助下，应该可以重新建造一个没有太大错误的测量系统。贝利先生被任命建造新的标准，以前标准的 5 个复制品

可以作为比较基础，1844 年贝利先生去世后，希普尚克斯（Sheeps-
hanks）先生继续研究，他全身心投入到这项工作中，大概经过 200
000 次微距测量。他准备了一些标准的副本，每一个都是一个平方英
寸的棒，是包含黄铜和小部分锡和锌的青铜材质，38 英寸长，棒的每
端有长约一英寸、深度半英寸的圆滑凹槽，在这个凹槽里有黄金做的
塞子，上面刻着表示码的线。最后选出了其中 6 个，并在 1854 年 3 月
被呈报给委员会，其中一个上面标记着"青铜 19"被选为议会标准
码，其余 5 个和重量标准的副本被很多公共机构和教育机构一起保存
起来。这些标准在 1855 年 7 月被合法化，同时为了防止议会副本的丢
失，规定了通过对其他已选标准的比较来复制标准，或者已选其他标
准可以直接被应用。根据这个陈述可以看出，最新的科学裁决是不利
于任何可变自然长度单位为基础的测量系统。

在相应的时间段内，美国的测量方法和英国的测量方法是一样的。
不同国家之间的测量方法自然而然产生变化，虽然使用的一些测量在
变成国家标准后被应用变化不大，但是差异仍然存在。1817 年 3 月 3
日，通过参议院的决定，约翰·昆西·亚当斯（John Quincy Adams）
被委托去核查物体的重量和美国的测量，同时还要核查法国系统或者
类似的系统。1819 年到 1820 年，在亚当斯的指导下，对不同海关采
用的标准进行了审核和仔细的测量，同时在 1821 年发表的一份报告
中，亚当斯指出在几个州的测量中存在着相当大的差异，甚至在同一
州中也经常有很大的差异。在对法国测量系统进行仔细核查后，亚当
斯不赞成采用法国测量系统，因为考虑到转变的困难性和非系统的根
本不便。

1830 年 5 月 29 日，参议院指导了所使用的重量和各个海关在使
用的测量之间进行新的比较。这项任务由哈斯勒（Hassler）教授完
成，他发现虽然各重量之间存在着偏差，但是平均值和 1776 年更改后

的英国标准非常接近。在他的监管下给所有的海关重新提供了重量和测量标准的副本。同时，借助 1836 年 6 月 14 日国会采取的行动，国务卿下达了指令给所有州的州长一整套测量标准供几个州共同使用。同时，提供了调整重量的准确天平，每个州的法定标准都是按照这样规定的标准制定的。针对英国长度的旧标准没有制定有关的法令，但是这些标准还是被流传使用至今，因为它们必须生效，除非改变立法规定。

值得注意的是，美国的码是根据特劳顿（Troughton）为美国制作的一个标尺，据说这个标尺和旧的标准以及天文协会的标尺一样，但是没有将它们直接进行对比。当将其和青铜棒 11 号（它由英国政府赠送给美国）进行对比时，发现特劳顿标尺的码几乎比一英寸长 $\frac{1}{10000}$，因此提交给国家的所有副本都需要进行相应的微小修正，因为英国码是得出美国测量旧标准的真正代表。在 1866 年，国会授权通过了公制的使用，但是有迹象表明公制的引入将是一个缓慢的过程。

前面说过，延伸的测量有三个不同的分类：长度的测量、表面积的测量、体积或容积的测量。长度的测量有几种不同的类型，通用的长度测量、测量员测量等。表面积的测量包括普通表面积测量和体积测量。体积测量包括普通的立方测量和容量的测量。容量的测量包括液体和干性物质的测量。

长度单位——长度单位是长度的测量单位，被应用到物体的长度、宽度和厚度的测量上，也包括高度和距离。其单位是码，这和英国的皇家码是一样的，对码进行分解或者增倍产生出不规则的派生单位。这些单位最初几乎都来源于人体的各个部分。例如，英尺来自人类的脚，码来自一根棒子，棒子来源于测量棍或者杆；弗隆来自毛皮、犁沟和距离，表示垄沟的长度。英里来自拉丁语 mille passuum，是 1000 步的意思；一拃宽是指用拇指和小指伸展开测量的距离；英寻，是指两个手臂伸展开的长度。英寸，有人猜测是来源于大拇指的末端关节，虽然后期的词源学家从十二分之一（uncia）中得出这个词。英寸可以分解成三个相等的部分，叫作大麦粒，一个谷粒的长度或者大麦内核的长度。

地理上的英里❶等于地球最大圆的六十分之一，因此它等于地球圆周 $\frac{1}{360}$ 的 $\frac{1}{60}$，大约等于 1.15 法定英里。海里，一般用于测量海上的距离，和地理英里是一样的。英国的英里和美国的一样。德国的短英里等于 6857 码，或者 $3\frac{9}{10}$ 法定英里；德国的长英里等于 10125 码，约 $4\frac{7}{10}$ 法定英里。

任意一点的经线长度等于通过该点纬度圆周的 $\frac{1}{360}$；这些圆周的长度随着我们远离赤道而减小，经线的度数也减小。因此，在赤道上，一度的经线大约是 $69\frac{1}{6}$ 法定英里；在纬度是 25 度的地方是 $62\frac{7}{10}$ 英里，在纬度是 40 度的地方是 53 英里；在 42 度的地方是 $51\frac{1}{2}$ 英里；在 49 度的地方是 $45\frac{1}{2}$ 英里，在 60 度的地方是 $34\frac{7}{12}$ 英里，等等。一度的纬线长度也在变化，在赤道上是 68.72 英里，中纬度附近在 68.9 到 69.05 之间变化，在两极区域，从 69.30 英里到 69.34 英里之间变化。

测量师和工程师们在测量土地尺寸、距离等量时使用勘测用的线性测量，其单位是链，叫作甘特氏链，这个名字来自其名誉发明者埃

---

❶ 英里：英制长度单位，1 英里合 1.609 公里。——译者注

德蒙·甘特（Edmund Gunter），他是一位英国数学家，生于 1581 年，1626 年去世。甘特氏测链由 4 个测杆❶组成，长度是 66 英尺，根据十进制系统分解成了 100 个相等的部分，一部分叫作链❷；这个分解将所有的计算约简成了十进制系统，因此大大地简化了运算过程。

单位测杆很少被测量师应用，距离用测链和令表示。因为一令等于一个测链的 $\frac{1}{100}$，令的数量通常用小数表示，例如 5 测链 47 令书写成 5.47 测链。工程师一般使用 100 英尺长的测链，包含 120 令，每令长 10 英寸。海员们在测量距离、海水深度等时使用水手测量。旧的布匹测量方式已经淘汰了，码被二等分、四等分等，布匹也按此出售而不再按纳尔❸或英寸出售。在海关，码被分成了十等分、百等分等。

表面测量——表面或者面积测量仪被用于测量表面积中，例如土地、甲板、油漆、墙纸、抹灰、铺砌等的量。术语"杆"来自法语"perche"，柱子的意思。英亩❹（acre），最初是用来表示露天的耕地或者播种的田地。土地的单位是英亩，其他表面积的单位一般是平方码。1"杆"表示的面积等于 1 平方测杆。一块四方形土地，每个边长209 英尺或 70 步，其面积相当于 1 英亩。

测量师在计算一块土地的面积时使用测量专用的平方测量法。"杆"的使用频率不再像以前一样了，土地的容量通常用平方英里、英亩和百分之一表示。土地被平行线和子午线分割成城镇，包含 36 平方英里的区域段，每区域段又被分解成了四等分段。因此，640 英亩组成一个区域段，160 英亩是一个四等分段。古代学者说 1 兽皮的土地表示 100 英亩。

立方单位制——立方单位或者体积单位被用来测量具有长、宽和

---

❶ 测量用具。表面一般红白相间分段，杆底装有尖铁脚。——译者注
❷ 链：一个长度单位。——译者注
❸ 纳尔：英旧制布长度单位。——译者注
❹ 英亩：英美制面积单位，1 英亩合 40.4686 公亩。——译者注

厚的物体。基础立方单位似乎是立方英尺。其他单位不是固定的比例，但是立方英尺的一部分或者倍数。测量木材的旧单位是吨。当将原木加工成方木来使用时，应该会丢失 $\frac{1}{5}$，因此，一吨圆木在未经加工的自然状态下时是包含这些量的木材，当被砍掉、加工后会得到 40 立方英尺，据推断应该等于 50 立方英尺砍伐的木材加工后的重量。木材现在按照计量制出售，吨几乎已经被废弃了。1 考得木材是指一堆 8 英尺长、4 英尺宽、4 英尺高的木材。1 考得英尺是这个木材堆中 1 英尺长的一部分，等于 16 立方英尺。

一杆石头或砌块是 $16\frac{1}{2}$ 英尺长、$1\frac{1}{2}$ 英尺宽、1 英尺高，它有 $24\frac{3}{4}$ 立方英尺。一平方的土地是指每边测量出 6 英尺的立方体，包含 216 立方英尺。在土建工程中，单位是立方码，所有的挖方和土方都会约简成这个单位。测量是通过将一条线分解成英尺和英尺的十进制小数。登记吨是用来估计船的容积或吨位的标准单位，表示 100 立方英尺。在美国，用于估算货物的一个船舶载重吨是 40 立方尺，在英国是 42 立方尺。

液体测量——液体的计量单位被用来测量所有种类的液体，液体的测量单位有三类：红酒单位、啤酒单位、药物液体单位。红酒单位现在几乎被用来测量所有种类的液体。之所以被叫作红酒单位是因为之前被用来测量红酒，而不是啤酒，啤酒是用另一种方法测量的。

红酒计量的标准单位是加仑。它原意是要用来表示 231 立方英寸的旧的红酒加仑，但是被定义为包含 58 372.2 槽的蒸馏水，在其密度最大、空气温度是 16.67 摄氏度、大气压是 30 英寸下承受的重量。这和英国旧的温彻斯特加仑等同，这么叫是因为这个标准之前一直保存在英国的温彻斯特。1836 年，被英国采用的英国加仑定义为是 10 磅常衡蒸馏水在温度是 16.67 摄氏度、大气压停留在 30 英尺时的重量。

算术之美

它包含 277.274 立方英寸。因此，美国加仑是英国加仑的 0.83311 倍，或者说 6 个前者大概等于 5 个后者。

在英国，1650 年到 1688 年有三种不同的红酒加仑测量方法。通用的第一种是 1 加仑为 231 立方英寸。第二种是放在市政厅的惯例标准，据说二者容量相等，但是通过测量发现只有 224 立方英寸。第三种是真正的合法标准，被保存在国库，1 加仑为 282 立方英寸。和这些都不同的是 1 加仑等于 268.6 立方英寸。一些人猜测 231 立方英寸和 268.6 立方英寸的标准分别来自不同的法案，后者来自亨利七世时期的法案，认为 1 加仑包含 8 磅的大麦，但是奥特雷德认为较大加仑或者啤酒加仑允许测量产生泡沫的液体，例如啤酒等，较小加仑用于红酒和油等不产生泡沫的液体，因此可以立刻得到它们的准确体积。

术语"及耳"❶ 来自民间拉丁语"gilla"，表示喝水的杯子；"品脱"❷，来自盎格鲁—撒克逊的 pyndan，表示关人里面，或者来自希腊语"pinto"，表示喝的意思；"夸脱"❸，来自拉丁语"quartus"，表示四分之一的意思；"加仑"的出处不太清楚，在法语中，加仑表示杂货商的盒子。小桶和大桶的容积不同。在马萨诸塞州，一桶估计有 32 加仑。一品脱水重达 1 磅左右，有句俗语，"一品脱一磅，世界就在周围"。

酒或啤酒测量之前用于麦芽酒、啤酒或牛奶。其广泛地被用于测量啤酒后被命名为测量啤酒的单位，用于区分红酒或油等的测量单位。这个单位比红酒单位稍大，因为啤酒价值比红酒小，或像一些人猜测那样，是因为啤酒起泡沫。其单位是包含 282 立方英寸或者 10.179 933 磅蒸馏水重量的加仑。这个单位已经渐渐不再使用了。牛奶、啤

---

❶ 及耳：英制容积单位，1 及耳合 1.4207 分升。
❷ 品脱：英制容量单位，1 品脱合 5.66 分升。
❸ 夸脱：英制容量单位，1 夸脱合 1.1365 升。

酒和麦芽酒现在一般都用红酒单位测量。

液体药剂单位在准备医疗处方时被用来测量液体。量滴来自拉丁语"minimus",是最小的意思,量滴是被使用过最小的液体单位。其他一些术语通过将"fluid"前缀到药衡制重量单位术语中。"cong"是拉丁语"congius"(表示加仑)的缩写。"o"是"octarius"的首字母,拉丁语中表示 $\frac{1}{8}$,1 品脱是 1 加仑的 $\frac{1}{8}$。在估计液体的量时,45 滴大概等于 1 英液打兰;一个常见茶匙的量大概就是 1 英液打兰❶;一个常见汤匙的量大概是液体盎司的 $\frac{1}{2}$;一个红酒杯的量大概是 $1\frac{1}{2}$ 液体盎司,1 个普通茶杯的量大约是 4 液体盎司。

干量——干量被用来测量干性物质,例如谷物、水果、盐、煤等。干量的单位是蒲式耳,又分解成了配克❷、夸脱等。术语"蒲式耳"来自一个意为"盒子"的单词。术语"配克"猜测是"pack"的误用,或者来自法语"picotin"。英国皇家蒲式耳,通过乔治四世的法案制定,定量为包含 8 加仑。因此,它包含 80 磅❸蒸馏水或 2218.192 立方英寸蒸馏水。"堆蒲式耳"是 2815 立方英寸,被同一法案指定用于煤、石灰、土豆、水果和鱼的测量,在 1835 年威廉四世统治时期,被英国国会的一项法案废除。温彻斯特蒲式耳从亨利七世到 1826 年期间被使用,包含 2150.42 立方英寸。最初的标准温彻斯特蒲式耳以及码,现在仍然保留在温彻斯特的博物馆里。

美国干量的单位是温切斯特蒲式耳,和旧的英国标准一样。它的形式是一个圆柱体,直径 $18\frac{1}{2}$ 英寸,深 8 英寸。它的体积是 2150.42

---

❶ 英液打兰:英制质量单位,1 英液打兰合 3.556 毫升。——译者注
❷ 配克:英制容积单位,1 配克合 9.092 升。——译者注
❸ 磅:英美制质量单位,1 磅合 0.4536 千克。——译者注

立方英寸，它可以装下 4.33 摄氏度、30 英寸大气压下最大密度蒸馏水的量是 77.627413 常衡磅。纽约蒲式耳包含 80 磅最大密度的蒸馏水，因此和英国的皇家蒲式耳一样。干量在一些地方指 36 蒲式耳，在另外一些地方是 32 蒲式耳，美国的一些区域以此来测量煤和焦炭。一配克的一半或者 4 夸脱叫作一个干加仑。干量被分解为桶、麻袋和蒲式耳。煤蒲式耳比温彻斯特蒲式耳多一夸脱。

百磅曾经被纽约、辛辛那提、芝加哥和其他大城市的贸易委员会推荐提议的，用来估算谷物、种子等的重量。如果这个标准得到采纳与广泛应用，那么现存的谷物测量系统就会避免出现偏差了。通过乘以一个蒲式耳中包含的磅数，然后除以 100，蒲式耳就可以转化成百磅，余数是百磅的百分之几。

第三章　重量测量

重量是对重力的测量。所有的物质都被地球吸引，受到和物质重量成比例的重力。这种影响是一个固定的力，可以看出这个力可能会被用于比较物体从而决定它们相对量的大小。在选定了一些标准单位后，物体和这个标准的关系就可以进行数字化的表示，产生了一个被命名为重量的测量系统。

重量的测量单位像长度的测量单位一样起源于自然事物中。第一个重量的单位克拉❶，似乎来源于种子，克拉曾在印度被用于承重，其本意是小豆子的意思。英国重量范围的基础是一粒小麦。亨利三世颁布法令规定盎司❷用来表示 640 粒干小麦的重量。本尼威特是英国便士的重量，这个重量单位直到伊丽莎白女王之前随着便士尺寸的大小而变动。

物体的重量是物体向地球中心所受力的量度。重量是根据要称重的物体与固定标准单位之间的比较来决定的。这样的标准单位是不能通过书面法律或者口头解释来准确定义的。在有了一个固定的标准单位后，物体的重量可以通过将其与该标准比较来估算。重量的比较不像长度的比较那样容易得出，因为要考虑平衡。平衡的建立需要一些机械知识。但是据作者所知，天平或者秤在很早以前就存在了。

重量的标准单位不像长度那样精准。这从类似英石、立方码、拉

---

❶　克拉：国际计量单位，1 克拉合 0.0002 千克。——译者注
❷　盎司：英美制质量单位，1 盎司合 28.3495 千克。——译者注

斯特等单位中可以明显看出，甚至连磅一词也暗示了指示不确定的重量。格令，来自玉米或小麦的颗粒，这个作为小重量的单位，大约是唯一的能普遍表达确定概念的重量名称。1266 年，亨利三世颁布法令，规定"英国货币为英国便士，不用裁剪就是圆的，1 便士等于 32 颗完全干的大麦颗粒重量。同时 20 便士（银币重量）等于 1 盎司，12 盎司等于 1 磅，8 盎司等于 1 加仑红酒，8 加仑红酒等于 1 蒲式耳，等于 1 夸脱❶的 $\frac{1}{8}$。"

在一些国家，重量的测量似乎源于价值的测量。例如，在拉丁美洲，付钱时需要秤钱的重量；同时，几乎所有的重量都起源于实际生活中对货币称重的过程中。西西里岛的磅曾被所有的国家采纳，它包含了罗马制和德国马克这两个欧洲重量的基础，据说它来源于银币的数量。英国接纳并采用了这种由来的磅，同时也尝试通过用玉米粒来承重更小数量的钱币以给出确定的重量。在伊丽莎白时期，付款的方式似乎也没有从称重方式改变。实际上，整个英国的测量系统都是从钱币重量推导而来的。由于按计算进行的支付方式已经取代了按称重计算的支付方式，所以重量的真正来源很容易被忽视。

随着科学的发展，开始需要重量系统的确定。这就要找到一些不变的标准，据此来建立一个系统。因为同样的物质当放在同样的物理环境下时，其体积和重量之间有一个固定的比率，据此可以发现重量的标准单位可以从长度的单位中推导出来。例如，1 立方英寸的蒸馏水，在同样的温度和大气压下，重量会保持不变。物体的这个特点使重量的测量和长度的测量连接在一起，于是给定容量的水在固定温度下的重量成了推导所有重量的标准。

---

❶ 夸脱：英美制重量容积单位，1 夸脱合 12.7 千克（英）；1 夸脱合 21.75 千克（美）合 290.95 立方米（英）。

重量系统的建立很早就引起了英国人的注意。为了得出一些确定的标准单位，大宪章中宣称，全英国要统一重量，但是我没有找到有关条例。据说，旧磅在威廉统治到亨利七世之间曾是重量的合法标准，上面说过，它来自小麦粒的重量。亨利七世改变了这个重量，引入了金衡磅取而代之，金衡磅是一盎司的 $\frac{1}{16}$ 或者 $\frac{3}{4}$，比撒克逊磅略重。金衡磅像撒克逊磅一样可以分解成盎司、本尼威特和谷粒，但是本尼威特仅仅包含 24 颗谷粒，因此相应的金衡制谷粒比小麦谷粒重量略大。事实上，金衡制磅包含 5760 颗谷粒，而撒克逊的磅分解成了 7680 颗谷粒，仅仅包含 5400 颗金衡制谷粒。常衡磅通过亨利八世颁布的法令引入。它最初的目的是用来称重市场上的猪肉，但是渐渐地被用来测量大件的商品，从此在英国广泛应用。1824 年，国会法案明确固定了这些重量标准。1758 年，制造表示金衡磅的标准黄铜重量在下议院办事员的监护下，被宣布作为皇家标准金衡磅，7000 金衡谷构成 1 常衡磅。

保留两种不同的重量系统是为了与国家的一些惯例保持一致。戴维斯·吉尔伯特（Davies Gilbert）先生的理由是：金衡磅作为这个王国一个古老的重量系统出现在我们面前，我们有理由猜测这个系统已经在忏悔者爱德华时期就存在于这个国家。此外，有理由相信金衡这个词没有出现在任何法国小镇的名字里，宁可说是建立在野蛮传说中伦敦的僧侣名字"Tory Novant"，因此，根据这个词源学，事实上金衡磅应该叫作伦敦重量。

下议院也颁布一条法令，如果标准的金衡磅丢失或者被销毁，可以用 1 立方英寸的蒸馏水来重新得到标准。1 立方英寸蒸馏水等于温度在 16.67 摄氏度、大气压 30 英寸时的 252.458 金衡谷，因此立方英寸蒸馏水的重量一定被分解成 252458 相等的部分，其中 24000 份构成了标准的本尼威特，240 个这样的本尼威特构成标准磅。

一个委员会在 1854 年发表了一份报告，报告里他们决定取 7 000 谷常衡磅作为标准，并且根据这个标准构建金衡磅。他们取了国库监护的铜金衡磅和皇家协会等机构拥有的一部分铂磅，但是发现前者因为氧化重量已经有所增加，只有铂磅还可以使用。因此，准备了一个铂磅，在真空中重 6 999.99845 谷。这个称重磅的形式是一个圆柱体，在中间偏上的部位有一个凹槽，凹槽是为了能插入象牙并提起它。称重码装在一个桃花心木的盒子里。这个盒子封闭在另一个盒子里，标准码放在第三个盒子里，最后装在一个石头盒子里，放在财政部的金库。

金衡制在使用重量称重时，经常按照谷计算。按照这种方法，避免出现了分数，同时也不会产生歧义，因为除了金衡谷没有其他的。凯利博士在其《通用度量衡》中写道：常衡的打兰❶就像英国药衡的德拉克马❷，有时被分解成 3 吩❸ 60 谷，但是在常衡谷中从来没有这样的重量，这个表达方式就是在不同的重量系统中用同样的名字来表示完全不同的概念造成单位混淆的一个例子。

在英国，除了英国的法定重量外，还有许多其他不正规的重量单位，用来测量不同商品的重量。这些重量单位里最常见的是英石，英石有很多不同的含义。但是，在伦敦，一般使用的只有两种英石，一种重 8 磅，用于秤肉；另一种重 14 磅，用于秤其他商品。下面是较早期的一些其他重量单位：1 层玻璃等于 24 英石；一捆干草等于 56 磅；一捆稻草等于 36 磅。在对羊毛称重时用到了下面的单位：7 磅等于一

---

❶ 1 打兰＝27.34375 格令＝1.7718 克　16 打兰＝1 盎司
❷ 德拉克马：古希腊银币名扣重量单位，现代希腊的货币单位。1 德拉克马合 4.37 克。——译者注
❸ 吩：常见于液量吩，药剂单位，1 液量吩合 1.18 毫升。——译者注

瓣；2 瓣等于 1 英石；2 英石等于 1 托德；$6\frac{1}{2}$ 托德等于 1 韦；2 韦等于 1 袋；12 袋等于 1 拉斯特；1 巴克❶羊毛等于 240 磅。在称重奶酪和黄油时，8 磅等于 1 瓣，56 瓣等于 1 木桶。这些重量单位中，许多现在已经被废弃了。

古代英国测量单位——英国测量容积和重量的基础是古代盎格鲁—撒克逊磅。这个磅包含 5400 谷，1 谷等于 $22\frac{1}{2}$ 本尼威特，1 本尼威特等于 32 颗均匀的可以从耳朵中部取出的谷粒重量。8 个这样的磅组成了干性测量和液体测量的加仑，8 个这样的加仑组成了蒲式耳，8 个这样的蒲式耳组成了夸脱。旧磅比金衡磅等于 15 比 16。金衡磅直到亨利八世对货币制度作了一些改变后才作为了合法单位。

1 袋羊毛被粗略地估计等于 1 夸脱玉米；15 撒克逊盎司构成了 7000 谷的磅，现在叫作常衡。1 英石羊毛等于 14 英镑，28 英石羊毛构成了 1 袋。这种计算方式使得 1 袋羊毛比 1 夸脱小麦轻 4 磅左右。

另一个古代英国测量单位是含铅的重量，它包含 2100 常衡磅，并且如果将其分解成原来的"百"，发现 108 磅接近于 $19\frac{1}{2}$ 个百。Charrus 包含 30 fotmale 或 dedes，每一个 pes 包含 6 英石，比 2 磅少。1 foot 或者 pig 铅是指一立方英尺铅的十分之一。铁用块表示重量单位，25 块铁构成了 108 磅也就是"百"。蜡和香料也是用"百"来测量重量。1 拉斯特羊毛是 12 袋，1 拉斯特鲱鱼等于 1 万"百"，每个"百"是 120；1 拉斯特兽皮是 100，也就是 10 达克或迪克，每迪克是 10。

---

❶ 巴克：一包货物的标准分量，如羊毛、麻为 240 磅，面粉为 280 磅，煤为 3 蒲式耳。——译者注

算术之美

美国重量制——美国的重量系统来自这些重量的母国。前面已经介绍过，这些单位不是由科学家建成的，但是假设现在的重量单位形式逐渐被环境影响，从而引起了它们表现出来的那些不规范。通常使用的有 4 种重量，金衡制、药衡制、常衡制和钻石制[1]。

金衡制用在称重金银珠宝、确定酒的烈性、哲学试验等方法中。术语"金衡"据说来源于特鲁瓦，即法国一个小镇的名字，这个单位是在那里开始使用的。它是在 12 世纪十字军东征时，从埃及开罗传来的。另外一些人认为它不是参考法国那个小镇的名字，而是与一个伦敦修道士特洛伊诺瓦特有关。据说是根据布鲁特传说而来，因此，金衡制也是伦敦重量。

我猜测术语"磅"来自拉丁语"pendo"。术语"盎司"来自拉丁语"uncia"，$\frac{1}{12}$ 的意思，所以 1 盎司等于 $\frac{1}{12}$ 磅。本尼威特是英国便士的重量。术语"谷"来自小麦，它是英国所有重量单位最原始的标准。32 颗完全干透的小麦重量构成了 1 本尼威特，20 便士重 1 盎司，12 盎司重 1 磅。这样得来的磅在威廉到亨利七世时期之间是重量的合法标准单位。亨利七世引入了金衡磅，金衡磅是前面磅的 $\frac{1}{16}$ 或者 1 盎司的 $\frac{3}{4}$，比撒克逊磅略重。金衡磅同撒克逊磅的分解方式一样，分解成了盎司、本尼威特和谷；但是本尼威特只包含 24 谷，相应的，1 金衡谷小麦比 1 谷小麦略重。

在美国，金衡磅是重量的标准单位，和英国的金衡磅是一样的。在美国铸币厂，金衡盎司被采纳为标准单位，所有的重量按照盎司的十进制倍数和次倍数表示。

---

[1] 钻石制，指的是按钻石的等段分类。一般单位是克拉。——译者注

符号"oz"来自西班牙单词"onza",表示盎司的意思,但是根据一种古代缩写词方法,认为该符号是韦伯斯特从符号"3"中得来的,并放置在"o"后面;"lb"来自拉丁文"libra",表示磅;"pwt"是便士中的p和重量(weight)中的"wt"结合得来;"dwt"来自银币(denarius)和重量这个单词,已经被弃用。

药衡制重量单位只应用于混合药物。药剂师按照药衡制重量单位购买和出售药物。术语"吩"来自拉丁语"scrupulus",是小石子的意思;术语"打兰"来自希腊语"drachona",是钱币的意思。

有人推测药衡制的表示符号是从数字符号"3"修正而来,因为1打兰包含3吩。然而,商博良(Champollion)认为这个符号应该追溯到埃及人的象形文字。

常衡制重量用来称重除了珠宝、金银、哲学实验用的烈酒等以外的所有事物。据说常衡制重量单位由亨利八世颁布的法令引入。该术语出现在1532年制定的制度里,同时伊丽莎白女王在1588年下令将这个重量单位里的磅保存在国库作为标准。它最早在英格兰被用于称肉,但是后来多被用于称重较大的商品。

术语"常衡制"据说来自法语"avoir du poids",表示有重量的意思。一些人认为它来自"avoir"这个词,表示商品或有形财产,同时"poids"在诺曼方言中表示重量的意思。另外一些权威人士说它来自古代法语"aver de pes",表示财产或者商品的重量,被凯勒姆(Kelham)翻译为"任何大件商品"。

常衡制单位是磅。它包含7000金衡谷,因而比金衡磅略重,金衡磅只包含5760金衡谷。然而,常衡盎司比金衡盎司略轻,是由于在分解磅时常衡和金衡的分解方法不同。因此,1常衡磅羽毛比1金衡磅黄金重,然而1盎司黄金比1盎司铅重。

在美国,一个标准常衡磅的重量是27.7015立方英寸蒸馏水在最大密度或者在 4.33 摄氏度温度下，大气压 30 英寸时在空气中称重的重量。它和英国皇家的常衡制一样，皇家常衡制等于 27.727 4 立方英寸蒸馏水在 16.67 摄氏度时的重量。蒸馏水的立方英寸数之所以不同，是因为所使用水的温度不同。

在英国，28 磅等于 1 夸脱，112 磅等于 1 担，2 240 磅等于 1 吨。长担和长吨之前在整个国家通行使用，现在只用于英国货物的海关发票、铁板等大宗交易，以及宾夕法尼亚煤矿批发和运输煤炭。

钻石重量单位用于称重钻石和其他宝石。在这个重量单位中，16 份等于 1 谷，4 谷等于 1 克拉，1 谷等于 $\frac{4}{5}$ 金衡谷。术语"克拉"也用来表示给定总量的某一比例部分，从而叫实验克拉。每 1 实验克拉包含 4 实验谷，每 1 实验谷包含 4 实验夸脱。

第四章　价值测量

　　物品的价值是指该物品的价值是多少，或者是评估一个物品是否有用。它通过将一个给定商品和另一个商品比较来估算其价值。很容易看出来，想要给价值一个完全令人满意的定义是很不容易的。任何物品价值的两个主要因素是其效用以及保存的难易程度。

　　价值和价格不同，价格仅仅是用一个价值来对任意商品的估价，这个价值是指贵重金属的价值。一般价格可能会上涨，因为单一测量的价值可能会下降；但是价值不会统一上涨，因为价值是相对的。当某种物质供小于求或供大于求时，必然就会有相应价值的上涨或者下降。但是价值不会一直升或者降，因为当这样的情形出现时，没有人会在这种情形下比以前多买或少买。

　　商品或者服务的价值都会受两个因素影响——需求和生产成本，前者是临时的，后者是永久性的。从长远来看，一个特定价值和最后说的原因（成本）相关，但不时地会因供求而调整，因此会涨或降，远远高于或远远低于成本价值。根据需求和劳动成本决定事物价值的本质来看，一些经济学家坚持认为，这两个原因中的第一个原因是价值的真正衡量标准，另外一些经济学家认为价值由第二个因素决定。其实，两者都是决定性因素，虽然在不同的情况下，关于劳动成本是价值的主要原因以及需求是价值的主要原因的说法，显然是互相矛盾的，但却是同一事实的两个阶段。

　　衡量价值是社会的基本需求之一。个人之间的统一独立性创造了两种服务或者有关公共事务之间进行交换的必需性。为了完成交换，必不可少的就是相互交换的事物之间应该有一个交易双方都能很好理解的测量标准。例如，假设 A 生产鞋子，B 生产面包。现在 A 可能想要面包，B 想要鞋子。鞋子和面包之间的直接交换可能不太方便，但是双方之间的交换可以通过某种交换中介物的发明来展开。如果 B 可以接受这种中介物来出售面包，他相信用这种中介物同样可以购买鞋子与 A 完成交换，或者可以把这种中介物的一部分用来购买他想要的其他有用的商品，因此这样的交易是半交易。

价值可以用来作为交换的介质，所以价值的一些简单测量单位或者代表的重要性很早就被人们察觉到了。最早被选来作为交换介质的似乎是一些生命体组织，例如牛、猪、干鱼、动物皮毛，都曾被用过。但是，后来发展为使用金属物质。最开始不纯正的金属被用来当作货币。铁是莱赛德蒙尼人最初的货币，罗马人最初的货币是铜。大多数国家在早期时开始使用贵金属作为货币。金属最初被当作货币使用时是被做成了棒条状或者金属锭的形状，他们通过重量来进行交换。亚里士多德和普林尼说贵金属被用来交换其他物品的方法最初出现在希腊和意大利。

非常明确的是，这种可以用来交换的中介物必须尽可能地具有持续价值，也就是其内在价值波动少，并且在第一时期内能够保持转换时的量是几乎相同的。因此，可以作为循环使用中介物的基础必须是一个具有绝对价值的商品。为了拥有这种品质，它必须是相等劳动力并且生产出的量是接近相等的。似乎只有贵金属中的金和银具备这些特征，所以它们被人们普遍选作交换的介质。这两种金属作为货币使用的进一步原因，是它们可以被珍藏一段时期，这个过程中它不会自发改变、浪费或者分解。被选中的材料也应该是同种类的或者整个物质具有同等的价值，更进一步地说，它必须易于分解或重新组合。这些品质几乎被黄金和银独占，所以也就不奇怪为什么全世界的人会本能地采用贵金属作为货币。

在黄金和银子之间也能发现一种特殊的相互适应关系，产生了两种不同固定价值的交换介质。人们发现，生产它们所需的劳动力对于黄金和银的相互价值有一定的影响，但影响不大。虽然这两种金属拥有的固有价值之间没有一个精确的比例，但是在现代社会其价值的波动幅度很小，这两种金属都可以同时作为交换介质进行使用，一个用作较大的价值，另一个用作较小的价值。

一块金属必须经过权威部门对其重量和细度认证后，才能代表货币。因此，所有文明国家的政府都有必要铸造自己的货币，防止私人造币，也会通过严厉的惩罚来禁止伪造货币或制作比标准重量轻的货币，又或者使用全部或部分较低价值的金属制作货币。保证货币安全的必要性如此之大，除非是许多政府迫不得已，否则不会篡改标准质量的货币重量，冒险改变或者贬低货币的标准，其结果在一定的程度上会是毁灭性的。

对货币进行称重的惯例一直延续到硬币的出现。货币制度的起源现在已经不得而知了，尽管它曾被归功于不同的人。

货币的第一位发明者首先把金属打磨成方便使用的形状，标记成不同的价值，从而避免需要使用锤子或凿子将不需要的重量敲掉后用秤称重。关于这位发明者的名字、国家和发明时间历史没有记载。荷马（Homer）谈论过冶炼金属的工人，但是没有提到过铸造货币的。希罗多德说，据他所知吕底亚人是最早使用货币的，同时他认为有理由考虑一下这个发明来自亚洲。

似乎最初所有国家的货币都普遍采用硬币的重量表示其面值，即包含和货币名称一样重量的贵金属。例如，塔兰特❶是早期希腊人使

---

❶ 塔兰特，古代的一种计量单位，可用来记重量或作为货币单位。——译者注

算术之美

用的一种重量单位，阿斯❶（as）或庞多❷（pondo）是罗马人使用的
货币。里弗尔是法国货币，英镑是英国和苏格兰人使用的货币。这都
是起源于最初根据用作交换介质物体的重量来支付的习惯。不管是古
代还是现代，标准都不能完整地保留下来。在英国的蜕化程度要比其
他国家小，即便是在英国，在一英镑货币中银的重量也不到其总重的
三分之一。在法国，1789 年的里弗尔货币中包含不到其面值六十六分
之一银的重量。在西班牙和其他国家白银贬值偏差更大。

　　使用金属表示货币时，应该记住的一点是，它仅是价值的交换，
等价物交换等价物。一桶面粉交换一盎司不成形的黄金，和用它交换
一头牛或者一桶啤酒的实物交换是一样的。如果金属制作成硬币的形
状，或者将其重量和细度印记在上面，那它在本质上和交换没有区别。
人们有了这样的概念——货币仅仅是价值的象征。汇票或支票似乎没
有被考虑用作价值的符号，但是硬币本身也是一个具有价值的物品。
一美元不再是一个标志，它所指的就是有本质意义事物。

　　贵金属金和银的使用产生了所谓的双货币。考虑到这两种金属相
对价值的微小变化时，双货币会带来不便。1803 年，在英国，金银的
比例固定在了 1 比 $15\frac{1}{2}$。在澳大利亚和加利福尼亚发现了大量的黄
金，其结果是黄金在很大程度上代替银。然而，考虑到在矿石中提取
银技术的发展以及水银的廉价，变动的利润很有可能大大缩小。然而，
这种波动导致了双货币使用的很多不便，据说法国是唯一一个两种金
属都是法定货币的国家。在英国和美国，黄金是标准。银和铜的货币
也发行，但不能以硬币的形状出口，这也是为了避免出现私人铸造货
币的风险。在英国，超过 40 先令时，银不能作为法定货币，超过 12

---

❶ 阿斯，古罗马重量单位，1 阿斯合 373 克。——译者注
❷ 庞多，罗马铸的名称，与阿斯一样内含罗马纯铜译镑。——译者注

美元时，铜不能作为法定货币，如果是法新（1961年以前的英国铜币，等于半便士）的话，6美元以上，铜不能作为法定货币。在美国，5美元以下银是法定货币。德国仅仅采用了黄金作为法定货币，丹麦、瑞典、荷兰及其他一些国家也这么做。

纸币——不管采用金和银作为货币的优势有多大，同时它们也有很多的缺点。使用金属货币伴随的就是重量的代价，同时在执行使用货币支付时遇到的困难要比我们最初预想的多得多。像英国、美国等国家，只允许货币有较小比例的偏差，货币磨耗的成本一年内就有几百万美元。采用金属支付时，运输货币的困难和不方便是一个缺点。一百万美元黄金重量接近两吨，需要一辆货车来搬运它。在两个距离较远的地方之间进行较小额的支付也不方便，因为需要附加运送黄金的费用和保证不丢失的额外费用，这些费用加起来后很可观。因此，产生了用比金银价值略低、更便携的东西来表示货币的需求，也因此，引起了汇票、支票以及其他节约货币使用的设备产生。这样一种代表货币产生的重要性体现在如果没有它，至少需要四到五倍的金银。事实上，如果没有这样的代币或者货币代表，在文明国家几乎不可能达成物物交换的商务需求。

在金银的替代品中，纸钞是迄今为止应用最普遍的，同时在各个方面也是最合适的。本质上，它们几乎没有价值，所以它们的使用以及丢失不会造成成本损失，它们方便携带，或者可以通过邮寄的方式传送到很远的地方。因为纸币本身不具备价值，所以它们的价值依靠人为规定或者法规来实现。它们通常作为硬币的替代品或者代表硬币发行，发行者有义务根据持有者的要求用硬币支付发行纸币代表的数量。值得注意的是，我们发现有必要设立发行银行，由银行系统引起的一个非常有趣的问题是它怎么将自己展示在经济学家头脑里的。然而，银行票据并不是代表货币的唯一形式。银行支票、私人支票、汇票等以及所有的类似证券都能达到同样目的。

必须要记住的是，这种有价证券的基础就是信心——持有者的信心，相信在其自由裁量权下有价证券可以进行转换满足代表货币（贵金属）的条件。因此，文明国度大多数的商业活动不是采用货币进行交易，而是基于对承诺的信任以及信心。相信当事人和机构会按照他们许诺的来做。票据有时按照货币价值发行，也有按照其他价值发行的，例如土地、股权等。通常来说不会有什么危害，因为没有人会用超过它们价值的钱来换取它们，同时不存在强制性，社会会按照自己的需求来接受相应量的货币。

这种货币的基本元素就是它必须是可兑换的和自愿的。偶尔政府会发行自己的纸币，或者其要求一些机构发行纸币，然后将这些纸币强制流通。这种行为会扰乱国家货币通行，经常会给信贷造成灾难和持久性的伤害。可自由交换的货币不能无限扩张发行到超过社会需求的量，但是不可兑换货币可以发行到任何数额，并且可以广泛流传。发行纸币的直接影响是要取代金属货币，不是为了囤积或者出口。对贵金属支付一小部分保险费就足以在流通中替代它们。

货币的历史——从很早期开始，货币就被用来作为交换的一种媒介。在古代希腊和罗马，使用牛，据此从"有体动产"派生出词汇"金钱（Pecuniary）"，有体动产来自"牲畜"，是公牛的意思。在希腊早期，有一种货币叫作"矿"或"串"，六个这种货币是1德拉克马或"一把"，它们很有可能是铁或铜的钉子。莱赛德蒙尼人和其他地区的人使用铁质货币。现存最古老的硬币样本是琥珀金的硬币，是一种金和五分之一银制成的合金。金、银和铜被希腊人和罗马人制作成了硬币，锡被狄俄尼索斯一世制作成硬币，他是锡拉库扎的暴君。前面提到了早期的铅制货币，是一种铅制的古希腊金币，保存在不列颠博物馆。铅制货币是伯尔曼帝国现行的货币。努马·庞皮利乌斯

（Numa Pompilius），约公元前700年时罗马的国王，制作了木制和皮制的货币。迦太基人使用皮制的货币。1158年，皇帝腓特烈·巴巴罗萨（Frederick Barbarossa）和1360年的法国国王约翰（John the Good）也发行了皮制货币。1574年，当莱顿市被西班牙人包围时，当时使用的是皮制货币，甚至在荷兰的一些地区大量纸牌被制作成硬币。13世纪，用桑葚树的中间树皮切成圆块，印记上权威标志制成的钱币在中国被使用。在非洲、印度以及印度岛屿，一些小硬币使用贝壳制作。印度的茶点、中国的丝绸、阿比西尼亚的盐、冰岛和纽芬兰的鳕鱼都曾被当作货币使用过。贝壳念珠被印度人当货币使用。1635年，在马萨诸塞州人民使用的主流货币成为法定货币，甚至被伪造。大约同一时期小麦和大豆被使用，火枪球也被用来交换，成为小于1先令的法定货币。有凹口的木材曾经一度作为英国的货币。在1776年，苏格兰工人们用钉子作为钱币送到面包店和啤酒店仍然是惯例。由此可以看出，物物交换是社会最原始的形式。人们在各种各样的事物中，根据环境找到某种或多种东西作为交换的工具。

人们倾向使用贵金属黄金和白银。这些金属最初虽然是按照重量使用，但最终被制作成有形状和具有固定价值的硬币。硬币的发明要归功于迈达斯（Midas）的妻子，虽然这一点没有任何确定性的证据。人们认为大约公元前1200年的吕底亚人是硬币的发明者，这一说法具有较高的权威性。为了支持这一观点，有人宣称最早使用的琥珀金硬币毫无疑问来自吕底亚国王统治的城市，这种琥珀金硬币似乎比整个希腊系列的硬币都要古老。一些希腊学者把这项发明归功于约公元前8世纪的阿尔戈斯国王庇东（Phidon），但是现在证实他只是将硬币传入了希腊。据说，中国的青铜硬币，上面刻有"贝壳的字样"，意思是货币，最早出现在公元前1200年，商代的初期。莱克格斯（Lycurgus）放弃使用金银，采用斯巴达铁制作货币，价值100美元的斯巴达铁货币需要一个二轮马车和两头公牛来拉。

在罗马，自立国后近 500 年内，除了黄铜和青铜，没有使用其他金属来制作硬币。在塞尔维乌斯·图利乌斯（Servius Tullius）统治时期（前 578－前 534），阿斯和镑，是一种黄铜或者青铜，是国家签章认证的硬币。这种硬币是罗马货币的单位，最初是椭圆形的，像一块砖，但是后来被制作成了圆形，并且是铸造的，不是冲压的。在塞尔维乌斯·图利乌斯统治之前，没有印记的黄铜棒被用来当作货币使用。银在罗马被制作成货币的最早时间是公元前 269 年，主要的硬币是金制的便士，最早使用于公元前 207 年，虽然有人认为后者直到尤利乌斯·恺撒时期才被当作正规货币使用。

古代不列颠人，在恺撒入侵前，使用铜和铁的货币，同时按照重量支付。在奥古斯都（Augustus）统治时期，一个土著国王号召制作金银和铜的硬币。克劳狄乌斯（Claudius）国王统治时期，罗马货币取代了凯尔特人的货币流通使用，直到 5 世纪罗马人撤军。随后最早发行硬币的人应该是肯特国王，埃塞尔伯特（公元 560－616）发行了便士。这些便士一面粗糙地塑造着国王的肖像，另一面是造币厂厂主或者制作这些硬币的城市的名字。从这个时期开始，所有的货币账户开始以英镑、先令、便士和曼卡斯表示，虽然其中只有便士是真实的硬币，其他面值的货币只是记账货币。30 便士是 1 曼卡，5 便士是 1 先令，40 先令是 1 英镑。曼卡斯被认为既可以是金的也可以是银的。在国王克努特（Canute）的立法中进行了区分，规定 1 曼卡和 1 马克银的价值一样，而 1 曼卡是一块价值 30 便士的方形的金子。埃塞斯坦国王（King Athelstan）（公元 930 年）颁布法令规定货币应该进行统一，只能在城镇里铸造硬币。这项法令也提到牧师和国王同时共享铸币的特权。

诺曼国王延续了只铸造便士的法规，这种便士是银制的，上面有一个刻痕比较深的十字凹槽，使得它很容易掰开成一半的便士或者法新。单词"英镑"表示标准的英国货币，据了解早在征服者威廉（William）统治时期就开始使用。亨利一世（1108 年）对伪造货币提出了严厉的惩罚措施，并且在其统治时期首次铸造了半便士。亨利二世（1154 年）发现货币贬值严重，他提供了一种新的造币方法，并且惩罚了那些篡改该方法的人。银质法新在 1222 年首次被制作。1248 年，人们发现该王国的货币大多都变得残缺破损，以至于其真实价值不再和其票面价值成固定比例。因此，亨利三世下令要求将旧的钱币拿到造币厂更换新的，按照重量换取，这样给旧货币的实际持有者造成非常大的损失，因此引起了人们强烈的不满。1257 年，在这个王国里首次铸造了金便士，重量是 1 磅的 $\frac{1}{120}$，价值 20 便士。在 1279 年，爱德华一世提出了表示半便士和法新的新造币形式，并且规定旧的（需要剪切掉一部分来适应新的）货币不应该再使用流通。1300 年，他积极提倡使用新币，禁止使用其他货币流通。1301 年，他将 1 英镑重量减少为 3 个便士，等于减少了 $\frac{1}{100}$ 的重量。爱德华三世（1335）耗尽了自己的财源并且在征服法国中受挫，他在 1344 年下令，未来 266 便士换 1 英镑，并且在两年后他将数量增加至 270 便士。在 1505 年亨利七世统治时开始制造先令。在 1523 年亨利八世统治时期银质法新最后一次被制造。伊丽莎白女王提出了一种银质货币的标准，在 1601 年，按照这个标准制造了爱尔兰先令、六便士和一种不纯正的三便士。由伦敦商人发行的铅制代币得到广泛的流通，在 17 世纪初被停止。1613 年，詹姆斯一世时期一部分货币进行了贬值，开始了两种细度品质的货币流通。詹姆斯二世（1685—1688）发行了锡制货币，并且授权了炮铜材质和白蜡材质的货币。第一笔金镑在 1489 年亨利七世时期制造，1544 年，一半、四分之一、八分之一金币按照亨利八世的要求被制造。1675 年，按照查尔斯二世的要求制造第一批基尼。

直到 18 世纪，英国一直都是双货币标准，金和银。后来因为法国对银价值的高估，沉重的银货币在流通中消失。在 1816 年，标准的银英镑被制作成 66 先令，其和黄金的相对价值是 1 比 14.287。银后来只作为 40 先令的合法货币。在 1792 年，国会将银和金的相对价值固定为 1 比 15，对银价值的高估造成了金子按照这种数量被出口，这种做法不可能维持金子的流通。1834 年，相对价值的标准被更改为 1 比 16，而其他国家是 1 比 $15\frac{1}{2}$，造成了银的大量出口；在 1853 年，该比例变为了 1 比 14.88，银被规定只能是 5 美元以下的法定货币。根据 1873 年的铸币法令，比例又被调成了 1 比 14.95。

用来估算某物品价值的东西叫作货币。货币可以被定义为对于物体价值的测量或者代表。这种叫法来自朱诺·莫内特（Juno Monet）神庙，这里记载了货币首先在罗马被制造。货币有两种形式——硬币和纸币。一个国家的货币之所以称为货币，这个词来源于"curro"，是运动的意思，是根据其在整个国家流通得来的。一个国家的硬币被称为特殊货币，纸币被叫作钞票。银币是被用来当作钱币流通的金属。在这个国家使用的金属是金、银、铜和镍。纸币是一种印刷的承诺，支付持票人一定数量的钱币，正式授权后可以当作钱币流通。

美国货币——美国现行的货币制度是根据 1786 年 8 月 8 日国会通过的一项法令制定的。它之前被叫作联邦货币，甚至现在有时也这么叫，因为它是联邦联盟发行的货币。1782 年，财务部主管罗伯特·莫里斯（RobertMorris）提交给国会一份美国造币计划，虽然其作者被宣称是古弗尼尔·莫里斯（Gouverneur Morris）。这个计划被托马斯·杰斐逊（Thomas Jefferson）采纳。

该货币制度的标准单位是美元，并且数值范围和十进制系统相一致。术语"元（dollar）"很有可能最初源于德国，由塔尔得来，表示山谷的意思。据推测，美国货币最早于1518年在约阿希姆斯塔尔（乔西姆的一个山谷）时期，在一个波西米亚的矿业小镇制造。这种货币叫作"约阿希姆斯塔尔币"，最后缩写为"元"。不过，也有其他一些关于元一词由来的说法。一些德国学者认为元来自"人才"一词，这个词在中世纪被用来表示一磅黄金。图克（Tooke）说它来自盎格鲁—撒克逊的"dael"，一部分的意思，是达克特的一部分。汤普森（Thompson）认为它来自瑞典语代勒，来自"山谷"或者"代勒伯格"这个词，意思是制造硬币的地方。元是德国、荷兰、西班牙、墨西哥等的货币，虽然它在各个国家的价值都不一样。在西班牙，硬币叫作"达莱拉"，著名的西班牙货币，几个世纪以来在世界各地的商业中都很引人注目。西班牙货币叫作"米勒元"，根据其打磨的边缘而得名，并作为美国硬币和金钱账户的基础。

术语"角（dime）"，表示元的十分之一，来自法国词汇"disme"，表示十的意思；术语"分（cent）"，元的百分之一，来自拉丁文"centum"，一百的意思；密耳，元的千分之一，来自拉丁文"mille"，一千的意思。术语"eagle（鹰徽纪念金币）"很可能是根据硬币上的设计而起名。美分在1782年由罗伯特·莫里斯提议，在三年后由托马斯·杰斐逊命名。美分最早于1785年在佛蒙特州鲁伯特镇制造，同年在美国康涅狄格州纽黑文市制造。1786年，在美国新泽西州和马萨诸塞州制造。同一年国会授权了造币厂的建立，但是在1787年他们和詹姆斯·贾维斯签订制造300吨美分的合约，这些美分在纽黑文市制造。1792年，美国造币厂终于建成。根据相关规定，这个造币厂将具有持续40年的造币权。美分的一面刻有华盛顿的头像，另一面是十三节的链条。法国的革命激起了美国对法国思想的愤怒，华盛顿头像被替换成自由女神的头像，链条也被替换为表示和平的橄榄花环。

法国自由是短暂的，连同其在货币上的形象一样。现在的形象因具有经典的特点，一直被采用，但是在后来略有变动。

符号 $ 的起源一直众说纷纭，没有一个能使大家都满意且最终确定的说法。在很多关于其起源的说法中，最重要的是：第一，据猜测它是 U 和 S 的结合，表示美国，由将 U 写在 S 之上形成，同时随着时间推移变成了现在的形式；第二，据说它是对符号 8 的一个修正，表示 8 个里亚尔（价值等于八分之一美元）或者泰斯通。美元先前被叫作"西班牙古银币"，并且用符号 $\frac{8}{8}$ 表示；第三，据说它是从两个"赫拉克勒斯之柱"的代表得出，"赫拉克勒斯之柱"是与直布罗陀海峡相对海峡的古代名字。它们通过"两个垂直线中间用卷轴或标记号连接"的符号代表，同时包含这个标记的硬币叫作"基础货币"；第四，据说它是 HS 的结合，HS 是罗马钱币单位的记号。这个符号以表示任何金额的数字作为前缀，就像被采用的美元标号一样。符号 HS 是 II 的简缩词，Otwo and SemisO，half 分别表示两个半和一个半；等同于词语"sesterius（古代罗马的等同币）"，赛斯特斯是罗马货币单位，就像美元是美国的货币单位一样；第五，据说这个符号是 P 和 S 的结合，来自 Peso duro 或者 Peso fuerte，意思是"硬美元"。在西班牙账目中它总是缩写成将 S 置于 P 之上的形式，并且将这个符号放置在数目之后，这也是葡萄牙人的惯例。

硬币的材质有金、银、铜和镍。金币有 2 倍的鹰徽金币、鹰徽金币、半鹰徽金币、$\frac{1}{4}$ 鹰徽金币、3 美元和 1 美元。50 美元、半美元、$\frac{1}{4}$ 美元也同样被制作成了硬币，但不是合法流通的。银币有美元、半美元、$\frac{1}{4}$ 美元、1 角、半角和 3 美分。铜币有 2 美分和 1 美分。纯铜币的半美分和 1 美分现在不再铸造了。镍币有 5 美分和 3 美分。

金币和银币包含九成纯金属和一成合金，除了 3 美分，它是 $\frac{1}{4}$ 合金。硬币的合金是纯铜，金币的合金是铜或铜和银，其中银不会超过整个合金的 $\frac{1}{10}$。镍币包含 1 份镍和 3 份铜。铜币包含 95％ 的铜和 5％ 的锡和锌。鹰徽金币重 258 谷，其他的金币重量按比例决定；银贸易币是用来和中国、日本进行贸易，重 420 谷；半美元重 192.9 谷，其他银币按价值比例决定重量；镍材质的 5 美分硬币重 5 克（接近 77.16 谷），3 美分重 30 谷；铜材质的美分重 48 谷。半美元是法国、比利时和瑞士的 5 法郎重量的一半；和意大利的 5 里拉重量一样，和西班牙的 5 比塞塔重量一样，和希腊 5 德拉玛硬币重量一样；同时，在重量上，它和奥地利的弗罗林银币一样，这样更接近国际造币惯例。

在十进制货币建立之前，美国采用了英国的货币系统，也就是英镑、先令和便士。美国的一些州至今仍使用先令和便士，尽管价值不一样。不同的州中一美元可以转换成先令的数量不同，这是由于不同殖民地发行的纸币贬值的原因。这种贬值力度很大，以至于在 1749 年 1100 英镑货币仅仅等于 100 英镑货币。之后不久，马萨诸塞州收到一笔来自英格兰的汇款，以 1 西班牙银元兑 45 先令纸币造成了货币贬值，立法机构也出台了法令将马萨诸塞州和英格兰之间的标准兑换率规定为 $133\frac{1}{3}$ 英镑现金兑换 100 英镑银币、6 先令兑换 1 西班牙银元。

相似的纸币贬值也确定了其他殖民地的货币制度。根据殖民地货币的多样性中，导致了西班牙里亚尔在新英格兰叫作九便士，在纽约叫作 1 先令，在宾夕法尼亚州叫作十一便士。

美国最早的硬币造于 1612 年，在萨默斯群岛，现在叫作百慕大群岛上制造。硬币是铜的，刻着文字"萨默斯群岛"，另一面是豪猪的图像，为了纪念第一次登陆时岛上丰富的豪猪。1645 年，弗吉尼亚州议会提供了一种铜造币，但是该项立法从来没有被执行过。最早的殖民地造币是在马萨诸塞州，根据 1652 年 5 月 27 日通过的一项立法，波士顿建立了一个造币厂。第一批硬币被发现太过简单容易伪造，后来印上一棵松树的图形，由此，它们被叫作"松树先令"。1662 年，马里兰州议会通过了一项法案"在本省内建立一所造币厂"，但是似乎从来没有建立过。乔治一世试图将脆铜或金色黄铜硬币引入殖民地，但是这种货币被殖民地拒绝了。从 1778 年到 1787 年，造币的权利同时被联邦政府和几个独立州行使。1792 年建造的造币厂持续保持运行直到 1837 年，这时硬币的价值和组成都发生了很大的变化。在美国，造币权由议会宪法授予，并且在一些州被禁止，同时个人也是可以自由造币的，只要保证制造的货币不和造币厂发行的金币或者银币相似或者相仿就行。大量的私人金币被冲压出来并且在这个国家的一些不同地方流通。对于铜币，提供或接受除了美分和半美分以外的其他铜币是被禁止的，一旦发现会被惩罚且没收。

英国货币或英镑是英国的法定货币。货币单位范围是不统一的，按照 4，12，20 递增。据猜测，术语"sterling（英镑）"来源于"easterling"一词，一个受波罗的海和德国商人们欢迎的名字，一些商人在中世纪时期访问了伦敦。这些商人一般被叫作东方人，他们的货币很自然地被叫作东方货币，最终在使用过程中转变成了英国货币单位。银便士最早叫作"easterling"。单位是英镑，面值有 1 英镑的金镑和 1 英镑纸币两种类型。

术语"英镑"，作为价值的一种衡量标准，来自单词"pound 磅"，它是重量的测量单位，这种用法的初始来源是因为古代 240 便士在重量上等于 1 磅，所以这个术语最初是表示重量而不是货币价值。便士之前是银片，最初由撒克逊人首次制造。术语"法新（farthing）"来自"four things"一词。在爱德华一世之前，便士上有一个压痕很深的十字叉，这样货币可以很容易掰成一半或四分之一，由此得来半便士或法新。爱德华一世规定了便士的固定标准，将其重量固定为一盎司的三十分之一。后来又经过几次缩减调整，直到伊丽莎白统治时期，这时便士的价值固定为一盎司银的六十二分之一，这个标准一直被延续遵守下来。古代撒克逊人的先令仅表示 5 便士。后来经过多次的改变，有时包含 16 便士，有时 20 便士。其面值最终在爱德华一世时期被固定下来。在其他一些国家也发现了具有相同名字的货币。符号£，s，d，qr 分别是拉丁词语 libra，solidus，denarius 和 quadrans 的首写字母，分别代表英镑、先令、便士和四分之一美分。最原始的先令缩写符号∫，以前是被写在先令和便士之间，例如，7s. 6d. 以前写作 7∫6。之后∫变成了/，先令和便士有时会写成 7/6。

金镑等于 20 先令，代表英国货币。在美国的货币系统里其法定金额是 4.8665 美元。它是标准的金币。基尼等于 21 先令，第一次被制作成硬币是在查尔斯二世统治时期，大约在 1662 年，用几内亚运来的金子制造的，因此被叫作基尼。基尼和半基尼现在已经不再制造了，虽然还有一些仍在流通。银币有克朗、半克朗、弗罗林、先令、6 便士、4 便士和 3 便士。克朗是一种旧的英国货币，上面印有王冠的图案，名字由此得来。它的价值等于 5 先令货币。铜币有便士，半便士和法新。格罗特❶ 4 便士银币等于 4 便士，经常被用到。

英国货币中的诺布尔（noble）、天使金币（Angel）和马克（mark）都是旧货币不再使用了。诺布尔是中世纪时期的旧货币，在爱德华三世时期被使用，其价值相当于 6 先令 8 便士。天使金币是一个价值 10 先令的旧货币。它上面印有天使的图案，为了纪念教皇格里高利一世（Pope Gregory I）。马克是旧货币，也是在英格兰和苏格兰流通的货币，价值 13 先令 4 便士。还有一种价值是 1 先令 4 便士，属于在汉堡流通使用的马克纸币。

---

❶ 格罗特：欧洲中世纪的硬币，尤指 1351 年至 1352 年间英国发行的 4 便士银币。

金币的标准是 22 克拉，也就是 11 份纯金和 1 份合金。这样英国的标准是 $\frac{1}{12}$ 合金，而美国的标准是 $\frac{1}{10}$ 合金。银币的标准是 37 份纯银和 3 份合金，因此银币是 $\frac{37}{40}$ 纯银和 $\frac{3}{40}$ 铜。便士和半便士是纯铜制成的。金镑重 123.274 谷，先令重 87.27 谷，便士重 240 谷或 $\frac{1}{2}$ 金衡盎司。

加拿大的货币和美国的一样，账目和面额也一样。十进制货币在 1858 年被采纳，相关法令在 1859 年生效，在此之前他们的货币和英国的是一样的。货币中包含银和铜。银币包含 37 份银和 3 份铜，和英国的硬币一样。加拿大没有金子制作的硬币，英国金币和美国金币是其合法货币。

法国货币系统也建立在十进制计数法基础之上。单位是法郎，其价值在一项国会议案中固定为 19.3 美分。法郎被分解为十分之一和百分之一，分别叫作德西米和生丁。其中德西米和美国的角一样，并不在商业计算中使用，而是用分表示。金币和银币都是十分之九的纯金属。

德国采用了一种新统一的造币系统。单位是马克，价值 23.85 美分。1 磅金子，9 成纯，分解成 139 $\frac{1}{2}$ 硬币，这些银币中的十分之一叫作马克，继续分解为 100 芬尼❶。

---

❶ 芬尼，德国货币单位，一马克的百分之一。

第五章 时间测量

  这里说的时间在某种意义上是指一段时期的一个有限部分，用某种常规或自然的周期进行测量。它是绝对时间里的一个确定部分，绝对时间是指没有起始和终点的一段时间周期。绝对时间是一个宏观的直觉，就像空间一样。这里要讨论的时间是通过经验和判断得来的结果。

  最初的时间度量单位也源于自然。天就是自然界提供已经存在的时间单位。下一个最简单的周期月，也是由月球变化构成阴历月提供给我们的。对于范围比日、月大的划分单位，来自早期未开化人类对于季节变化现象以及随着时间推移发生大事件的应用。在埃及人中，尼罗河的升起是一个计算时间的方式。新西兰人按照昴宿星从海上升起来标记一年的开始。希腊人和其他一些民族用鸟儿的迁徙标记季节变化。霍屯督人根据其主要粮食作物成熟前后的月亮数来表示周期。巴罗说卡菲尔人的年历是通过月亮记载而保存下来的，他们用木棒上的刻痕记录着一个受人欢迎酋长的去世或一场胜利以及新时代的开始。英格兰的农民记录事件按照"剪羊毛前"等，把这用作计算日期的方式。因此，很明显可以看出自然界中，感知到差不多相等的时间周期成了测量时间的第一批单位，就像前面例子中介绍过的一样。

  社会在文明中进步发展，对于更小、更准确的时间单位的必要需求变得很明显，这也就引起了适合公民生活目的的规范系统被采纳。这样的规范系统叫作日历，来源于拉丁文"calare"，是呼唤的意思。在罗马初期，有一个习俗是教皇会在每个月的第一天将人们召集在一起，来告诉人们这个月需要斋戒的日子。因此，如"dies calendae"表示不同月的第一天。

现在的日历来自罗马人。据说罗慕路斯（Romulus）是第一个将一年按照这种方式划分的人，也就是一定的时代周期会随着太阳旋转周期而回来，但是当时的天文知识还不能做到足够精确。罗慕路斯将一年的开始放在春天，然后将一年分为 10 个月——3 月、4 月、5 月、6 月、7 月、8 月、9 月、10 月、11 月和 12 月。3 月、4 月、7 月和 10月，每月包含 31 天，其他 6 个月只包含 30 天。7 月和 8 月的名称 quintilis，sextilis 一直在日历中使用，直到罗马共和国灭亡，之后变成了 July 和 August；前者是用来纪念尤利乌斯·恺撒（Julius Caesar），后者是为了纪念奥古斯都（Augustus）。

罗马的一个月被朔日（每月第一天），月初日（3，5，7，10 月的第七日，其他个月的第五日）和月中日（3，5，7，10 月的第五日，其他个月的第 13 日）分解成了 3 个阶段。朔日总是放置在每月第一天；月中日设置在月中，每月 13 日或 15 日；月初日为月中日前的第九天，包含月中日中的日期在内。根据这个术语，天数被按照下面的方式向后计算：落在朔日和月初日之间的日期被叫作"月初日前的日期"。在月初日和月中日之间的叫作"月中日前"，月中日和月末之间的日期叫作"朔日前的日期"。因此，这些词汇是初级日历，临时日历等。朔日之前第二天或者一个月的最后一天；朔日之前第三天或者一个月的倒数第二天，等等。在 3 月、5 月、7 月和 10 月，月中日是每月的 15 日，月初日相应的变成了 7 日。剩余其他月中日落在每月 13日，相应的月初日变成了每月 5 日。由朔日得来天数的名称取决于一个月的天数，以及月中日落在哪一天。例如，如果一个月有 31 天，月中日落在 13 日（例如 1 月，8 月和 12 月），在月中日之后还有 18 天，加上下个月的第一天，使得朔月（朔日）有 19 天。因此，1 月 14 日被叫作 2 月的朔日之前的第十九天，等等。

根据神话故事，罗慕路斯年仅仅包含 304 天。据说，努马（Numa）将一年增加了两个月，在一年的开头增加了一月，一年的末尾增加了 2 月。大约公元前 452 年，古罗马行政官对此进行了更改，将 2 月放置在了 1 月之后；从那之后，月份的顺序没有再更改。在努马年中 29 天和 30 天的月份交替出现，与月球的坐标相对应。这样一年包含 354 天，但是为了图吉利，人为增加了一天，将天数变为奇数。为了和回归年相呼应，努马每两年在 2 月的第 23 天和 24 天之间加入闰月，交替组成了 22 和 23 天。如果这个规定被遵循下来，一年的平均长度就会变成 $365\frac{1}{4}$ 天，每月将会持续很长的时间来对应相同的季节。但是罗马教皇为了加快或者阻碍地方官选举的日子，对闰月有自由裁量权。因此，罗马日历一直不确定的混淆状态直到尤利乌斯·恺撒时期，当时民间的春分和天文学的春分相差了 3 个月。

在天文学家索西吉斯（Sosigenes）的建议下，恺撒废除了阴历年，将民间年完全按照阳历进行规定。恺撒下令，普通的一年应该包括 365 天，但是每四年有一年包含 366 天。在分配不同月的天数时，恺撒下令每个奇数月包含 31 天，偶数月包含 30 天，除了 2 月。2 月在普通年中包含 29 天，但是每四年的 2 月则会有一次包含 30 天。这种自然方便的安排被打断，是来自于满足奥古斯都的轻浮和虚荣，他用自己的名字来命名了八月，这个月的天数和七月（以尤利乌斯·恺撒的名字来命名的月份）的天数一样。每四年的闰天被安排在了 2 月的 24 日和 25 日之间。根据罗马人采用古怪笨拙的命名方式，二月的第二十四天被叫作 3 月的朔日之前第 6 天，记作 sexton calendas。在闰年的时候这一天被重复，叫作 bis—sexto calendas，来源于词汇 bis-sextile。相应的英语词汇叫作闰年，似乎不是很正确，因为从这个词似乎表示有一天被省略了。值得注意的是，在教会日历中，闰日仍然被放置在 2 月第二十四天和二十五天之间。

恺撒年包含 $365\frac{1}{4}$ 天，相应的，比真实的回归年多了 11 分 10.35 秒，真实的回归年包含 365 天 5 小时 48 分 49.7 秒。由于这个差别，在几个世纪的过程中，天文学的春分向一年的年初靠近。在尤利乌斯·恺撒时期，它和 3 月 25 日相呼应，在 16 世纪时期，他已经倒退到了 11 日。对这种错误纠正是教皇格里高利十三世（Pope Gregory xIII）在 1582 年的日历改革想要达到的目的之一。公元 325 年，通过在日历里缩减 10 天，格里高利（Gregory）将春分恢复到了 3 月 21 日，这一天正好是尼斯会议这一天。为了在未来能避免同样的麻烦，他下令每四年的闰日，除了 400 年和 400 的倍数年，在每世纪最后一年都省略掉。通过对日历的这一调整，民间年和回归年的差距会在 3860 年后出现。

公历公布后不久，在欧洲的罗马天主教国家就实施了。德国和丹麦沿用至 1700 年；在英国，直到 1752 年，因大众偏见影响而改变。在这一年恺撒日历或者旧历（曾经这么叫）被国会立案正式废除，并且所有公共交易中使用的日期都和欧洲国家使用的保持一致，立法规定 1752 年 9 月 2 日之后的一天应该叫作 9 月 14 日。当格列高列做出这个改变时，只需要丢掉 10 天，被涉及的 1700 年，在格列高列日历里不是闰年，但是在恺撒日历里是闰年，这时也就不需丢掉 11 天。在俄罗斯以及属于希腊教会联盟的国家仍然坚持使用旧历。

法国在大革命时期尝试了一项新的历法改革。一年的开始被设置在了秋分，几乎和法国共和国的建国日接近。旧的月份名字被废除，而其他月份名字参考了农业劳动，或者一年中不同季节中的自然状态。但是发现这种改变并不方便实用，在使用了几年后被正式废除。

不同国家之间关于一年的开始有很大不同。古埃及人、迦勒底人、波斯人、叙利亚人、腓尼基人、迦太基人都将一年的开始设置在秋分，大约 9 月 22 日。犹太人的民用年开始于相同的时间，但是他们的教会年从春分开始，大约在 3 月 22 日。在希腊人中，直到公元前 432 年，当默冬（Meton）引入了一个按其名字命名的日历后，一年从冬至开始，大约是 12 月 22 日；后来又相继从夏至开始过，大约是 6 月 22 日。罗马年在努马时期从冬至开始。在法国，墨洛温王朝时期，一年一般从 3 月 1 日开始；加洛琳王朝时期，一年从 12 月 25 日开始；在卡佩王朝时期，从复活节开始。1564 年，查理斯九世（Charles Ix）颁布诏令，将一年的开始定在 1 月 1 日。在英国从 14 世纪到 1752 年的历法一直没有改变，法定年和教会年从 3 月 25 日开始，这一天是天使报喜日，但是书面上按照从割礼日，即 1 月 1 日开始新一年的也不罕见。在经过这个改变后，按照旧的法定年，发生在 3 月 25 日之前的大事件按照新安排，被计算到了接下来的一年里。因此，发生在 1688 年 2 月法定年的改革，我们现在会说成是发生在 1689 年 2 月，曾经有一种惯例写成——$168\frac{8}{9}$，2 月。

古代欧洲北部一些国家从冬至开始他们的一年。在拜占庭统治时期的君士坦丁堡和俄罗斯在彼得大帝之前，民用年都是从 9 月 1 日开始，教会年有时从 3 月 21 日开始，有时从 4 月 1 日开始。伊斯兰教纪元的开始并没有固定时间，而是根据回归年的不同季节向后推移。后期犹太年按照阴历年计算，但是有一个 13 个月的闰年，19 年循环 7 遍，这样就能和回归周期协调一致。东印度群岛的大多数民族使用的是阴历年，根据月亮在最接近 12 月初的第一个弦（月相）开始。秘鲁人的一年在冬至开始，墨西哥人的一年在春分开始。前者的年是阴历年，被分成了四个相等的部分，为了纪念关于海洋之子的四个神话寓言，他们分别按照四个主要节日进行命名。墨西哥人一年有 360 天，他们将其分解为 18 个月，每月 20 天。不过，有的年份还要再加 5 天作为补充日，这就是人们经常会提到的闰年。

算术之美

阴历年——虽然季节的轮回很明显是基于太阳的运动，或者说和地球在其轨道上的运转有关，然而一些国家选择按照月球的运动来规定他们的民用年，还有许多其他国家形成了阴阳年，阴阳年是将太阳和月亮旋转的周期结合在一起。合适的阴历年包含 12 个阴历月，相应的也就只有 354 天。因此，它预示着将回归年往前提 11 天，并且在 34 个阴历年里完成一次完整的季节循环。这种情况非常不方便，几乎所有的国家都已经按照月亮来规定他们的月份，并采用了一些闰月的方法来保持一年的开始几乎在每个季节的同一位置，这些方法是建立在一定的阴阳周期上的，这些阴阳周期在很早之前就已经建立了，是原始时代的遗物，现在仍然保存在教会历中。

早期人们借鉴了一部分犹太人的宗教仪式，犹太人的年是阴阳年。复活节，是西方国家最主要的节日之一，是模仿了逾越节❶，在大约满月的时间进行庆祝。对于应该在哪一天庆祝这个节日，很快就出现了分歧以及随之而来的争论。为了结束不体面的争论，教会制定了一个具体的规则：复活节应该永远在春分时或春分后出现满月后的第一个星期日庆祝。为了根据这个规则确认任意一年的复活节，有必要调和三个周期：即周、阴历月和回归年。为了发现一年中的任意一天是周几，必须要知道这一年从一周的哪一天开始。在恺撒公历中可以通过 28 年的一个周期很容易发现一年从哪一天开始，经过这个周期后，一年又在同样的一天开始。在格里高利日历中，这个顺序因为一个世纪最后一年的闰月而被打乱。为了避免任何不必要的计算，在祈祷书中给出了一个表，展示了现世纪每年中的每天和周之间的对应关系。阴历月和回归年之间的关系是一个古老的问题，为了解答这个问题，

---

❶ 逾越节，犹太教的宗教节日，起源于摩西带领以色列百姓出埃及的典故。节日时间定于圣历（犹太历）正月十四日黄昏。

希腊人发明了周期，一直保持使用，直到格里高利进行了改革。格里高利历的作者，路易吉（Luigi Lilio Ghiraldi），也常被叫作阿洛伊修斯·李篆时（Aloysius Lilius），因为同样的目的，采用了一套数字叫作闰余，人们希望当不再使用阴历月后也不需要这套复杂的系统和表格，这样就能使复活节固定在某个公历月的同一个星期日，例如 4 月的第一个或第二个星期日。

　　测量单位——时间的测量单位是周期的一个确定部分，按照地球围绕轴线的自传以及围绕太阳的公转而固定。时间的单位是天，向下分解为小时、分和秒。由天集合而成的其他时间单位划分有周、月和年。一天的长度由地球绕其轴的自转决定。恒星日是地球绕地轴公转的确切时间。太阳日是太阳围绕地球表面公转的时间。天文日是太阳日，从正午开始到第二天正午结束。民用日（日历日）是一年中所有太阳日的平均值，它在午夜的 12 点开始，包含两个周期，每个周期 12 小时。

　　秒和分是小时的一部分，对应弧度测量中的度。"小时"（hour）一词来自拉丁语"hora"，最初表示按照自然法则固定的一段确定时间；天（day）来自撒克逊人的"daeg"，表示地球围绕其轴的自传时间；周（week）是一段不确定来源的周期，但是在东方国家在很久前就开始使用；月（month）来自"monadh"，是月球围绕地球一个周期的时间；年（year），来自撒克逊的"gear"，是地球围绕太阳公转一圈的时间；世纪（century）来自拉丁语"centuria"，表示 100 个年的集合。

　　一些学者猜测周来自一种传统，另一些学者认为周是根据月亮的相决定的，还有一些人认为其起源参考了古代已知的七个星球。这个观点解释了一周中每天按照星球名字，以一个特定的顺序命名的现象。在古埃及天文学中，这些星球按照和地球的顺序从远到近排序，分别是土星（Saturn）、木星（Jupiter）、火星（Mars）、太阳（Sun）、金

算术之美

星（Venus）、水星（Mercury）、月亮（Moon）。一天被分解为 24 小时，连续的每个小时贡献给一个特殊的星球，按照前面提到的顺序，并且每一天按照这一天的第一个小时贡献给星球的名字命名。假设第一个小时贡献给了土星，那也将会是第八个小时、第十五个小时和第二十二个小时。第二十三个小时将会是木星，第二十四个小时是火星，接下来一天的第一个小时贡献给了太阳，这一天也会因此得名。按照同样的方式继续下去，会发现第三天会是月球，第四天是火星，第五天是水星，第六天是土星，第七天是金星，这个循环就完成了，第八天又从土星开始，按照同样的方式继续。撒克逊人似乎是从一些东方国家中借鉴了周，用他们自己神的名字代替希腊神的名字。

1 月来自"Janus"，它是一个古代拉丁的太阳和神，对于拉丁人来说这个月是很神圣的。2 月来自"februa"，罗马人的赎罪节，在这个月的 15 日庆祝。1 月和 2 月被努马加入到了罗马公历中，罗慕路斯之前将一年分成了 10 个月。3 月来自"Mars"，战神以及罗慕路斯的父亲；它是罗马公历中的第一个月。4 月来自拉丁语"aperire"，是打开的意思，根据花蕾打开或者在地球的中心生长出的植物而命名。5 月来自"Maia"，水星的母亲，罗马人会在这个月的第一天献祭；6 月很可能来自"juno"，朱庇特（Jupiter）的妹妹以及妻子。7 月被马克·安东尼（Mark Antony）按照尤利乌斯·恺撒的名字命名，恺撒出生在这个月。9 月、10 月、11 月、12 月分别按照拉丁数字"septem""octo""novem""decem"命名。

日历的调整——真正的一年或者太阳年是指地球围绕太阳转动的准确时间，包含 365 天 5 小时 48 分钟 49.7 秒。现在，因为计算每年中一天的分数部分很不方便，很有必要安排一个正确的每年可以有整数天的日历。这一点需要通过将某些年设置成包含 365 天，另外一些年包含 366 天。前者叫作普通年，后者叫作闰年。

　　日历通常按照一定的规则计算：每一个可以整除 4 的年份，除了百年和每个可以整除 400 的百年外都是闰年，其他所有年份都是普通年。百年是指每个百年或者当用数字表示年份时，最后两位数字是零的年份。

　　如果我们认为 365 天是 1 年，日历中 1 年丢失的时间是 5 小时 48 分 49.7 秒，4 年就是 23 小时 15 分 18.8 秒，也就是差 44 分 41.2 秒就是一天，因此第一个误差可以通过每 4 年增加一天来纠正，使得这一年有 366 天。

　　如果每四年被计算为闰年，因为我们加了 44 分 41.2 秒，日历中 4 年增加的额外时间就是 44 分 41.2 秒，100 年就会是 18 小时 37 分 10 秒，也就是差 5 小时 22 分 50 秒就是 1 天，因此第二个误差可以通过从每一百年的闰年里减去一天来纠正，因此导致每个百年产生一个包含 365 天的普通年。

　　如果每 100 年都被计算为普通年，我们增加的时间不够，100 年里丢失的时间是 5 小时 22 分 50 秒，400 年就是 21 小时 31 分 20 秒，因此 400 年里丢失的时间差 2 小时 28 分 40 秒是 1 天，这个误差可以通过设置每 400 年一个闰年来修正。按照同样的方式，我们可以使得日历能和任意一年对上。

　　这样格里高利的闰年法在 400 年里产生 97 个闰年，相应的 400 年包含 146097 天，格里高利年的平均长度是 365 天 5 小时 49 分 12 秒，超过真正的太阳年 22.3 秒；这个误差需要在约 3866 年才能积攒成 1 天。

　　如果一个天文学家被要求在没有任何已建立的知识可参考的前提下给出一个闰年的规则，使得当民用年一天的起始始终相同时，且偏离太阳年同一瞬间的时刻最少。他可能会这样进行推导：太阳年超过 365 天的小数部分是 .2422414，将其转化为一个连分数，得到下面近似数序列：$\dfrac{1}{4}$、$\dfrac{7}{29}$、$\dfrac{8}{32}$、$\dfrac{39}{161}$、$\dfrac{281}{1160}$、$\dfrac{320}{1321}$。按照这个序列，第一个分数指出 4 年里需要 1 个闰年，假设一年应该是 $365\frac{1}{4}$ 天；第二个分数指出 29 年里有 7 个闰年，同时假设这一年的长度是 365 天 5 小时 47 分 35 秒，误差很小。第三个分数 $\frac{8}{32}$ 值得注意是因为得出了一个比真实的太阳年超过 15.38 秒的时间，所以通过在 33 年里增加闰年 8 次，或者每 4 年闰一年连续 7 次，然后在第五年末一次，这样民用年和太阳年的差距需要 5600 年才能积攒成 1 天，而在格里高利日历中误差会在约 3866 年积攒成 1 天。据不太权威的说法表示，现代波斯人按照这种方式进行闰年。然而格里高利规则具有的优点是总能很容易地将闰年区分出来。

一周中的天——有一个可以发现任意一年是从周几开始的简单方法以及每一个大事件发生在一周的周几，我们来解释一下这个方法。取字母表中的前 7 个字母，A、B、C、D、E、F、G。A 表示 1 月 1 日，B 表示 2 日，C 表示 3 日……然后 A 表示 8 日，B 表示 9 日一直这样，直到一年。现在，其中一个字母表示周日，这个字母被叫作周日或主日字母。这样，如果一月从周日开始，A 就会是那一年的主日字母；如果 1 月从周一开始，第一个周日是 7 号，因此，第七个字母 G 会是主日字母。在闰年，我们有两个主日字母，1 个是 1 月和 2 月的，另一个是剩余几个月的。

由此可以发现，根据旧历任何一年的主日字母都有下面规则：对于给出的一年，加上该年数的四分之一，加 4，然后用和除以 7。如果没有余数，主日字母就是 G，如果余 1，主日字母是 F，依次按照倒叙顺序类推。在闰年，按照上面方法求出的字母是最后 10 个月的主日字母，下一个字母是前两个月的主日字母。得到了主日字母，我们就可以很容易找出这一年是从周几开始的。

当年份按照新历计算时，我们按照下面规则求主日字母：将世纪的数量除以 4，用 3 减去余数，将两倍的余数加到百年后面的年数上，再加该年数的四分之一，和除以 7。如果没有余数，主日字母是 G，如果余 1，主日字母是 F……

在找到任意一年的 1 月从周几开始后，可以按照下面的俗语求出每个月从周几开始：

At Dover Dover Dwelt George Brown Esqnire，

在多佛多佛居住的乔治·布朗先生

Good Captain French and Davivd Friar.

法国的好船长和大卫修士

上面几个单词的首字母按照它们的顺序表示月份，第一词表示第一个月，第二个词表示第二个月……现在，如果 1 月在周日开始，D 是表示 2 月的字母，是这个序列中的第四个，表示 2 月从一周的第四天开始，或者周三……在闰年，2 月会少一天。

该方法可以通过下面例子阐述：1775 年 6 月 17 日的邦克山战役是发生在周几。将百年的数量 17 除以 4，得到余数 1，用 3 减去 1，乘以 2 得到 4，4 加 75，加 75 的 $\frac{1}{4}$，省略掉小数部分，得到 97，97 除以 7 得到余数 6；因此主日字母是 G 前第六个字母，即 A。因此 1 月的第一天是周日。现在，根据俗语，六月的第一天是 E，又因为 A 是主日字母，6 月 1 日是周四，17 日是周六。

在此，应该注意的一点是，计算世纪的方式，世纪是从基督教元年开始计算的。因此，所有发生在这个时代初到第一个一百年结束的事件都被认为是属于第一个世纪；所有发生在第一百年结尾到第二百年结尾的事件被认为是第二个世纪……因此可以看出 18 世纪以 1800 年末结束，同时 19 世纪在 1801 年初开始。

第六章　度量衡系统

　　旧的度量衡系统是应时代需求而产生的，但是却是偶然的发展。一些测量重量的方法一定和人类是同时代的，因为它是人类作为一个社会群体的必需品，并且最早的系统随着人类文明的进步而逐渐扩大改善。有的度量衡在偶然或当时的情况产生，而不是以科学的方式产生，这些度量衡缺少系统化和准确性，难以学习且不便于应用。

　　度量衡系统的两个主要特征是单位和它们的换算关系。基本要求是单位应该精确，刻度要有规律。这两个要素旧系统都不具备。最早期的测量从自然界中的各种物质中获得，换算关系反复无常，使得人们很难去解释它们的起源。没有任何两个表格具有相同的刻度，同时很少有两个单位具有相同的换算关系。

　　从自然物质中推导出的旧系统的单位没有任何科学方式，必然是不明确的。尺在不同的国家中甚至会出现比他们实际尺寸变化还多的情况，同样其他测量单位也缺乏准确性。因为换算关系从偶然情况中产生的，在没有科学原则控制的条件下，有可能更不规范。在美国和英国的通用单位数据表里，有 30 种不同的数字被使用，同时这些数字的采用并不是它们能带来便利或者是有相关法令规定。那些被要求学习并且应用到商业交易中的度量衡也是一样的。

　　科学家找到旧系统的描述条件，然后努力改良它。于是建立了基于科学原则的单位，同时赋予了它准确性。码，曾经是国王手臂的长度，最后根据钟摆的振动而固定，又根据它推导出了其他的度量衡单位。虽然科学家可以增加旧系统的正确性，但是不能使其简单化、规范化。这种混乱太大已经超出了科学家接触就能将其有序化的范畴。只有一种方式可以完成这个改革，那就是丢掉旧的系统，创建一个新的系统。这个已经被完成了，结果就是公制的确立。

公制早在 1528 年被法国亨利二世的一个医师让·费尔纳尔（Jean Fernal）建议提出，但是没有得到实际回馈。直到 1790 年，塔列朗王子（Prince Talleyrand）分配给法国议会成员们一个提案，根据当时整个国家度量衡盛行的多样性和混乱的基础上，根据单一和普遍的标准原则建立一个新制度。

科学院的委员会由 5 位欧洲最杰出的数学家组成，分别是博尔达（Borda）、拉格朗日、拉普拉斯、蒙日（Monge）和孔多塞（Condorcet）。他们相继被任命，根据制宪会议的法令，对自然标准的选择进行汇报。委员会在其报告中提出将巴黎子午线四分之一的百万分之十作为线性长度的标准单位。

德朗布尔和梅尚（Mechain）被任命去测量在敦刻尔克和巴塞罗那之间子午线的一段圆弧，这之前卡西尼在 1669 年就已经被任命了。他们在法国大革命最动荡的时期开始工作。他们在实地考察进展中被充满怀疑和有警惕性的人们逮捕，认为他们是间谍或者法国侵略军的工程师。尽管如此，测量结果非常接近真实长度，曾经有人高度评价他们："法国天文学家和数学家是值得称赞的，他们克服艰难险阻，冒着生命危险，在近代政治动荡最严重的时期继续进行他们的测量操作。"

从敦刻尔克到巴塞罗那子午线的圆弧包含大约 10°的纬线，是用三角形方法进行的测量，同 1736 年布格（Bouguer）和拉孔达明（La Condamine）在秘鲁测量的弧长进行了比较。同时，测量了子午线长度的四分之一，即从赤道到极点的子午线长度。这个长度被进行了一千万等分，其中一个等分部分被用作长度单位，叫作米。来自希

腊词汇 $\mu\varepsilon\rho ov$，测量单位的意思。这个距离是按照突阿斯或法国的旧英寻（6尺）测量的，该距离被用作基线的测量单位，其一千万分之一即1米被确定为是 443.296 英分，1 英分是 1 英尺的 $\frac{1}{144}$。这样就能看出 4 米将比 2 突阿斯多十九分之一突阿斯，采用了下面构造"米"的方法。19 份被做得尽可能一样，使得它们的和是 1 突阿斯，在检查它们时发现，其中一份恰好是所需的长度。这一长度和已经作为基础测量的 2 突阿斯一起放在比较仪上，和四个首尾相连的单米杆进行比较，四个杆之间也做了相似的比较，研磨和打光它们的端面直到达到想要的长度。这些杆像突阿斯一样是铁质的，其中一个被选作为法国标准，档案里的铂米就是复制它制造的，是法国的法定单位标准。另一个原始"米"被带到美国，当作海岸测量测地学的标准，并且用于建造这个国家的公制标准。

如果子午线弧度是按照法国研究的结果进行计算，米本身等于英国测量单位的 39.37079 英寸，将这个长度乘以一千万，就是子午线四分之一的长度，转化成英尺是 32 808 992 英尺。约翰·赫歇尔先生估测四分之一子午线的长度是 32 813 000 英尺，所以根据他的计算，关于四分之一子午线的长度，法国测量结果和新的估测值之间差 4008 英尺，因此法国的四分之一子午线长度短 $\frac{1}{8194}$，其一米比四分之一子午线长度的一千万分之一得出的长度短 $\frac{1}{208}$ 英寸。

然而，在确定米时的这个 $\frac{1}{208}$ 英寸的误差，如果假设完全可以确定的话，并不会使得公制不完整或者不可利用，而这个误差反而被公制系统的极简、对称性和方便性的优点抵消了。贝塞尔（Bessel）教授对米进行了观测发现在测量地球表面两点之间的距离时，证明测量距离和四分之一子午线之间的关系对此没有任何用处。剑桥大学的米勒（Miller）教授也认为米和四分之一子午线之间关系的误差对结果没有影响。该学者还发表声明说千克中的类似误差从实际应用角度来看并不重要。

我们很难将米和英寸或码进行一个精确的比较，原因是米是在 0 摄氏度下具有标准长度的白金杆首尾相连进行的测量，而码是在 16.67 摄氏度下标准铜的线性测量。因此，它们之间不能直接进行比较，同时因热胀冷缩的影响需要以最精准的准确性来确定它们。长度单位之间的比较方法根据它们是线性测量还是端面测量而不同。在前面的情况下，例如英国码，当长度单位包含在画在竿上的线条中时，比较仪必须是光学的，使我们能够通过测微显微镜测量，且按照机械方法得来相同标准之间不同测量方法的细微差别。当标准是端面测量时，或者包含在杆的端面上，比较必须通过实际接触来完成，镜子的反转，精密的水平面的倾斜，被用来作为表示微小差距的方法。关于后一种的标准测量单位，现在经常将端面做得非常小，并且通过在接近杆的两端用圆柱轴承来使端面和地面互相平行。只有通过这样平行性接近的方式才能达到几何精度。在两种比较方法中，可以精确到 1 英寸的 $\dfrac{1}{100000}$。追求极度精确面临的最大困难就是温度的变化，尤其当相互比较的各种量具体积不同时会加大这种困难性，如果量具采用的金属又不同，那这种困难性就更大了。因此，在比较准确性时，必须要保证温度的高度一致性，尽可能地防止观察者的体温对仪器的影响。

公制系统之所以这么称呼是因为作为推导其他单位的基础单位是米。不同的测量单位之间具有简单明确的关系，同时整个系统是建立在十进制数系基础上的。当任何测量的一个单位建立之后，其他单位可以通过对这个单位进行十进制扩大或者分解得到。倍数扩大单位命名的前缀来自希腊字母 deka，表示十；hero，表示百等。那些表示分解的前缀来自拉丁语 deci，表示十分之一，等等。数量范围按照十上升或者下降，和我们一般的命数法和记数法的数量范围一样。任何包含若干单位的量都可以按照整数和小数处理书写，小数点将单位和其分解单位分隔开。这个系统的优点是各个单位之间是相互关联的，都从标准单位或米中推导出来。

长度的单位是米。它等于 39.37 英寸，理论上等于一度纬线弧度的一千万分之一，比现在的长度单位码略长。其他的单位都是从米这个单位推导而来，它是整个公制系统的基础单位。普通长度通过米测量，非常小的距离通过毫米（米的 $\frac{1}{1000}$）测量，长的距离通过千米（1000 米）测量。1866 年采用的 5 分硬币，直径是 $\frac{1}{50}$ 米或 2 厘米。1 分米约等于 4 英寸；1 毫米等于 $\frac{1}{25}$ 英寸；1 千米约等于 200 标尺或 $\frac{5}{8}$ 英里。

在面积的单位中，用来测量土地的是公亩，是 10 米的平方。它等于 3.9574 杆（英国面积单位）或者 0.0247 英亩[1]。公亩、平方米和公顷是主要使用的单位，因为它们是准确的平方数；十分之一公亩不是一个平方数，仅仅是公亩的十分之一，同时 10 公亩仅仅是 10 个公亩。平方米是米的平方数。1 公顷接近 $2\frac{1}{2}$ 英亩；1 英亩接近 40 公亩。其他的面积，例如布、木材、纸等按照平方米计算。

用来测量木材的体积单位是立方公尺（stere），等于立方米。主要应用的是立方米、十分之一立方米、十立方米。3.6 立方米非常接

---

[1] 英亩：英美制面积单位，1 英亩合 40.4686 公亩。

近于考得。其他实体物，例如石头、砂子、碎石等被按照立方米和其分解单位测量。

容积的单位是升，等于立方分米，包含 61.027 立方英寸，或 2.1135 品脱（红酒的测量单位），或 1.816 干性测量品脱。这个测量单位可以用来测量液体和干性物质。液体通常按照升测量，谷物按照百公升测量，差不多等于 $2\frac{5}{6}$ 蒲式耳或 $\frac{5}{6}$ 桶。4 升比 1 加仑稍微多一点，35 升约等于 1 蒲式耳。

重量的单位是克，它是 1 立方厘米蒸馏水在冰的熔点温度下的重量，等于 15.432 金衡谷。它被用来称重信件、混合药物，也用于称重所有比较轻的物质上。它大约等于 $2\frac{1}{5}$ 常衡磅。肉、糖等按照千克进货或出售。在称较重的物体时，其他两个重量单位，公担（100 千克）和吨（1000 千克）被使用。

1795 年，公制在法国被引用，但是被民众接受起来很缓慢。虽然它早期是强制性的，但是有必要放宽法律限制来允许使用一些单位的半单位和四分之一单位。自从 1840 年以来，公制单位成为法国普遍使用的唯一单位，也被意大利、西班牙、葡萄牙、希腊、比利时、荷兰、丹麦的一些地方和瑞士采用。德国许多州也表示了他们对这个系统的认可。同时，半千克也被介绍进了奥地利所有的大型商业活动中。1863 年，在德国举办的国际统计大会中，通过了一项决议推荐公制作为最方便的国际单位。圣彼得堡皇家学会的一个委员会建议对俄罗斯的度量衡进行改变，使它们和法国的系统保持一致。

在英国，公制被广泛应用于科学领域已经很多年了，并且在 1864 年，议会通过一项立案，使其应用在整个英国合法化。1866 年，美国国会授权了公制在整个国家的应用，同时为了促进其引入，要求新的

算术之美

五分硬币应该重 5 克，直径长 $\frac{1}{50}$ 米。48.6 个五分镍币一个挨一个放置，应该长 1 米。